高 数 笔 谈

谢绪恺　编著

东北大学出版社

·沈　阳·

图书在版编目（CIP）数据

高数笔谈 / 谢绪恺编著. —沈阳：东北大学出版社，2016.12（2021.4 重印）
ISBN 978-7-5517-1493-8

Ⅰ.①高… Ⅱ.①谢… Ⅲ.①高等数学—高等学校—教学参考资料 Ⅳ.①O13

中国版本图书馆 CIP 数据核字（2016）第314524号

内容提要

本书是作者根据自己在高校多年执教的积累，用怀疑的眼光探究高等数学中的一些基本问题而写成的，其中的论述与现今通用的中外高等数学教材迥然不同，可供相关专业的青年教师或学生参考、评论和指正。

出 版 者：东北大学出版社
地址：沈阳市和平区文化路三号巷 11 号
邮编：110819
电话：024-83687331（市场部） 83680267（社务部）
传真：024-83680180（市场部） 83687332（社务部）
网址：http：//www.neupress.com
E-mail：neuph@neupress.com
印 刷 者：辽宁一诺广告印务有限公司
发 行 者：东北大学出版社
幅面尺寸：170mm×240mm
印 张：12
字 数：222 千字
出版时间：2016 年 12 月第 1 版
印刷时间：2021 年 4 月第 4 次印刷
责任编辑：向 阳 潘佳宁
责任校对：叶 子
封面设计：刘江旸
责任出版：唐敏志

ISBN 978-7-5517-1493-8 定 价：42.00 元

前 言

从1950年我走上高等学校讲台，到2005年走下讲台，屈指算来，整整55年。年复一年，高等数学我不知教过多少遍，还编写过讲义，出版过教材。

偶然翻阅一本高等数学教材，令我十分惊诧，自己对其中的许多理论证明虽似曾相识，却已茫然。联想教过的学生，他（她）们还能留存几许？作为老师，总觉不安。

原因是多方面的，主要在于：我国现行的高等数学教材品种单一，且偏重演绎推理，很难兼顾工科学生的特点。因此，常事倍而功半。有鉴于此，为了安心，竟不自量力，决定写本高等数学参考资料，其主旨是“数学问题工程化，工程问题数学化”。直白地说，就是使工科数学通俗化，接地气，成为“下里巴人”。所以，本书多是树根，少有枝蔓，不分开闭区间，罔视左右导数，用到的函数不但连续，而且光滑，如此等等。目的是避免工科读者误入歧途，以便早日登堂入室。

本书第一步是希望读者知晓工科数学的主要内容其实际含义是什么；第二步是启发读者去怀疑并思考这是为什么；第三步是盼望读者敢为人先做点什么。坦诚地讲，作者也正在前行，三步并未走全，愿与大家共勉！

在本书的编写过程中，作者不断得到东北大学杨佩祯教授的关怀和支持，对此表示衷心的感谢。同时，北京航空航天大学李心灿教授、哈尔滨工业大学吴从炘教授、东北大学张国范教授对书中部分章节提出了许多宝贵意见，作者对此一并深致谢意。

本书得以出版，除了东北大学张庆灵教授、天津大学张国山教授的帮助外，东北大学出版社的向阳副社长应该是功不可没的。因此，希望读者看过本书之后，多提修改意见，促使作者不断前进，以免辜负本书所有参与者的期望。

作 者

2016年10月

目　录

第1章　微 分 学

在17世纪中期，牛顿和莱布尼茨分别在研究物体的瞬时速度和曲线的切线的基础上，总结前人经验，逐渐创立了微积分学。微分学是其中的一个分科，主要论述极限、函数的导数、导数的应用以及与导数相关的内容。

1.1　极　限

极限是微积分中一个基本而又重要的概念，比较抽象，但不难理解。它的踪迹比比皆是，只要留心，便能识破其中的来龙去脉。

一个婴儿自呱呱坠地，日复一日，吸吮乳汁，逐渐成长。但有史以来，尚未出现过高于4米的人。就是说，任何人的身高都有极限，比如说H米。到了H米后则不会再长，而且随着年纪增加，还会变矮。

在百米赛场上，个个争先，奋勇冲刺。但有史以来，尚未出现过每秒能跑15米的选手。就是说，任何人的速度都有极限，比如说每秒V米。到了V米后则不会再快，而且随着时间推移，还会变慢。

像上述的例子俯拾皆是，读者不妨枚举一二，加深印象。

1.1.1　量　化

上面的例子在于让我们对极限产生直观的认识，便于将其量化，予以定义，形成正确的概念。两个例子尽管陈述的事实互异，主旨却是一致的：各有一个常数，H和V；各有一个变量，年龄和时间。婴儿的身高是随着年龄变化的，选手的速度是随着时间变化的。而且，变量始终按一定规律无限地趋近于一个常量。

综上所述，根据极限的实际意义，厘清变量与常量之间的关系，问题自然就化解了。为具体起见，仍以婴儿成长为例，假想一个婴儿逐步长高，到20岁时身高已至1.8米，达到极限，此后不再上长。换句话说，婴儿是一天一天地趋近于其极限身高1.8米的。这就是极限的实际意义，但还不够，因未量化。

以上所述用数学语言表示，就成为

$$\lim_{t \to 20} h(t) = 1.8$$

式中，h 代表婴儿的身高，t 代表时间，符号lim（读作limit）代表取极限，这里表示：当时间 t 逐渐趋近于20（岁）时，婴儿的身高 h 就逐渐趋近于1.8（米），当 $t=20$ 时，$h=1.8$。

如果函数 $h(t)$ 是已知的，知道时间 t，就能算出身高 h，则上式可以进一步理解为：不论要求身高 h 与极限值1.8之差如何之小，比如0.1米，即 $1.8-h<0.1$，总能算出时间 t 来，比如过了19岁，即 $|20-t|<1$，便能满足 $1.8-h<0.1$ 的要求。

1.1.2 极限定义

定义1.1 设有函数 $f(x)$ 并常数 C，且对任意给定的正数 $\varepsilon>0$，总能算出一个正数 $\delta>0$，使得只要 $0<|x-x_0|<\delta$，便有

$$|f(x)-C|<\varepsilon \tag{1-1}$$

则称函数 $f(x)$ 当 x 趋近于 x_0 时的极限为 C，记作

$$\lim_{x \to x_0} f(x) = C \tag{1-2}$$

或称 $f(x)$ 在 x_0 处存在极限 C。

上面只是函数极限的一个典型定义，不同的条件下，还存在其他的定义，非本书重点，毋庸引述。但必须指出，一个变量无限趋近于一个常数分为两种情况：最后等于极限，如婴儿成长，其身高能等于极限；不等于极限，设想有块蛋糕，头天吃它的一半，次日吃余下的一半，日复一日，蛋糕余量的极限显然是零，但蛋糕永远是有的。其实，正是后一种情况才是值得深思的。为此，请看下面的论述。

1.2 两个重要极限

在证明下述的重要极限时要用到一个引理，其含义如下。

引理 任何的单调增加数列或减小数列，若有界，则存在极限。

例1.1 设有数列

$$\sqrt{2}，\sqrt{2+\sqrt{2}}，\sqrt{2+\sqrt{2+\sqrt{2}}}，\cdots$$

试证其为单调增加，并求极限。

解 容易看出，上面的数列是单调增加的。现证其有界。简记此数列为 a_1，a_2，$\cdots$，a_n，$\cdots$。由于

$$a_1 = \sqrt{2} < 2$$

因此

$$a_2 = \sqrt{2 + a_1} < 2$$

$$a_3 = \sqrt{2 + a_2} < 2$$

$$\vdots$$

$$a_n = \sqrt{2 + a_{n-1}} < 2$$

从上式可知，数列有界。设其极限为 C，则参照上式有

$$C = \sqrt{2 + C}$$

得

$$C = 2$$

其实，将数列中的2换成比2大的正数，也有类似的结果，读者可以一试。

1.2.1 重要极限一

一人放贷，期限一年，利率100%。设本金为1，则一年后本利之和为 $x_1 = 2$。后来期限改成半年，利率50%，则一年后本利之和为

$$x_2 = \left(1 + \frac{1}{2}\right)^2$$

再后来改成三个月，利率25%，则一年后本利之和为

$$x_3 = \left(1 + \frac{1}{4}\right)^4$$

如此以往，便导出如下的极限

$$\lim_{n \to \infty} x_n = \lim_{n \to \infty} \left(1 + \frac{1}{n}\right)^n \tag{1-3}$$

上述极限是否存在？显然，导致此极限的数列 x_1，x_2，…，x_n 是单调增加的，关键是要判断是否有界。利用二项式展开定理，有

$$\begin{aligned}\left(1 + \frac{1}{n}\right)^n &= 1 + 1 + \frac{n(n-1)}{2!}\frac{1}{n^2} + \frac{n(n-1)(n-2)}{3!}\frac{1}{n^3} \\ &\quad + \frac{n(n-1)(n-2)(n-3)}{4!}\frac{1}{n^4} + \cdots + \frac{n!}{n!}\frac{1}{n^n} \\ &< 1 + 1 + \frac{1}{2!} + \frac{1}{3!} + \frac{1}{4!} + \cdots + \frac{1}{n!} \\ &< 3\end{aligned}$$

从上式可以看出：

（1）数列 x_1，x_2，…，x_n 存在上界 x_∞，且有 $2.5 < x_\infty < 3$；

（2）仔细检测上式右边的取值，会发现它是随 n 而递增的。就是说，所论

数列单调增加。

总结以上的推证，可以断言，数列存在极限，习惯上用e表示，即

$$\lim_{n\to\infty}\left(1+\frac{1}{n}\right)^n=\mathrm{e}$$

极限e非常重要，出身也不平凡。从放贷的例子可以推知，当利率固定时，本金的增长数即本金的利息，是同本金成正比的，本金越多，利息就越多。抽象地说，本金的变化率正比于本金。因此，极限e理所当然地被选作自然对数的底。

以前讲过，$2.5<\mathrm{e}<3$，其实

$$\begin{aligned}\mathrm{e}&=1+1+\frac{1}{2!}+\frac{1}{3!}+\frac{1}{4!}+\cdots\\&=2.7182\cdots\end{aligned}$$

是个无理数，也是超越数，即不满足任何整系数代数方程的实数。

顺便指出，上式是式（1-3）右边取极限的结果。另外，极限e之所以重要还在于等式

$$\mathrm{e}^{\mathrm{i}\pi}=-1$$

将4个最重要的数1、π、e和i合成一体。上式是欧拉公式

$$\mathrm{e}^{\mathrm{i}x}=\cos x+\mathrm{i}\sin x$$

当$x=\pi$时的特例。

在参阅上文时，读者可能会想，既然已知$2.5<\mathrm{e}<3$，那么取其平均值，猜测

$$\mathrm{e}=\frac{2.5+3}{2}=2.75$$

是否可行？从本例看，误差很小。应该肯定，培养猜想的习惯不但促进思维，而且实用。另外，还可以对下式

$$f(n)=\left(1+\frac{1}{n}\right)^n$$

就n求导，看得到什么结果，以加深理解。

1.2.2　重要极限二

上节论述了一个重要极限，现在将要研究另一个重要的极限：

$$\lim_{x\to 0}\frac{\sin x}{x}=1$$

为便于理解，同时增加对上述极限的直观认识，下面首先来计算圆内接正多边形边数不断增多时其周长的极限，此情况如图1-1所示。设圆半径为1，记正多边形边数等于n时的周长为C_n，则参照图1-1不难求出

$C_4=4\sqrt{2}$，$C_6=6$，$C_{12}=6.2112$，$C_{24}=6.2652$，$C_{48}=6.2787$，$C_{96}=6.2821$，…

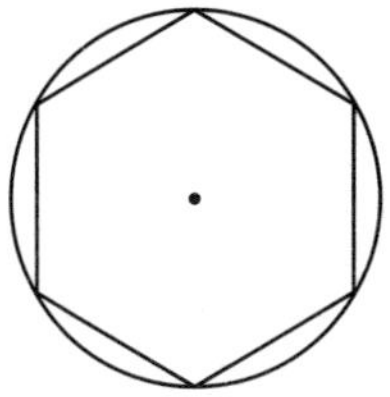

（a）

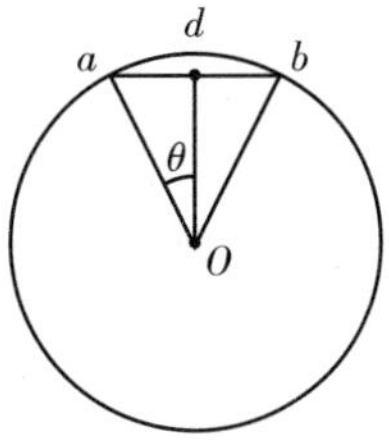

（b）

图1-1

在推算过程中，容易发现上面的数列为单调增加，根据几何意义，还可肯定它是有界的。因此，此数列存在极限。

事实上，从几何意义抑或计算过程都能轻快地作出判断：其极限就是圆周长 $2\pi\approx6.2832$。空说无据，请看下面的证明。

按照极限的定义，先选 $\varepsilon=0.1$，根据数列 C_n，可得

$$|2\pi-C_n|<0.1,\quad n\geqslant12$$

再选 $\varepsilon=0.01$，同理可得

$$|2\pi-C_n|<0.01,\quad n\geqslant48$$

总而言之，无论所选的 ε 多么小，都能求出相应的 n，使之满足如上的不等式，从而完全符合极限的定义，因此

$$\lim_{n\to\infty}C_n=2\pi$$

其次，将上式改写为极限

$$\lim_{n\to\infty}\frac{C_n}{2\pi}=1$$

并逐步来展示此极限的具体含义。其中 C_n 是多边形的周长，但在计算 C_n 时，已经发现它和正弦函数有内在的联系，如图1-1（b）所示。图上 ab 代表正 n 边形的一条边，记其中心为 d，$\angle aOd=\theta$，则

$$\sin\theta=|ad|$$

经过简单计算，可知

$$\theta=\frac{\pi}{n},\quad |ad|=\frac{C_n}{2n}$$

据此得

$$\frac{\sin\theta}{\theta}=\frac{C_n}{2\pi}$$

取极限，并借助上述结果，最后得

$$\lim_{\theta\to0}\frac{\sin\theta}{\theta}=1$$

这个极限之所以称为重要极限，归因于它是不少结论的基础。习惯上喜欢用 x 作变量，即

$$\lim_{x\to 0}\frac{\sin x}{x}=1$$

从以上的论述应该想到，此重要极限的几何意义是，圆内接正多边形当边数不断增加时，其周长的极限等于圆的周长。这个结果很有启发性，如能将实际中两件本来有内在联系的事物加以量化，写成数学公式，则或许就是一项创新，而下述中值定理恰好是对这种观点一个绝妙的附注。

作为练习，读者请利用图 1-1（b）探讨摸索，$\sin x$ 的导数为什么是 $\cos x$，且反之亦然，只是符号不同。

1.3 中值定理

前节说到，如能将两件有内在联系的事物加以量化，或有所发现。不信，请看下面的例子。

例 1.2 将一小球从台上向高处抛出，不久，小球落到台上。试问小球的运动过程如何？问题不难，开始时小球向上运动，因地心引力，速度逐渐降低，直至为零，然后下落，速度逐渐升高，最后坠落台上。其中有关键两处，一是小球必然有速度为零的时候，二是当小球速度为零时其所在位置有无特点。

此外，当小球下落时，再次或多次将它上抛，上述的两处关键依然存在。图 1-2 所示就是小球运动的示意图。

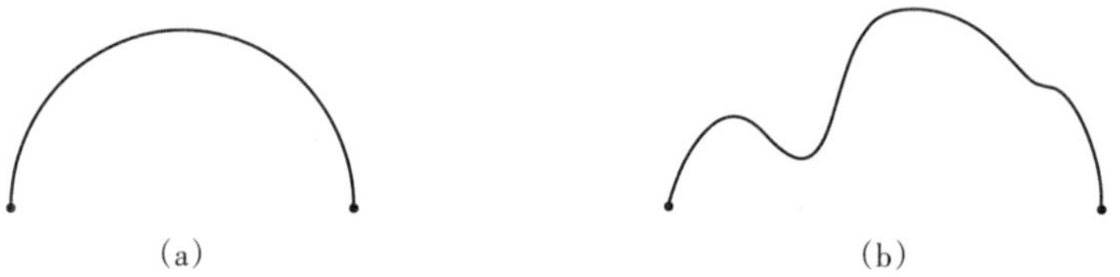

图 1-2

上面的例子众所周知。重点在于，一是注意到小球的速度有时必然等于零，二是加以量化。试设想，小球上抛后，因受地心引力作用，速度是不断降低的，直至落在台上。习惯上，取向上时的速度为正，向下时为负，就是说，小球从开始向上的正速度逐渐减小，然后转变为向下的负速度。结论于是出来了：由正逐渐变负，必然经过零点，即小球的速度有时必然等于零。

现在，将对零速度予以量化。为具体起见，用函数 $h=f(t)$ 表示小球的运动过程，其中 h 代表小球的高度，t 代表时间。设 $t=t_0$ 时，小球的速度等于

零。在此，速度就是高度变化同时间变化之比，即

$$v=\frac{f(t)-f(t_0)}{t-t_0} \tag{1-4}$$

其中，v 代表速度，并不是时刻 t 或 t_0 的速度，只是其近似值。当时间 t 无论是从大于或小于 t_0 的方向趋近于 t_0 时，速度 v 总是趋近于零的。因此，最后得

$$\lim_{t\to t_0}\frac{f(t)-f(t_0)}{t-t_0}=f'(t_0)=0$$

上式的意义在于，证实了本例中速度等于零与导数等于零是相互对应的，进而赋予下述定理，即罗尔定理，一种物理解释。

前面讲过，在小球运动过程中还有一关键之处：当其速度为零时所在的位置。请读者留意，以后在讨论函数的极值时尚有下文。

1.3.1 罗尔定理

在上述例 1.2 中，论证了小球速度为零与其高度函数导数为零的本质联系，归纳起来，则得如下的定理。

罗尔定理 设函数 $f(x)$

（1）在区间端点 a 和 b 处相等，即 $f(a)=f(b)$；

（2）在 $[a, b]$ 上可导，

则 $f(x)$ 在区间 (a, b) 内至少存在一点 ξ，使得

$$f'(\xi)=0$$

此定理的证明在上例中事实上已经有了，希读者自行整理，不再复述。但与此相关的一个问题却值得思考。请想一下，式（1-4）中的速度 v 能不能等于区间（t，t_0）或（t_0，t）内某一时刻 ξ 的速度，并说明理由。这同下述定理是密切相关的。

1.3.2 拉格朗日定理

现在将要阐述的定理实际上是罗尔定理的推广，寓意较深，理解不易。为分散难点，并有助于初学者掌握要点，先介绍一个龟兔赛跑的故事。

例 1.3 运动场上，龟兔赛跑。一声号令，乌龟奋勇向前，一路领先，兔子不慌不忙，东张西望，眼见乌龟快到终点，不得不惊恐狂追。勉强与乌龟同时到达终点。出现这样的结局也带来了一个问题，谁应该得奖？裁判意见不一，下面是相互辩论的综述。

一位裁判说，兔子跑得快，应该得奖；一位裁判说，乌龟多数时间领先于

兔子，应该得奖。一位智者说，兔子和乌龟的平均速度是相同的，应该并列第一。此言一出，众人折服。

以前在论述重要极限一时，用过平均值，上例中体现为平均速度。这是个很有用的概念，需要细说几句。单就兔子而论，设它在时刻 $t=a$ 起跑，时刻 $t=b$ 到达终点，其路程函数为 $f(t)$，则兔子在（$b-a$）时间跑过的路程等于 $f(b)-f(a)$，平均速度自然是

$$\bar{v}=\frac{f(b)-f(a)}{b-a}$$

其中，$\bar{v}$ 表示平均速度。具体地说，如 $b-a=10$ 秒，$f(b)-f(a)=100$ 米，则兔子的平均速度 $\bar{v}=10$ 米/秒。容易想到，兔子速度不能一直大于10或小于10。否则，与事实相悖，矛盾。这就是说，兔子的速度有时大于10，有时小于10。请静心思考片刻，速度从大于10连续变化到小于10，或从小于10连续变化到大于10，是不是必然在至少某一瞬间等于10？答案是肯定的，这是关键，也是我们所希望的。

综上所述，兔子在奔跑过程 $[a, b]$ 中，至少在某一时刻 $\xi\in[a, b]$，其速度等于平均速度 $\bar{v}$，因为路程函数 $f(t)$ 的导数 $f'(t)$ 便是速度，据此得

$$f'(\xi)=\frac{f(b)-f(a)}{b-a},\ \xi\in[a, b] \tag{1-5}$$

或

$$f(b)-f(a)=f'(\xi)(b-a)$$

以上就是拉格朗日定理，其具体陈述请见下文。

例1.4 改日，龟兔重逢，再次比赛。这一回，兔子决心要取得完胜独占鳌头，刚听到发令枪响，就尽力奔跑，到达终点时，乌龟才爬至全程的十分之一。

本例是例1.3的推广，更加复杂，更富想象，但两者的本质是基本一样的。下面将逐步来显示其深刻的内涵。

乌龟见此结果，心中不服，嘴上嘟哝：你兔子跑的路程是我的10倍，但要是比速度的话，我有时就会比你兔子快。兔子一听，马上应战说：咱俩就比速度吧！

兔子的路程函数已知是 $f(t)$，速度函数是 $f'(t)$。设乌龟的路程函数为 $g(t)$，则速度函数为 $g'(t)$，而两者的速度之比为 $f'(t)$: $g'(t)$。此比值在什么时候小于1，则乌龟在什么时候确实比兔子快。龟兔之争，我们不必介入，但乌龟说的“要比速度”乃金玉之言，使人眼前一亮，一个重要定理立刻就将现

身了。

上面刚讲过，兔子和乌龟所跑过的路程之比为

$$\frac{f(b)-f(a)}{g(b)-g(a)}=10$$

其中，a 和 b 分别是赛跑的起始时刻和终止时刻。写到这里，请读者回忆并思考一下：在上文论述拉格朗日定理时的推理。扼要地说，龟兔两者速度之比不可能一直大于10，或一直小于10，必至少在某一时刻 $\xi\in[a, b]$，等于10，即

$$\frac{f'(\xi)}{g'(\xi)}=\frac{f(b)-f(a)}{g(b)-g(a)},\ \xi\in[a, b]$$

上式所表示的就是柯西中值定理。

几点附注：

（1）两个定理的具体内容在每本高数教材中都有，本文不再引述。其实，按英文原意，这两个定理宜分别译为拉格朗日平均值定理和柯西平均值定理，更能展现平均值与定理之间的关系。

（2）试以龟兔赛跑为例，说明拉格朗日平均值定理是柯西平均值定理的特例，而罗尔定理又是拉格朗日定理的特例。

（3）拉格朗日公式

$$f(b)=f(a)+f'(\xi)(b-a)$$

可理解为，一物体作直线运动，其所经历的路程等于其平均速度 $f'(\xi)$ 乘以时间 $(b-a)$。试问，当物体存在加速度 $f''(t)$ 时，此公式应如何推广，以便将加速度的作用体现出来。

（4）柯西定理中是速度之比等于路程之比。能否在某种条件下，出现加速度之比等于路程之比？

1.3.3 柯西中值定理

由罗尔定理到拉格朗日定理，由拉格朗日定理到现在的柯西中值定理，表明人们认识客观事物的过程是逐步深化的，现在还能否再深化？

柯西中值定理 设函数 $f(x)$ 和 $g(x)$

（1）在区间 $[a, b]$ 上可导，且 $g'(x)\neq 0$；

（2）$g(b)>g(a)$；

则在区间 (a, b) 内至少存在一点 ξ，使得

$$\frac{f'(\xi)}{g'(\xi)}=\frac{f(b)-f(a)}{g(b)-g(a)} \tag{1-6}$$

定理的物理意义已经非常清楚，但本作者尚未读到其几何意义，也没有想出满意的解释，但却希望读者在此定理的基础上多迈一步，思考一下，既然速度之比在某时刻能等于路程之比，那加速度之比在某时刻能不能呢？更进一步，下式

$$\frac{f^{(n)}(\xi)}{g^{(n)}(\xi)}=\frac{f(b)-f(a)}{g(b)-g(a)}$$

能否成立？作者尚未见到现成的答案，只能肯定地说，一般情况下不能，在某些条件下是完全可能的。不妨一试，或许将有所发现。至少，可以增进对上述定理的领悟。

1.3.4 不等式

不等式是司空见惯的，如何证明？存在各式各样的思路。笔者仍然像上节那样借助平均值，并视导数为速度，以求既解决问题，又让人萦绕于心。

设函数 $f(t)$ 代表运动员的路程函数，则导数 $f'(t)$ 代表运动员的速度函数。记运动员的最高速度为 $f'(t_1)$，最低速度为 $f'(t_0)$，平均速度为 $f'(\xi)$，则显然有

$$f'(t_0)(b-a)<f'(\xi)(b-a)<f'(t_1)(b-a)$$

这就是处理不等式的根据，特举例如下。

例 1.5 证明不等式

$$\frac{2a}{a^2+b^2}<\frac{\ln b-\ln a}{b-a}<\frac{1}{a},\quad (0<a<b)$$

证明 将上式的中间部分同拉格朗日定理中的式（1-5）比较，一看就知，必然存在某数 $\xi\in(a,\ b)$，使得

$$\ln'\xi=\frac{\ln b-\ln a}{b-a},\quad (a<\xi<b)$$

即

$$\frac{1}{\xi}=\frac{\ln b-\ln a}{b-a},\quad (a<\xi<b)$$

因 $a<\xi<b$，由上式显然有

$$\frac{1}{b}<\frac{\ln b-\ln a}{b-a}<\frac{1}{a}$$

又因 $2ab<a^2+b^2$，可得

$$\frac{2a}{a^2+b^2}<\frac{1}{b}$$

将以上两式联立则是待证的不等式。证完。

从上例可见，求证不等式的主要方法是：设法将待证不等式的中间部分变换成拉格朗日定理中式（1–5）的右边部分。请再看下例。

例1.6 证明不等式

$$\frac{x}{1+x}<\ln(1+x)<x,\quad (0<x)$$

证明 经思考之后，上式中间部分可以写成

$$\ln(1+x)=\ln(1+x)-\ln 1$$

两边同除以x，得

$$\frac{\ln(1+x)}{x}=\frac{\ln(1+x)-\ln 1}{(1+x)-1}$$

根据拉格朗日中值定理，由上式又有

$$\big(\ln(1+\xi)\big)'=\frac{\ln(1+x)-\ln 1}{(1+x)-1}\qquad (0<\xi<x)$$

$$=\frac{\ln(1+x)}{x}$$

即

$$\frac{1}{1+\xi}=\frac{\ln(1+x)}{x}\qquad (0<\xi<x)$$

上式经整理后就是待证的不等式。证完。

为检验是否具备了证明不等式的方法，读者可以如下函数

$$f(x)=\frac{\sin x}{x}$$

为例，自己编造一个不等式。

在结束本节之前，再次强调：任何函数（非人为的）或运动过程都存在平均值。善用之，将会得到理想的结果。

1.4 洛必达法则

上节在论述中值定理时，曾涉及龟兔速度之比，广义地说，两个函数之比。本节将要研究的正是这种比值在某些特殊情况下的极限，它可能存在，也可能不存在。因此，通称为未定式，常见的有两种，$\frac{0}{0}$型未定式和$\frac{\infty}{\infty}$型未定式。现分述如下。

1.4.1 $\frac{0}{0}$ 型未定式

前面讲过龟兔赛跑，设兔子的路程函数为 $f(t)=t$，乌龟的路程函数为 $g(t)=\sin t$。试问，在刚一开始的瞬间两者的速度之比等于多少？这个问题不难，有两种解决方法，枚举如下。

1. 利用现有结论，应该想到，柯西中值定理中就有两个函数之比。如果把式（1-6）的右边视作路程之比，则左边就是速度之比。就本例而言，根据式（1-6）便得

$$\frac{(\sin\xi)'}{(\xi)'}=\frac{\sin t-\sin 0}{t-0},\quad 0<\xi<t$$

在上式中令 $t\to 0$，即

$$\lim_{\xi\to 0}\frac{\cos\xi}{1}=\lim_{t\to 0}\frac{\sin t}{t}=1$$

答：龟兔在开始一瞬间两者速度之比等于1，即两者一样。

2. 根据物理意义，路程函数导数就代表速度，因此

$$\lim_{t\to 0}\frac{(\sin t)'}{(t)'}=\lim_{t\to 0}\cos t=1$$

就是问题的解。

上述两种方法殊途同归，结果当然相同。不过，这样做有些本末倒置，目的是做好铺垫，搭个台阶，以便逐步登台言归正题。

例 1.7 求下式的极限

$$\lim_{x\to 0}\frac{\sin x}{x}$$

显然，$\lim\limits_{x\to 0}\sin x=0$，$\lim\limits_{x\to 0}x=0$。就是说，上式中的分子和分母其极限都是0，即 $\frac{0}{0}$。这样的未定式便是 $\frac{0}{0}$ 型未定式。

此例的答案众所周知，不再重复。但下列各项必须强调。

（1）在处理未定式问题时，将函数视作物体运动时的路程，函数之比视作路程之比，且设运动的起点一律是在原点。

（2）两物体从原点开始运动，设其路程函数分别为 $f(t)$ 和 $g(t)$，速度为 V_1 和 V_2。当速度是常数时，则 $f(t)=V_1t$，$g(t)=V_2t$。

（3）根据拉格朗日定理，当 $t_0=0$ 时，有

$$\frac{f(t)}{g(t)}=\frac{f'(\xi_1)t}{g'(\xi_2)t}=\frac{f'(\xi_1)}{g'(\xi_2)},\quad 0<\xi_1<t,\ 0<\xi_2<t$$

式中，$f'(\xi_1)$ 和 $g'(\xi_2)$ 分别是 $f'(t)$ 和 $g'(t)$ 在区间 $[0, t]$ 上的平均速度。

试设想，当 $t \to 0$ 时，从上式会得出什么样的结果？

综上所述，不难推出如下求解未定式的结论，即

$$\lim_{t \to 0} \frac{f(t)}{g(t)} = \lim_{t \to 0} \frac{f'(t)}{g'(t)}$$

在此结论的基础上，归纳整理，则推出以下的法则。

洛必达法则 设函数 $f(x)$ 和 $g(x)$ 满足条件：

（1）$\lim\limits_{x \to x_0} f(x) = \lim\limits_{x \to x_0} g(x) = 0$ $\left(\lim\limits_{x \to x_0} f(x) = \lim\limits_{x \to x_0} g(x) = \infty\right)$；

（2）在 x_0 的邻域内可导，且 $g'(x) \neq 0$；

（3）$\lim\limits_{x \to x_0} \dfrac{f'(x)}{g'(x)} = C$ （或∞）；

则

$$\begin{aligned}\lim_{x \to x_0} \frac{f(x)}{g(x)} &= \lim_{x \to x_0} \frac{f'(x)}{g'(x)} \\ &= C \quad (\text{或}\infty)\end{aligned}$$

请注意，上式右边是对分子和分母分别求导，并非对整个分式求导。具体用法且看下面的例子。

例 1.8 求极限 $\lim\limits_{x \to 0} \dfrac{\sin x - x}{x^3}$。

解 这是 $\dfrac{0}{0}$ 型未定式，由洛必达法则

$$\lim_{x \to 0} \frac{\sin x - x}{x^3} = \lim_{x \to 0} \frac{\cos x - 1}{3x^2} = \lim_{x \to 0} \frac{-\sin x}{6x} = -\frac{1}{6}$$

1.4.2 $\dfrac{\infty}{\infty}$ 型未定式

例 1.9 求极限 $\lim\limits_{x \to \infty} \dfrac{x^n}{e^x}$ （n 为正整数）。

解 这是 $\dfrac{\infty}{\infty}$ 型未定式，由洛必达法则

$$\lim_{x \to \infty} \frac{x^n}{e^x} = \lim_{x \to \infty} \frac{nx^{n-1}}{e^x} = \cdots = \lim_{x \to \infty} \frac{n!}{e^x} = 0$$

从上例可知，指数函数的增长速度是远大于幂函数的。而且，两个函数，即使极限值都是无穷大，其比值仍然取决于两者导数之比。正如两个物体都飞向无穷远处，其所经历的路程之比取决于两者速度之比。

未定式共有七种，除上述两种外，还有 0^0，1^∞，$0 \cdot \infty$，∞^0 和 $\infty - \infty$ 五种。

后面这五种未定式必须转化成 $\frac{0}{0}$ 型或 $\frac{\infty}{\infty}$ 型才能应用洛必达法则。

例1.10 求极限 $\lim\limits_{x\to\infty}\left(1+\frac{1}{x}\right)^x$。

解 这是 1^∞ 型的未定式，必须先转化成能应用洛必达法则的形式。为此，设

$$y=\left(1+\frac{1}{x}\right)^x$$

两边取对数

$$\ln y=\ln\left(1+\frac{1}{x}\right)^x=x\ln\left(1+\frac{1}{x}\right)$$

然后求极限

$$\begin{aligned}\lim_{x\to\infty}\ln y&=\lim_{x\to\infty}x\ln\left(1+\frac{1}{x}\right)\quad(\infty\cdot 0)\\&=\lim_{x\to\infty}\frac{\ln\left(1+\frac{1}{x}\right)}{\frac{1}{x}}\quad\left(\frac{0}{0}\right)\\&=\lim_{x\to\infty}\frac{\frac{-1/x^2}{1+1/x}}{-1/x^2}\\&=1\end{aligned}$$

因 $\lim\limits_{x\to\infty}\ln y=1$，故 $\lim\limits_{x\to\infty}y=\mathrm{e}$，由此得

$$\lim_{x\to\infty}\left(1+\frac{1}{x}\right)^x=\mathrm{e}$$

不难看出，上式就是前述的重要极限之一，但这只能作为验证，并非求证。

1.5 习题1.1

1. 庄子有言：一尺之棰，日取其半，万世不竭。试据此构造一数列，并求其极限。

2. 参照重要极限二中圆内接正多边形的情况，研究圆外接正多边形当其边数无限增多时的变化，并据此构造一函数比，类似于 $\frac{\sin x}{x}$，并求其极限。

3. 求极限 $\lim\limits_{n\to\infty}\left(1+\frac{2}{n}\right)^n$。

4. 求极限 $\lim\limits_{x\to 0}x\left(1+\frac{1}{x^2}\right)$。

5. 求极限 $\lim\limits_{x\to 0} x\left(1-\frac{1}{x}\right)$。

6. 判断下列命题是否正确，说明理由，或举出反例。

1）如果 $\lim\limits_{x\to x_0} f(x)$ 存在，$\lim\limits_{x\to x_0} g(x)$ 不存在，则 $\lim\limits_{x\to x_0}[f(x)+g(x)]$ 不存在；

2）如果 $\lim\limits_{x\to x_0} f(x)$ 和 $\lim\limits_{x\to x_0} g(x)$ 都不存在，则 $\lim\limits_{x\to x_0}[f(x)+g(x)]$ 不存在；

3）如果 $\lim\limits_{x\to x_0} f(x)$ 存在，$\lim\limits_{x\to x_0} g(x)$ 不存在，则 $\lim\limits_{x\to x_0}[f(x)\cdot g(x)]$ 不存在；

4）如果 $\lim\limits_{x\to x_0} f(x)$ 和 $\lim\limits_{x\to x_0} g(x)$ 都存在，则 $\lim\limits_{x\to x_0}\frac{g(x)}{f(x)}$ 存在。

7. 证明 $\sin x-\sin y\leqslant x-y$，其中 x 和 y 为正实数。

8. 试用罗尔定理说明 $f(x)=(x-1)^2(x-2)^2$ 的曲线与 x 轴有几个交点，并指出其所在的区间。

9. 已知 $a_0+a_1+a_2+\cdots+a_n=0$,证明方程

$$a_0+2a_1x+3a_2x^2+\cdots+(n+1)a_nx^n=0$$

在区间（0，1）内有实根。

10. 设 $x_2>x_1>0$，函数 $f(x)$ 在区间（x_1，x_2）上可导，试证明至少存在一点 $\xi\in(x_1, x_2)$，使得

$$f(x_2)-f(x_1)=\xi f'(\xi)\ln\frac{x_2}{x_1}$$

11. 试任选两个函数 $f(x)$ 和 $g(x)$，两者都满足柯西中值定理的条件，求出 ξ 值，验证该定理的正确性。

12. 证明下列不等式：

1）$e^x-1>\sin x$，$x>0$；

2）$|\cos x_1-\cos x_2|\leqslant|x_1-x_2|$；

3）$e^x-1-x-\frac{x^2}{2}\geqslant x-\sin x$，$x\geqslant 0$。

13. 求下列极限：

1）$\lim\limits_{x\to 0^+} x^x$；

2）$\lim\limits_{x\to\infty} x^{\frac{1}{x}}$；

3）$\lim\limits_{x\to 1}\left(\frac{1}{x-1}-\frac{1}{\ln x}\right)$；

4）$\lim\limits_{x\to 0}(1-\sin x)^{\frac{2}{x}}$。

14. 试用洛必达法则求下列极限

1） $\lim\limits_{x\to\infty}\dfrac{e^{-x}+e^{x}}{e^{-x}-e^{x}}$；

2） $\lim\limits_{x\to\infty}\dfrac{1-e^{-x}}{1+e^{-x}}$。

并对所得到的结果加以说明。

1.6 泰勒展开式

现在的问题是，需要将给定函数 $f(t)$ 展开成自变量 t 的幂级数。为了便于理解，我们把函数 $f(t)$ 比作一个质点作直线运动时的路程函数。其导数 $f'(t)$ 自然就是质点的速度，二阶导数 $f''(t)$ 是加速度，三阶导数 $f'''(t)$ 是二阶加速度（暂用名），并以此类推。

1.6.1 泰勒公式

给定函数 $f(t)$，具有任意阶的导数。设想它是质点 m 在 $t=t_0$ 时从 $f(t_0)$ 处开始作直线运动的路程函数。根据拉格朗日定理，则 $f(t)$ 可表示为

$$f(t)=f(t_0)+f'(\xi_1)(t-t_0),\ \xi_1\in(t_0,\ t)$$

上式共两项，第一项代表质点 m 的初始位置 $f(t_0)$，第二项代表平均速度 $f'(\xi_1)$ 乘以时间 $(t-t_0)$，但它已经是函数 $f(t)$ 的展开式。其含义是：第一项 $f(t_0)$ 是展开式的主项，代表 $f(t)$ 的近似值；第二项 $f'(\xi_1)(t-t_0)$ 是展开式的余项，或可称为误差项；两项之和才等于原来的函数 $f(t)$。

显然，用 $f(t_0)$ 代表 $f(t)$，误差会随时间 t 而越来越大，必须改进。既然对 $f(t)$ 可以用拉格朗日定理展开，当然也可以同样将 $f'(\xi_1)$ 展开，得到

$$f'(\xi_1)=f'(t_0)+f''(\xi_2)(\xi_1-t_0),\ \xi_2\in(t_0,\ \xi_1)$$

将上述结果代入 $f(t)$ 的展开式，有

$$f(t)=f(t_0)+f'(t_0)(t-t_0)+f''(\xi_2)(\xi_1-t_0)(t-t_0)$$

上式共三项，头两项是主项，代表 $f(t)$ 的近似值；后一项是余项，代表加速度的平均值 $f''(\xi_2)$ 乘以时间的平方项 $(\xi_1-t_0)(t-t_0)$。

显然，用 $f(t_0)+f'(t_0)(t-t_0)$ 比用 $f(t_0)$ 代表函数 $f(t)$ 其近似度更高了。能不能再提高近似度？这是理所当然的愿望，根据上述推理，应该没有困难。但首先必须对上式进行简化，因为 $\xi_1-t_0<t-t_0$，令 $\xi_1-t_0=a_1(t-t_0)$，其中 $a_1<1$，为待定常数。依此，上式可简化为

$$f(t)=f(t_0)+f'(t_0)(t-t_0)+a_1f''(\xi_2)(t-t_0)^2$$

其次，对上式求导，得

$$f'(t)=f'(t_0)+2a_1f''(\xi_2)(t-t_0)$$

将上式中的 $f'(t_0)$ 移至等式左边，两边除以 $t-t_0$，再取极限：

$$\lim_{t\to t_0}\frac{f'(t)-f'(t_0)}{t-t_0}=2a_1\lim_{\xi_2\to t_0}f''(\xi_2)$$

由上式可知，$a_1=\frac{1}{2}$。最后，得

$$f(t)=f(t_0)+f'(t_0)(t-t_0)+\frac{1}{2}f''(\xi_2)(t-t_0)^2$$

显然，为进一步提高近似度，可将 $f''(\xi_2)$ 根据拉格朗日定理再次展开。如此下去，一个重要定理就现身了。

定理 1.1 （泰勒定理）设函数 $f(t)$ 在区间 $I=[t_0, t_1]$ 上具有直至（n+1）阶的导数 $f^{(n+1)}(t)$，则对任意的 $t\in I$，函数 $f(t)$ 都可展开为

$$f(t)=f(t_0)+f'(t_0)(t-t_0)+\frac{f''(t_0)}{2!}(t-t_0)^2+\cdots$$
$$+\frac{f^{(n)}(t_0)}{n!}(t-t_0)^n+\frac{f^{(n+1)}(\xi)}{(n+1)!}(t-t_0)^{n+1}$$

其中，$\xi\in I$。

上式称为函数 $f(t)$ 的泰勒公式，其最后一项称为余项，常简记为 $R_n(t)$。行文至此，请思考一下：当 $n=1$ 时，泰勒公式将变为什么？特别是，当余项 $R_n(t)$ 趋近于零时，会有什么结果？

1.6.2 泰勒级数

定义 1.2 设函数 $f(t)$ 在含 t_0 的某个区间上处处存在任意阶的导数，则下列幂级数

$$\sum_{k=0}^{\infty}\frac{f^{(k)}(t_0)}{k!}(t-t_0)^k=f(t_0)+f'(t_0)(t-t_0)+\frac{f''(t_0)}{2!}(t-t_0)^2$$
$$+\cdots+\frac{f^{(n)}(t_0)}{n!}(t-t_0)^n+\cdots$$

称为 $f(t)$ 在 $t=t_0$ 处的泰勒级数，简称泰勒级数。下列幂级数

$$\sum_{k=0}^{\infty}\frac{f^{(k)}(0)}{k!}t^k=f(0)+f'(0)t+\frac{f''(0)}{2!}t^2+\cdots+\frac{f^{(n)}(0)}{n!}t^n+\cdots$$

称为 $f(t)$ 的麦克劳林级数，即 $t_0=0$ 时 $f(t)$ 的泰勒级数。

定理1.2 若泰勒公式中的余项 $R_n(t)$ 对每一个 n 都满足不等式

$$\left|R_n(t)\right| \leqslant M\frac{\left(t-t_0\right)^{n+1}}{(n+1)!}$$

其中M是一个正常数，且函数 $f(t)$ 满足泰勒定理中的其他条件，则泰勒级数收敛于函数 $f(t)$。

例1.11 求函数 $f(t)=\sin t$ 在 $t=0$ 时的泰勒级数，并证明此级数收敛于 $\sin t$。

解 函数及其导数分别为

$$f(t)=\sin t,\ f'(t)=\cos t$$
$$\vdots$$
$$f^{(2k)}(t)=(-1)^k\sin t,\ f^{(2k+1)}(t)=(-1)^k\cos t$$

从而有

$$f^{(2k)}(0)=0,\ f^{(2k+1)}(0)=(-1)^k$$

由此可知，$\sin t$ 的泰勒级数只有奇数幂次项，根据泰勒定理，设 $n=2k+1$，得

$$\sin t=t-\frac{t^3}{3!}+\frac{t^5}{5!}-\cdots+\frac{(-1)t^{2k+1}}{(2k+1)!}+R_{2k+1}(t)$$

在定理1.2中取 $M=1$，有

$$\left|R_{2k+1}(t)\right|\leqslant 1\cdot\frac{|t|^{2k+2}}{(2k+2)!},\quad \lim_{k\to\infty}R_{2k+1}(t)=0$$

因此，$\sin t$ 在 $t=0$ 时的泰勒级数，即麦克劳林级数为

$$\sin t=t-\frac{t^3}{3!}+\frac{t^5}{5!}-\frac{t^7}{7!}+\cdots$$

参照上例的方法，可求出一些常用函数的麦克劳林级数如下。

$$\cos t=1-\frac{t^2}{2!}+\frac{t^4}{4!}-\frac{t^6}{6!}+\cdots$$

$$\ln(1+t)=t-\frac{t^2}{2!}+\frac{t^3}{3!}-\frac{t^4}{4!}+\cdots$$

$$(1+t)^n=1+nt+\frac{n(n-1)}{2!}t^2+\cdots+\frac{n(n-1)\cdots(n-m+1)}{m!}t^m+\cdots$$

泰勒级数，特别是麦克劳林级数的一个重要用途是计算一些数学式的近似值，以及求解不定式，有如下例。

例1.12 求不定式

$$\lim_{x\to 0}\frac{\sin x-\tan x}{x^3}$$

的值。

解 已知 $\sin x$ 和 $\tan x$ 的麦克劳林级数分别是

$$\sin x = x - \frac{x^3}{3!} + \frac{x^5}{5!} - \cdots, \quad \tan x = x + \frac{x^3}{3} + \frac{2x^5}{15} + \cdots$$

因此

$$\sin x - \tan x = -\frac{x^3}{2} - \frac{x^5}{8} - \cdots$$

从而

$$\lim_{x\to 0}\frac{\sin x - \tan x}{x^3} = \lim_{x\to 0}\left(-\frac{1}{2} - \frac{x^2}{8} - \cdots\right) = -\frac{1}{2}$$

例1.13 求自然对数底 e 的近似值，误差必须小于 10^{-6}。

解 取 e^x 的麦克劳林公式

$$e^x = 1 + x + \frac{1}{2!}x^2 + \cdots + \frac{1}{n!}x^n + \frac{e^{\xi}}{(n+1)!}x^{n+1} \quad (0<\xi<1)$$

并设 $x=1$，则得 e 的近似公式

$$e \approx 1 + 1 + \frac{1}{2!} + \cdots + \frac{1}{n!}$$

误差为 ε，且

$$\frac{e^{\xi}}{(n+1)!} < \varepsilon < \frac{3}{(n+1)!}$$

计算确定，当 $n=9$ 时

$$e \approx 1 + 1 + \frac{1}{2!} + \cdots + \frac{1}{9!} = 2.718281$$

其误差小于 10^{-6}。

最后，建议读者探索一下常用函数的麦克劳林级数，看其间有无联系。比如，验算一下相关的三个级数与欧拉公式

$$e^{ix} = \cos x + i\sin x$$

有无矛盾？

1.7 函数的极值

自然现象可以说是一切知识的源泉，启发人们去发现、思考并解决各式各样的问题，当然也包括数学问题。因此，在学习数学的时候，一个有效的方法就是联系实际。特别是对工程技术人员而言，更宜如此。

如上所言，为解决函数的极值问题，再来重温一次在讨论中值定理时讲过的例子。为具体起见，设将小球 m 垂直上抛，初始速度为 $3g$，g 是重力加速度，近地面处约为980厘米/秒^2。根据力学知识，如取 $h(t)$ 为小球 m 距地面的

高度函数，其中 t 代表时间，则有

$$h(t)=3gt-\frac{1}{2}gt^2,\quad (0\leq t\leq 6)$$

其示意图如图 1-3 所示，从图上显然可见，函数 $h(t)$ 满足罗尔定理的条件，且不难求出所需要的结果。对函数 $h(t)$ 取导数，得

$$h'(t)=3g-gt$$

令此式等于零，得

$$t=3$$

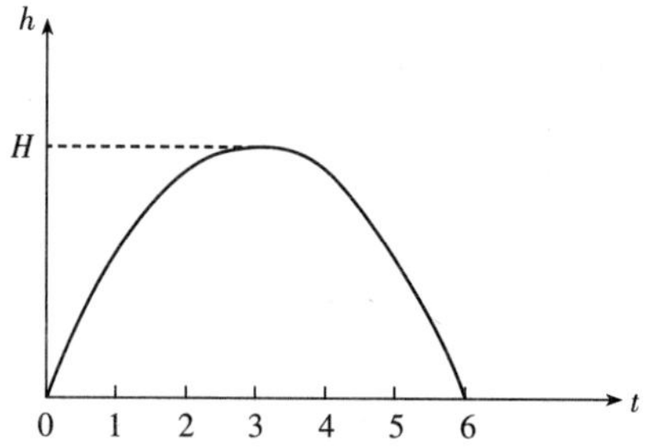

图 1-3

从上述结果可知，当 $t=3$ 时，小球停止上升，速度为零，达到最高点 H，距地面 $4.5g$。此后开始下坠，当 $t=6$ 时，重回地面。

再讲这个例子，一方面是复习中值定理，一方面是引出函数极值问题。其实，两者互相关联。以前讲过，有两处关键：其一是小球的速度必然有时为零；其二是速度为零时小球所在的位置，即最高点，此例中的点 H。现在，全都融会贯通了，满足罗尔定理 $h'(\xi)=0$ 的点，此处 $\xi=3$，即小球速度为零的点，也是小球上升到达最高处 H 的点，也就是函数取极值的点。

定义 1.3 设函数 $f(x)$ 在 x_0 的一个邻域内有定义，且对位于此邻域内的任意一点 x，总有

$$f(x_0)>f(x)\quad （或 f(x_0)<f(x)）$$

则称 $f(x_0)$ 为函数的极大（小）值，称 x_0 为函数的极大（小）值点。

极大值和极小值统称极值，极大值点和极小值点统称极值点。

根据定义，在上例中函数 $h(t)$ 的极大值是 $h(3)=4.5g$，极大值点是 $t=3$。

到此，仅凭一个例子尚不足以断言：一个函数当其导数为零时就必然取极值。例如：函数 $f(x)=x^3$ 在 $x=0$ 时，$f'(0)=0$，但 $f(x)$ 并无极值。因此，有必要对上例作进一步的分析。

小球被抛出后，一直受地心引力作用，存在向下的加速度 g。因此，小球上升越来越慢，当 $t=3$ 时，速度为零，同时到达最高点 H，距地面 $4.5g$。就是

说，函数 $h(t)$ 其导数等于零与取得极大值是在同一时刻 $t=3$ 。这并非偶然，前面说过，小球一直存在向下的加速度 g，表明函数 $h(t)$ 的二阶导数等于 $-g$，是负的。为什么是负的？小球上升时速度越来越小。上升是正方向，因此小球速度的导数，即 $h(t)$ 的二阶导数是负的；小球下落时速度越来越大，下降是负方向，因此小球速度的导数，即 $h(t)$ 的二阶导数也是负的。需要强调，上述论述适用于小球的整个运动过程，包括 $t=3$ 时，正是函数 $h(t)$ 在此一时刻其导数等于零，二阶导数小于零，才在此一时刻取得极大值。

其实，对函数

$$h(t)=3gt-\frac{1}{2}gt^2 \quad (0\leqslant t\leqslant 6)$$

取一阶导数并二阶导数，问题顺理成章地解决了，何须大动笔墨？我们是想说明数学式子的真实含意。比如，函数 $f(x)=x^3$，导数 $f'(x)=3x^2$，在 $x=0$ 时，其导数 $f'(0)=0$，但并无极值。原因在于：函数 $f(x)=x^3$ 的导数 $f'(x)=3x^2$ 永远大于零，除 $x=0$ 外。正如小球一直上升（这当然不可能），岂能有最高点？联系到小球的运动，不难想到，函数 $h(t)$ 要在 t_0 处取得极值，除导数 $h'(t_0)=0$ 外，在通过 t_0 时导数 $h'(t)$ 必须变号，由正变负，函数取得极大值（联想小球在最高点的图像）；反之，由负变正，函数取得极小值（联想函数 $f(x)=x^2$ 在 $x=0$ 处附近的图像）。导数由正变负，表示二阶导数小于零；导数由负变正，表示二阶导数大于零。归纳起来，有如下的结论。

定理1.3 若函数 $f(x)$ 在点 x_0 可导，且在 x_0 取得极值，则 $f'(x_0)=0$ 。

由此可知，导数 $f'(x_0)=0$ 是函数 $f(x)$ 在 x_0 处取得极值的必要条件，但非充分条件。

定义1.4 若函数 $f(x)$ 在点 x_0 的导数等于零，则点 x_0 称为函数的驻点。

结合定理1.3可知，驻点为函数在该点是极值点的必要条件。

定理1.4 设函数 $f(x)$ 在点 x_0 具有二阶导数，且 $f'(x_0)=0$，$f''(x_0)\neq 0$，则

（1）当 $f''(x_0)<0$ 时，函数 $f(x)$ 在点 x_0 处取得极大值；

（2）当 $f''(x_0)>0$ 时，函数 $f(x)$ 在点 x_0 处取得极小值。

定理的证明，留给读者。为帮助记忆，可将条件 $f''(x_0)<0$ 改成竖写，即顺时针转90°。这时，其中的小于符号变为∧，同上抛小球的运动轨迹基本一样，使我们看到条件 $f''(x_0)<0$ 就会联想到所取的是极大值。同理，看到条件 $f''(x_0)>0$ 就会联想到极小值。

值得说明一下，如果使用泰勒公式的话，则极值问题迎刃而解。读者不妨

一试，甚至可以求出，当在函数的一阶导数和二阶导数都等于零的条件下，函数取得极值的必要条件和充分条件。当然，这需要更多的条件，如更高阶的导数应该存在。

例1.14 求函数

$$f(x)=2x^3-9x^2+12x+1$$

的极值。

解 1）先求驻点，对 $f(x)$ 求导数，并令 $f'(x)=0$，得

$$6x^2-18x+12=0$$

此方程有两个根，分别是 $x_1=1$ 和 $x_2=2$ 。这两个根就是驻点。

2）求函数的二阶导数，得

$$f''(x)=12x-18$$

3）检验二阶导数 $f''(x)$ 在驻点处的符号，有

a） $f''(1)<0$，函数在 $x=1$ 时取极大值；

b） $f''(2)>0$，函数在 $x=2$ 时取极小值。

4）函数的极大值 $f(1)=6$，极小值 $f(2)=5$ 。

例1.15 墙上有张挂图，高6米，其下底比观察者高2米，试问观察者距墙多远视角 θ 最大?

解 如图1-4所示，设观察者距墙为 x 米，则视角

$$\theta=\arctan\frac{6+2}{x}-\arctan\frac{2}{x},\quad (x>0)$$

对上式求导，得

$$\theta'=\frac{-8}{x^2+8^2}+\frac{2}{x^2+2^2}=\frac{-6x^2+96}{(x^2+8^2)(x^2+2^2)}$$

令 $\theta'=0$，得驻点 $x=4$ 米。

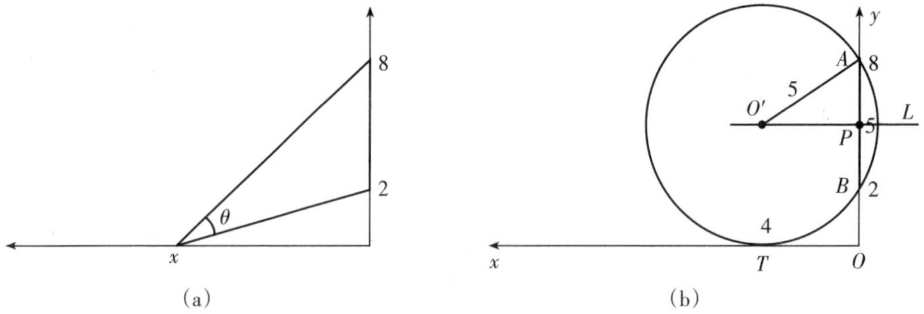

图1-4

下一步理应求 θ 的二阶导数，用以判定驻点 $x=4$ 是否就是极值点。但就

本例而言，更宜从实际出发。设想观察者自无穷远处向墙边走去，其视角 θ 将从零逐渐增加，到达某极值后又逐渐减小，至墙边时又等于零。由于驻点只有一个，据此可以断定，$x=4$ 就是极大值点，且是最大值点。观察者站在此处，其视角 θ 最大。

答案有了，请留意其中的三个数字：6的一半是3，挂图中点比观察者高5，而最佳距离是4。众所周知，上述三个数正好是一个直角三角形的三个边长。这并非巧合，想借此提醒读者，此例有初等解法：参见图1-4（b），y 轴上的 $\overline{AB}=6$，代表挂图，P 是其中点，x 轴与观察者持平。过点 P 作直线 L，与 x 轴平行，在直线 L 上取点 O'，使 $\overline{O'A}=\overline{O'B}=5$，以点 O' 为圆心，5为半径，此圆经过点 A 和 B，且与 x 轴相切，记切点为 T。不难算出 T 点的横坐标 $\overline{OT}=4$，这就是问题的解，观察者站在点 T 处，视角 $\angle ATB$ 最大。

上述结论求证不难，留给读者，权做练习，并请注意，凡出现两条线相切的地方，常有极值产生。可以说，相切和极值是相互依存的。本例如此，函数 $f(x)$ 的导数 $f'(x)=0$ 是如此，下节讲条件极值将会遇到更多这样的例子。

1.8　条件极值

上节讨论函数的极值，不带任何条件，但在实际问题中，往往并非如此。例如，要建一座方形围墙，圈地100平方米，为节约材料，围墙应建成什么形状？写成数学式就是：求二元函数

$$f(x,\ y)=2x+2y$$

的极小值，但带有约束条件

$$xy=100$$

其中 x 和 y 分别代表围墙的长和宽。此问求解不难，凭直观就能看出，答案是 $x=y=10$，围墙应是正方形。

上面的例子是求函数的极值，但有约束条件，像这样的极值问题就称为条件极值问题。读到此处有人会想，刚才讲过，相切和极值是相互依存的，可是这里只有极值，哪有相切？问得很好，必有收益。请看图1-5，其上已画出函数 $xy=100$ 在第一象限的曲线。希望读者联系答案画一条直线，看是否会出现相切？并进一步思考，为什么同这条直线平行的其他直线不与曲线相切？并据此试用一种作图法，去求问题的解。或

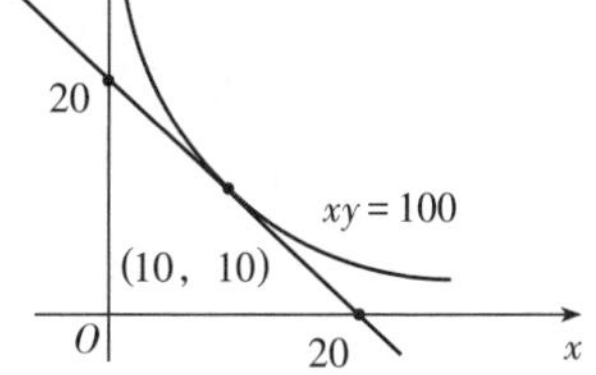

图1-5

者，请先看下面的例子。

例 1.16 一人住在 A 地，每天必先去河边取水，然后将水带往 B 地，如图1–6所示，问该如何取道，使路程最短。

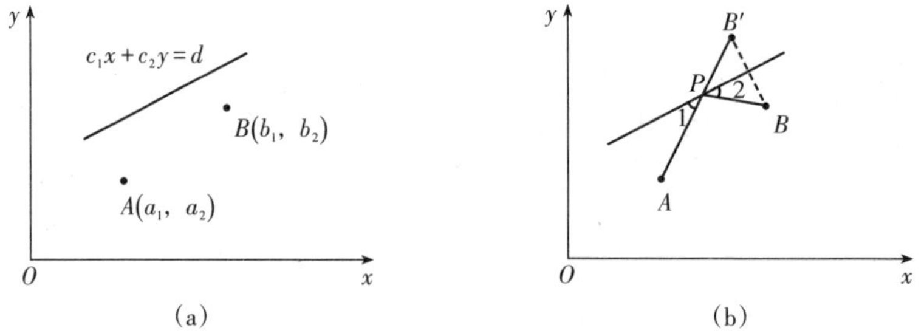

图1–6

解1 在图1–6（a）上，设 A 和 B 两地的坐标分别为 (a_1, a_2) 和 (b_1, b_2)，并视河流为一条直线，其方程为

$$c_1x+c_2y=d \tag{1-7}$$

则从 A 地到河边取水后再到 B 地所经历的路程为

$$f(x, y)=\sqrt{(a_1-x)^2+(a_2-y)^2}+\sqrt{(b_1-x)^2+(b_2-y)^2}$$

依题意，现在就是要在约束条件（1–7）下求出函数 $f(x, y)$ 的极小值。

上例是典型的条件极值问题，传统的解法是：利用约束条件，将 x（或 y）解出来，即

$$x=\frac{1}{c_1}(d-c_2y)\ （或\ y=\frac{1}{c_2}(d-c_1x)）$$

代入函数 $f(x, y)$，变成无条件的极值问题。这虽然直观，但运算量一般较大。

解2 利用物理知识，求出点 B 以河流为轴线的对称点 B'，连接点 A 和点 B'，设同河流轴线的交点为 P，如图1–6（b）所示，则 $\overline{AP}+\overline{PB}$ 就是所求的最短路程。证明不难，希读者一试。

这种解法直观简便，富有实用性，且能推广到存在多条河流（视为直线）的情况，再由于角1，称为入射角，与角2，称为反射角，两者相等，比如在打台球时就可为躲避障碍球而将主球从 A 处击向岸边 P 处，然后折射至 B 处。

解3 这种解法很有启发性，共分三步。第一，在坐标平面上，以点 A 和点 B 为焦点画椭圆，从小到大，如图1–7（a）所示。这起两个作用，求出了平面上到点 A 并点 B 距离之和相等的所有的点的轨迹；将平面分成了两部分，在椭圆外的点到两个焦点距离之和必大于椭圆上的点，而椭圆内的点到两

个焦点距离之和必小于椭圆上的点。第二，从椭圆族中找出与直线（代表河流）相切的椭圆，如图1-7（b）上黑线所示。显然，与直线相切的椭圆存在且唯一。第三，记椭圆与直线的切点为 P，证明 $\overline{AP}+\overline{BP}$ 就是最短路径。

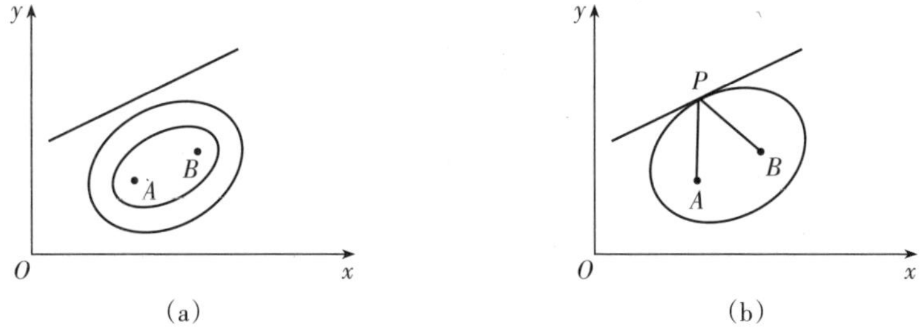

图1-7

上述结论包括求证全非难事，无须多讲，但对相切和极值的依存关系在此却值得强调。请参见图1-7（b），仔细观察并思考之后，会产生这样的想法：将直线与椭圆相减，在切点处的坐标相减后必然为零，而其邻域内各点的坐标必然非零。支持这种想法的根据是，导数等于零是函数取得极值的必要条件。因此，理应存在一个函数于所论切点处其导数等于零，而这个函数可能就是相应于直线的函数和椭圆的函数两者相减的结果，则

$$F(x,\ y)=(c_1x+c_2y-d)-\lambda\left(\frac{(x-h)^2}{a}+\frac{(y-k)^2}{b}\right)$$

其中，等式右边第一个括号内的表达式代表直线，第二个代表椭圆，究竟是椭圆族中的哪个椭圆现在尚难确定，因此在它前面加个乘子 λ，λ 是变量，一个适配因子，其作用是保证函数 $f(x,\ y)$ 在切点处的导数等于零。

上述只是猜想，是否正确，尚待检验。现在就来看效果如何，特举例如下。

例1.17 求函数 $f(x,\ y)=x^2+y^2$ 在条件 $x+y=1$ 下的极小值。

解 根据上述猜想作辅助函数

$$F(x,\ y)=(x+y-1)-\lambda(x^2+y^2)$$

求 $F(x,\ y)$ 对 x、y 和 λ 的导数，得

$$F'_x(x,\ y)=1-2\lambda x$$

$$F'_y(x,\ y)=1-2\lambda y$$

$$F'_\lambda(x,\ y)=-(x^2+y^2)$$

为求极值，令以上导数分别等于零，并结合约束条件，得解

$$x=y=\frac{1}{2},\ \lambda=1,\ x^2+y^2=0$$

仔细验算之后，上述答案令人愕然：一方面 $x=y=\frac{1}{2}$ 的确是函数 $f(x,\ y)$ 在约束条件下的极值点，另一方面由于 $x^2+y^2=0$，以致

$$F(x,\ y)=(x+y-1)-\lambda(x^2+y^2)=0$$

出现矛盾。这表明：猜想有合理的成分，但不完全。分析之后不难发现，将适配因子 λ 换个位子，放在直线表达式前面，即作函数

$$F(x,\ y)=\lambda(x+y-1)-(x^2+y^2)$$

求解之后，矛盾化解不少，但仍难以让人满意，正确的结果是，作函数

$$F(x,\ y)=x^2+y^2+\lambda(x+y-1)$$

求解，得极值点为

$$x=y=\frac{1}{2},\ \lambda=-1$$

函数的条件极值为

$$f\left(\frac{1}{2},\ \frac{1}{2}\right)=F\left(\frac{1}{2},\ \frac{1}{2}\right)=\frac{1}{2}$$

问题解决了，梳理一下解题的思路，仍然从相切与极值的依存关系开始。在坐标面上画出 $f(x,\ y)=x^2+y^2=k^2$ 的图形，其中 k 是个常数。当 $k^2=\frac{1}{4},\ \frac{1}{2}$ 以及 $\frac{3}{4}$ 的图形如图 1-8 所示，它们是同心圆。图上还有方程 $x+y-1=0$ 的图形，一条直线，即 L。显然可见，圆 $x^2+y^2=\frac{1}{2}$ 与直线相切，切点 P，其坐标为 $\left(\frac{1}{2},\ \frac{1}{2}\right)$，是函数的极值点，其对应的圆半径平方 k^2 为 $\frac{1}{2}$，是函数 $f(x,\ y)$ 的条件极小值。重复这些结论，目的是借此阐述我们上述猜想的几何意义。

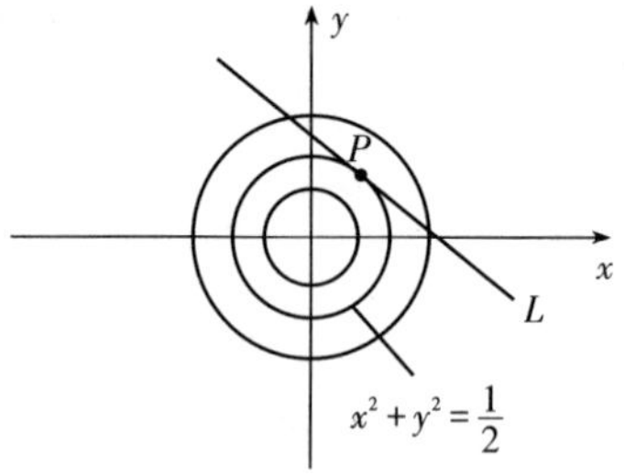

图1-8

在三维坐标系上，绘出函数 $z=f(x,\ y)=x^2+y^2$ 的图形，它是个旋转抛物面，再绘出函数 $z=x+y-1$ 的图形，它是个平面，如图1-9（a）所示。在此基础上，最后要绘制函数

$$F(x,\ y)=x^2+y^2-(x+y-1)$$

的图形。一种方法是，用旋转抛物面上点的竖坐标减去平面上相应各点的竖坐标，绘出图形，但就本例而言，另一种方法是，将上式改写成

$$F(x,\ y)=\left(x-\frac{1}{2}\right)^2+\left(y-\frac{1}{2}\right)^2+\frac{1}{2}$$

由此可直接看出：其图形仍是一个旋转抛物面，如图1-9（b）所示。显而易见，此抛物面的顶点V的横纵坐标是$\left(\frac{1}{2}, \frac{1}{2}\right)$，正是函数$f(x, y)$的条件极值点，竖坐标是$\frac{1}{2}$，正是函数$f(x, y)$的条件极小值。

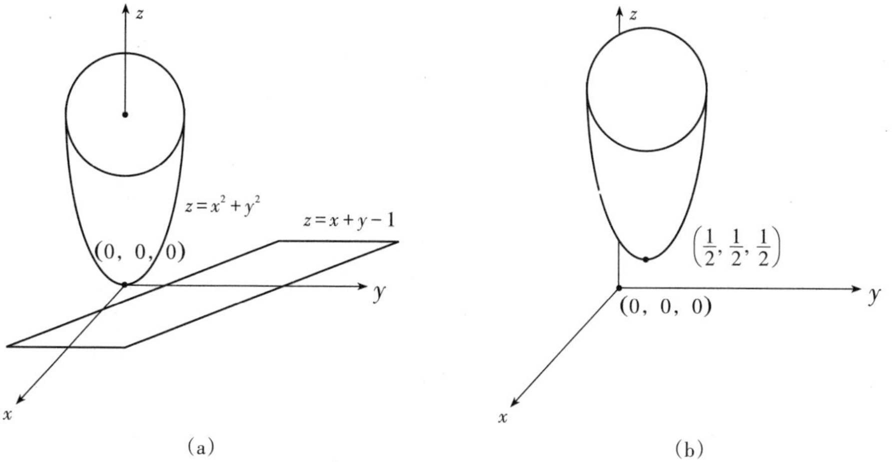

图1-9

认真审视图1-9（b），从中就可领悟出为什么条件极值问题能用所述的λ乘子法轻易解决的几何意义及真实理由。

上面占用了不少篇幅，目的是想讲明白问题的来龙去脉，拓宽思路。否则，三言两语便足够了；不信，请看下例。

例1.18 求函数$f(x, y)$在约束条件$G(x, y)=0$下的极值。

解 第一步，作辅助函数

$$F(x, y)=f(x, y)+\lambda G(x, y)$$

其中，λ是引入的乘子，一个变量。

第二步，求$F(x, y)$对x，y和λ的导数，并令其为零，则得以拉格朗日命名的方程：

$$F'_x=f'_x+\lambda G'_x=0$$
$$F'_y=f'_y+\lambda G'_y=0$$
$$F'_\lambda=G(x, y)=0$$

计三个方程，三个变量。

第三步，联立求解上面的方程组，得极值点，代入函数$f(x, y)$，算出极值，问题解决。

余下有两点需要说明，求出来的究竟是函数的极大值还是极小值？如果只有一个极值点，不是极大值，就是极小值；如果有两个极值点，则一为极大值，一为极小值。所有上列疑问都不难根据实际情况按理排除。再者，从上列的联立方程组容易得出

$$\lambda=-\frac{f'_x}{G'_x}=-\frac{f'_y}{G'_y}$$

正是如此取值的乘子 λ 才确保 $F(x, y)$ 的导数 F'_x 和 F'_y 能同时等于零，从而 $f(x, y)$ 取得极值。另外，从上式还可推知

$$\frac{f'_x}{f'_y}=\frac{G'_x}{G'_y}$$

上式左边是曲线 $f(x, y)=C$ 的切线斜率，其中 C 为常数，右边是曲线 $G(x, y)=0$ 的切线斜率。两者相等，表明两条曲线相切，在什么地方相切？在极值点处，如图1-9所示。这既是理所当然，同时也印证了上述求解条件极值问题所用的乘子法的正确性。因此，将上述求解条件极值问题的法则称为拉格朗日乘子法。

拉格朗日乘子法的实际意义已经阐明，其严格证明已超出本书范围，鞭长莫及。只能举些例子，说明其具体用法。

例1.19 求函数 $f(x, y)=xy$ 在约束条件 $G(x, y)=x^2+y^2-4=0$ 下的极值。

解 第一步，作辅助函数

$$F(x, y)=xy+\lambda(x^2+y^2-4)$$

第二步，求 $F(x, y)$ 对 x、y 和 λ 的导数，并令其为零，得拉格朗日方程

$$y+2\lambda x=0$$
$$x+2\lambda y=0$$
$$x^2+y^2-4=0$$

第三步，联立求解上列方程组，用 x 乘上面的第一个等式，y 乘第二个等式，得

$$xy+2\lambda x^2=0$$
$$xy+2\lambda y^2=0$$

由上列两式显然可知

$$x=-y$$

将 $x=y$ 代入约束条件

$$x^2+y^2-4=0$$

则得

$$x=y=\pm\sqrt{2}$$

根据以上结果，经过简单的计算，便得拉格朗日方程的解：

$$x=y=\sqrt{2}，\lambda=-\frac{1}{2}$$

现在来看上面的解是不是极值。为此，将函数 $f(x, y)=xy=C$ 的图形绘在坐标面上，其中 C 为常数，可正可负，再将函数 $G(x, y)=x^2+y^2-4=0$ 的图形绘上，如图1–10所示。从图上显然可见，只有双曲线 $f(x, y)=xy=2$ 同约束条件 $x^2+y^2-4=0$ 所表示的圆相切，切点是

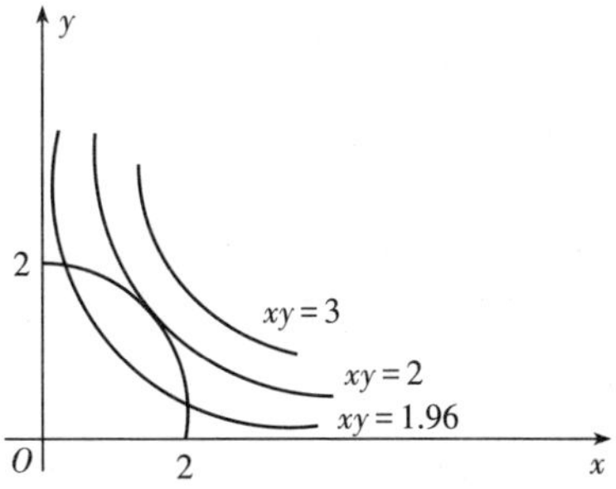

图1–10

$$x=y=\sqrt{2}$$

这就是极大值，其他的双曲线 $f(x, y)=xy=C$ （C可正可负）或不同圆相切，而相交绝非是极值。

一般来说，判断一个函数是否取得极值存在三种方法：一是根据问题的实际意义直接作出判断；二是绘出函数的图形，如上例那样，这比较直观，且有助于培养基本功；三是根据函数的导数取值。但是，就条件极值问题而论，驻点往往就是极值点，因为存在如下的定理。

极值存在定理 函数 f 若在一有界闭集 S 上连续，则在 S 上既存在最大值，也存在最小值。

在处理条件极值问题时，情况往往符合上述定理的条件，所以驻点常常就是极值点，有时两者混用，也不必进行函数是否取得极值的检验。

例1.20 欲建一库房，总容积96米^3。打基础、修围墙和加房顶每平方米所需费用比为1∶2∶5。希望用钱最少，那库房的长、宽和高该是多少？

解 记长、宽、高分别为x、y、z，则所需费用

$$\begin{aligned}f(x, y, z)&=1xy+2z(2x+2y)+5xy\\&=6xy+4z(x+y)\end{aligned}$$

约束条件为

$$G(x, y, z)=xyz-96=0$$

据此可得拉格朗日方程

$$\begin{aligned}&f'_x+\lambda G'_x=6y+4z+\lambda yz=0\\&f'_y+\lambda G'_y=6x+4z+\lambda xz=0\\&f'_z+\lambda G'_z=4(x+y)+\lambda xy=0\\&G(x, y, z)=xyz-96=0\end{aligned}$$

将上列第一与第二方程相减，得

$$6(y-x)+\lambda(y-x)z=0$$

由上式可知

$$y=x$$

将此结果代入第三方程，可解得

$$\lambda=-\frac{8}{x},\ z=\frac{3}{2}x$$

再利用约束条件 $G(x,\ y,\ z)=0$，最后得

$$x=y=4,\ z=6$$

这就是说，将库房建成高6米，4米见方的形状费用最低。

读者可能已经想到，为节省材料，自然也就降低了成本，库房理应是方形的。这样一来，问题就大为简单了。因为 $x=y$，再从约束条件得 $z=\frac{96}{x^2}$，问题便化为求

$$f(x)=6x^2+4\frac{96}{x^2}\cdot 2x=6\left(x^2+\frac{128}{x}\right)$$

的极小值，很快答案就出来了：$x=y=4$，$z=6$。

拉格朗日乘子法可以推广到多变量和多个约束条件的情况，现举例说明如下。

例1.21 求函数 $f(x,\ y,\ z)=x+2y+3z$ 在约束条件 $G(x,\ y)=x^2+y^2-2=0$ 及 $h(y,\ z)=y+z-1=0$ 下的极值。

解 第一步，作辅助函数

$$F(x,\ y,\ z)=x+2y+3z+\lambda(x^2+y^2-2)+\mu(y+z-1)$$

第二步，写出拉格朗日方程

$$\begin{aligned}1+2\lambda x&=0\\2+2\lambda y+\mu&=0\\3+\mu&=0\\x^2+y^2-2&=0\\y+z-1&=0\end{aligned}$$

第三步，解拉格朗日方程，得两个驻点，分别是 $(x,\ y,\ z)=(1,\ -1,\ 2)$ 和 $(x,\ y,\ z)=(-1,\ 1,\ 0)$，经检验，$f(1,\ -1,\ 2)=5$ 是极大值。$f(-1,\ 1,\ 0)=1$ 是极小值。

上例的几何图形比较简单，方程 $x^2+y^2-2=0$ 的图形是个圆柱面，$y+z-1=0$ 是个平面，两者的交线是个椭圆，问题实际是求函数 $f(x,\ y,\ z)$ 在此椭圆上

的极值，如果绘出空间图形，凭直观就能判定函数的极值。读者不妨一试。

1.9 习题1.2

1. 一物体沿直线运动，速度为 v，试求其平均值和路程函数。若平均值不便直接计算，可以猜测，但要说明理由。

（1） $v=5$；　（2） $v=2t$；　（3） $v=3t^2$；　（4） $v=4t^3$

2. 求函数 $f(x)=x^3+x^2+x+1$ 按 $(x-1)$ 的幂展开的多项式。

3. 取 $\sin x$ 和 $\cos x$ 的麦克劳林级数的头两项，求其平方和，然后令 x 分别为 $\frac{1}{2}$ 和 $\frac{1}{3}$，看得出什么结果。

4. 试根据函数各自的麦克劳林级数验证等式

$$e^{ix}=\cos x+i\sin x$$

上式称为欧拉公式。

5. 试直接用除法将函数 $f(x)=\frac{1}{1+x}$ 展成麦克劳林级数，并据此求函数 $f(x)=\frac{1}{x}$ 按 $(x-1)$ 的幂展成的麦克劳林级数。

6. 画出函数 $f(x)=\sin x$ 的图形，求其极小值和极大值，并根据在极值点附近切线斜率的变化，确定函数 $f(x)$ 在极值点二阶导数的正负，且加以验证。

7. 有一长方形小盒，用长24厘米、宽9厘米的原材料将其四角截去一正方形折叠而成。为使此小盒容量最大，截去的正方形边长应为多少？

8. 一人距公路 A 处的垂直距离为20米，欲步行至公路上距 A 处100米远的 B 处，如图1–11所示。已知此人走上公路时的速度为3米/秒，公路上的速度为5米/秒。为尽快到达 B 处，所需的时间是多少？

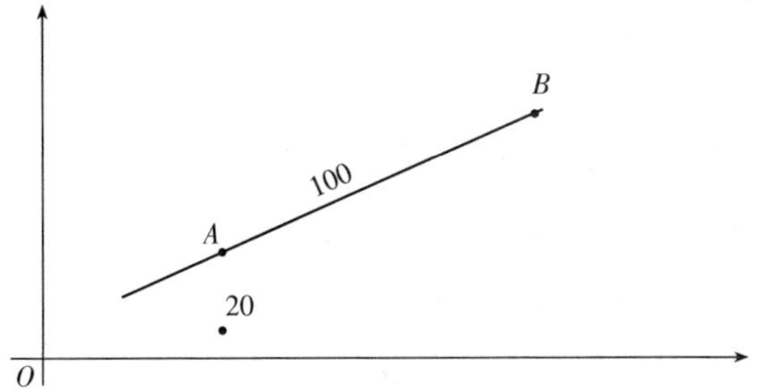

图1–11

9. 有三个村庄，分别位于点 $A(0,0)$，$B(1,5)$ 和 $C(8,0)$，由在 P 处的变压器供电，为降低线路能耗，试确定 P 的位置，使其到 A、B 和 C 的距离平方和最小。

10. 有一锐角三角形ABC，如图1–12所示。试确定点P的位置，使其到A、B和C的距离和最小。（提示：以A点为圆心，AP为半径作圆，记住相切与极值相互依存的关系，分析连线$\overline{BP}$、$\overline{CP}$与$\overline{AP}$的关系）

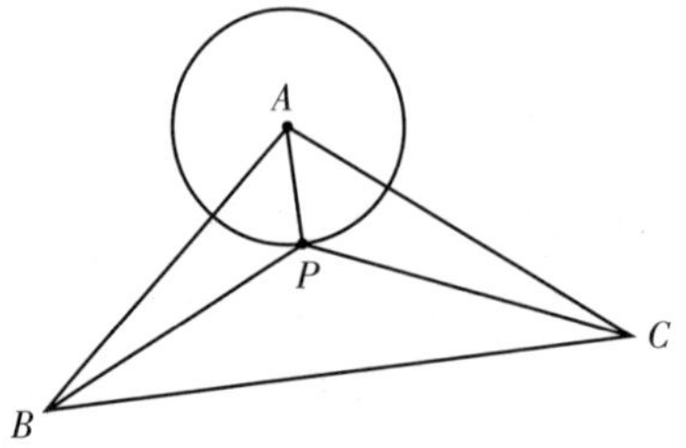

图1–12

11. 墙上有一电视，高1米，下底比观察者也高1米，如图1–13（a）所示。观察者沿水平方向行走，问距墙多远看电视的视角最大？（求出答案后，再用几何方法予以验证）

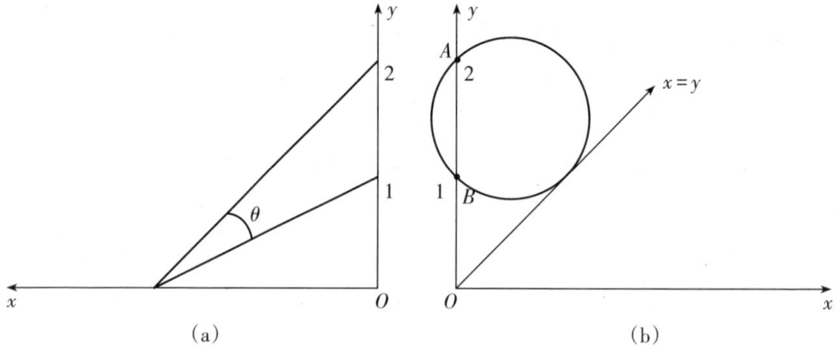

图1–13

12. 题意同上，但观察者是原点在与水平方向成45°的直线上行走，问距原点多远看电视的视角最大？（提示：先用几何方法，以点$C(x,\ 1.5)$为圆心作圆，过A、B两点，且与直线$y-x=0$相切。由此求出圆心的横坐标，并通过实际计算验证结果的正确性。参见图1–13（b））

13. 设函数$f(x,\ y)=4x^2+y^2$，约束条件$G(x,\ y)=2y+4x-1=0$，试参照书中例1.17的解法，画出函数$F(x,\ y)=f(x,\ y)+\lambda G(x,\ y)$的空间图形，求出函数$f(x,\ y)$在约束条件$G(x,\ y)=0$下的极值点和极值。

14. 已知一矩形，对角线的长度为2，其最大的面积可能是多少？得到答案后，绘出面积函数和约束条件函数的平面图加以验证。

15. 求函数$f(x,\ y)=4+xy-x^2-y^2$在约束条件$G(x,\ y)=x^2+y^2-1$下的极小值。（提示：此题可以简化）

第2章　积分学

客观世界中，事物相互依存，概念结伴形成。比如：上和下，正和反，老和少，男和女；数学中的加和减，乘和除，以及将要讲述的“积分”也是和上一章讲述的“微分”孪生一对，缺一不可。

2.1　原函数

刚才讲过，概念往往是相伴的。原函数是新概念，与谁结伴？问题不难，请先看下面的例子。

大家学过导数，如函数 $\sin x$ 的导数就是 $\cos x$，即

$$\sin' x = \cos x$$

$\cos x$ 叫作 $\sin x$ 的导数，那 $\sin x$ 对于 $\cos x$ 而言叫作什么呢？

定义 2.1　设函数 $f(x)$ 在区间 $[x_0, x_1]$ 上有定义，若存在函数 $F(x)$，且其导数

$$F'(x) = f(x),\ x \in [x_0, x_1]$$

则函数 $F(x)$ 称为函数 $f(x)$ 的一个原函数，记作

$$F(x) = \int_{x_0}^{x} f(x)\mathrm{d}x，或 F(x) = \int_{x_0}^{x} f(t)\mathrm{d}t$$

这里需要解决一个问题，知道原函数可以求出它的导数 $f'(x)$，反过来，知道了导数如何求出原函数呢？仍然从实际出发，先看下面的例子。

为便于理解，先来复习一下平均值的工程意义。如果用10秒时间走了50米，则平均速度为5米/秒；如果用1秒时间走了6米，则平均速度为6米/秒，这里仍然是平均速度，因为在1秒的时间中速度也不一定是常数；如果用0.1秒的时间走了0.8米，则平均速度为8米/秒。讲到这里，有两点需要强调：根据拉格朗日定理，平均速度

$$f'(\xi) = \frac{f(t) - f(t_0)}{t - t_0} \quad (t_0 \leqslant \xi \leqslant t)$$

式中，$f(t)$ 是路程函数，$f'(\xi)$ 是其导数 $f'(t)$ 在时刻 $\xi \in [t_0, t]$ 的值，而 $f(t)$ 就是 $f'(t)$ 的一个原函数；上式中既与导数 $f'(t)$ 有关，又包含其原函数 $f(t)$，

能否据此求出 $f'(t)$ 的原函数 $f(t)$ 呢？显然，若 $f'(\xi)$ 已知，则由下式

$$f(t)=f(t_0)+f'(\xi)(t-t_0)$$

在概念上可以求出原函数 $f(t)$，但实际不行，因为 $f'(\xi)$ 由于 ξ 未知也是个未知数。容易想到，ξ 未知，是因为区间 $[t_0,\ t]$ 太大。如果将区间分成许多小区间，则在小区间内任选一点作为 ξ，误差也不会太大。据此，便可求出原函数 $f(t)$ 的近似值，方法如下，而为简单计，先设 $t_0=0$。

第一步，将区间 $[0,\ t]$ 等分为 n 个小区间，即 $\left[0,\ \frac{t}{n}\right]$，$\left[\frac{t}{n},\ \frac{2t}{n}\right]$，…，$\left[\frac{(n-1)t}{n},\ \frac{nt}{n}\right]$，每个小区间的长均为 $\frac{t}{n}$，在此，简称为时段；

第二步，对每个小时段，都取其终点为 ξ，并根据拉格朗日定理计算路程函数 $f(t)$（在此为原函数）在每个小时段的增量，如第 i 个小时段 $f(t)$ 的增量

$$f\left(\frac{it}{n}\right)-f\left(\frac{(i-1)t}{n}\right)=f'\left(\frac{it}{n}\right)\cdot\frac{t}{n},\quad i=1,\ 2,\ \cdots,\ n$$

第三步，求和，将上一步中函数 $f(t)$ 的 n 个增量相加，得

$$f(t)-f(0)=\sum_{i=1}^{n}f'\left(\frac{it}{n}\right)\cdot\frac{t}{n}$$

或

$$f(t)=f(0)+\sum_{i=1}^{n}f'\left(\frac{it}{n}\right)\cdot\frac{t}{n}$$

上式右边还只是函数 $f(t)$ 的近似值，存在误差。但当 n 越来越大，时段越分越小时，误差也就随之越来越小，因而有以下的结论。

第四步，求极限，当 n 趋近于无穷大，每个时段都趋近于零时，上式的极限

$$f(t)=f(0)+\lim_{n\to\infty}\sum_{i=1}^{n}f'\left(\frac{it}{n}\right)\frac{t}{n}$$

如果存在，则函数 $f(t)$ 就是其导数 $f'(t)$ 的一个原函数。

显然，一人如果沿直线走了一小时，则无论此人是从 A 点出发，还是 B 点出发，其所经历的路程是不变的。这就是说，以上的结论对任意的起点 $f(0)$ 都成立。因此，原函数不是唯一的，有无穷多，相差只是一个起点，即一个常数。

例2.1 求函数 $f(x)=x$ 的原函数。

解 第一步，分割。

将区间[0，x]等分为n个小区间：$\left[0,\ \frac{x}{n}\right]$，$\left[\frac{x}{n},\ \frac{2x}{n}\right]$，…，$\left[\frac{(n-1)x}{n},\ x\right]$。

第二步，求近似。

设原函数为$F(x)$，它在第i个小区间的增量记为$\Delta F_i(x)$，则

$$\Delta F_i(x)=f\left(\frac{ix}{n}\right)\cdot\frac{x}{n},\ i=1,\ 2,\ \cdots,\ n$$

第三步，求和。

将$\Delta F_i(x)$，$i=1$，2，…，n，相加，得

$$\begin{aligned}F(x)&=F(0)+\sum_{i=1}^{n}f\left(\frac{ix}{n}\right)\cdot\frac{x}{n}\\&=F(0)+\sum_{i=1}^{n}(1+2+\cdots+n)\frac{x^2}{n^2}\\&=F(0)+\frac{n}{2}(n+1)\frac{x^2}{n^2}\end{aligned}$$

第四步，取极限。

在上式中，令n趋于无穷大，可得

$$F(x)=F(0)+\frac{1}{2}x^2$$

显然，$F'(x)=f(x)=x$，$F(x)$是$f(x)=x$的原函数。再有，上式中的$F(0)$，即$F(x)$的初始值，可能等于1，也可能等于2，这就是说，$f(x)$的原函数有无穷多，相互之间只差一个常数。

例2.2 求函数$f(x)=x^2$的原函数。

解 仿例2.1，得

$$F(x)=F(0)+\sum_{i=1}^{n}(1^2+2^2+\cdots+n^2)\frac{x^3}{n^3}$$

其他步骤，希读者自己完成。

2.2 微积分基本定理

在以前的讨论中，我们对两个相近但不相同的概念未能强调，现在必须交代清楚。下面仍以物体作直线运动为例。

物体沿直线运动，速度函数为$f(t)$，求此物体在时区$[t_0,\ t]$上所经历的路程。这分两种情况：若时区端点是变量，则所求的是路程函数$F(t)$，即$f(t)$的原函数，在上文正好讲过；若时区端点是常量，则物体在时区上所经历的路程，也就是前行的距离，为常数。一种情况所求为函数，一种情况所求的是常数。尽管两者关系密切，但仍分属不同范畴，有必要对后一种情况专门阐述。

2.2.1 定积分

一个曲边梯形，由连续曲线 $y=f(x)$，直线 $x=a$，直线 $x=b$ 和 x 轴围成，如图2–1所示。试问其面积等于多少?

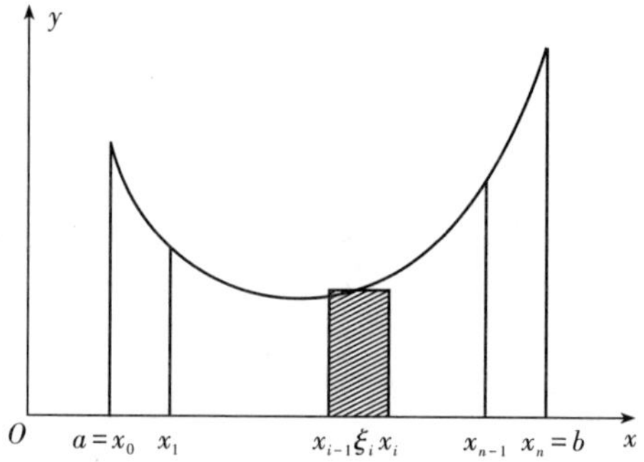

图2–1

不难看出，现在的问题完全可以仿照上节求原函数的方法依样解决，为节省篇幅，扼要重述如下。

第一步，分割。

将区间 $[a, b]$ 分为 n 个小区间，即 $a=x_0<x_1<\cdots<x_n=b$，其中 x_i 为分点，$i=1, 2, \cdots, n$，如图2–1所示。

第二步，求近似。

记每个小区间之长为 Δx_i，在其中任选一点，记为 ξ_i，作积

$$f(\xi_i)\Delta x_i,\ i=1,\ 2,\ \cdots,\ n$$

第三步，作和。

$$\sum_{i=1}^{n} f(\xi_i)\Delta x_i$$

第四步，求极限。

$$\lim_{\Delta x_i \to 0}\sum_{i=1}^{n} f(\xi_i)\Delta x_i$$

上述求曲边梯形的四个步骤，其几何意义非常明显。第一步，将曲边梯形分成 n 个小矩形；第二步，求出每个小矩形的近似值；第三步，将 n 个小矩形的近似值加起来，得到曲边梯形面积的近似值；第四步，令 $n\to\infty$，每个小矩形的长度趋近零，取极限，求出曲边梯形的面积。

读者可能已经看出，求曲边梯形面积的四个步骤与求物体作直线运动时所经历的路程的四个步骤如出一辙，完全一样。这表明，上述方法具有广泛的实用性。因此，有必要予以定型。

定义 2.2 设有函数 $f(x)$，若按上列四个步骤求出的极限

$$\lim_{\Delta x_i \to 0}\sum_{i=1}^{n} f(\xi_i)\Delta x_i$$

既存在，且与区间 $[a, b]$ 的分法和 $\xi_i \in [x_{i-1}, x_i]$ 的取法无关，则此极限称为函数 $f(x)$ 在区间 $[a, b]$ 上的定积分，记作

$$\int_a^b f(x)\mathrm{d}x = \lim_{\Delta x_i \to 0}\sum_{i=1}^{n} f(\xi_i)\Delta x_i$$

其中，b 称为积分上限，a 称为积分下限。

上述诸多结论可以通过一个比喻归纳如下。从沈阳坐由大连始发的火车到北京出差。早8点一上车，就发现两个函数，火车的速度函数 $f(t)$ 和路程函数 $F(t)$，以及由此衍生的三个概念：原函数、不定积分和定积分。函数 $f(t)$ 是函数 $F(t)$ 的导数，$F(t)$ 就称为 $f(t)$ 的一个原函数，而将所有的原函数称为 $f(t)$ 的不定积分。行文至此，火车已经过了天津，一路飞驰，直奔北京。中午12点，火车准时到达目的地，定积分便出现了，即

$$\int_8^{12} f(t)\mathrm{d}t = F(12) - F(8)$$

上式左边是根据火车速度 $f(t)$ 求从早8点到中午12点火车所经历的路程，也就是 $f(t)$ 在区间 $[8, 12]$ 上的定积分。上式右边的 $F(12)$ 是路程函数 $F(t)$ 在中午12点的值，火车从大连出发，大连距北京1150千米（近似值），所以 $F(12) = 1150$，大连距沈阳400千米，所以 $F(8) = 400$。因此，火车从沈阳到北京历经4小时，行程750千米。容易想到，如果火车在上午11：30在天津停下了，则照样有

$$\int_8^{11.30} f(t)\mathrm{d}t = F(11.30) - F(8)$$

由此可知，火车在行驶过程中的任一时刻 t 和任一起始时刻 t_0 都有

$$\int_{t_0}^{t} f(t)\mathrm{d}t = F(t) - F(t_0)$$

上式左边是 $f(t)$ 的不定积分，也称变上限积分，右边是函数 $f(t)$ 的一个原函数。如果将积分上限 t 视作常数，则左边又是 $f(t)$ 的定积分，对此，有以下一些问题需要说明。

（1）对上式两边求导，得

$$\frac{\mathrm{d}}{\mathrm{d}t}\int_{t_0}^{t} f(t)\mathrm{d}t = f(t)$$

也就是说，变上限积分对上限的导数等于被积函数。

（2）当把 $f(t)$ 视作速度函数时，不难想到必存在平均速度 $f(\xi)$，$\xi \in [t_0, t]$，

使得

$$\int_{t_0}^{t} f(t)\mathrm{d}t = f'(\xi)(t-t_0) = F(t) - F(t_0)$$

上式左边等式称为积分中值定理，而右边等式实际上就是拉格朗日定理。可见，两个定理对变上限或变端点是照样适用的。

（3）当函数 $f(t)$ 的原函数未知时，只能按定义中的四个步骤计算 $f(t)$ 的定积分，且与计算其变上限积分，即原函数，在本质上是相同的。

以上结论的证明一般教材里都有，读者也可当作练习，自己完成。另外，积分上限变量与积分变量习惯上不用相同的符号，一个用t，另一个则用x，以免混淆。

2.2.2 牛顿–莱布尼茨公式

在以上的论述中，出现了一个非常重要的成果，称为微积分基本定理。为强调起见，再次归纳如下。

定理 2.1 连续函数 $f(x)$ 在区间 $[a，b]$ 上的定积分等于其任意一个原函数 $F(x)$ 在同一区间上的增量：

$$\int_{a}^{b} f(x)\mathrm{d}x = F(b) - F(a)$$

上式称为牛顿–莱布尼茨公式。

牛顿–莱布尼茨公式的理论意义和实用价值已作过交代，不再重复。而本书在处理有关原函数、不定积分同定积分等问题时，与现有一般教材多有不同，希读者择善而从。

2.3 不定积分

现在要解决的问题是：已知连续函数 $f(x)$，如何求它的原函数 $F(x)$，即不定积分。常用的函数可借助积分表查阅其原函数；复杂的函数可分解成常用的函数，再查积分表；有些函数存在原函数，但求不出来，或者说积不出来，而对于一个非常用函数，判断能否求出它的原函数，至今尚未见到行之有效的方法，这是读者需要注意的。

2.3.1 待定系数法

一般的积分法，如换元法和分部积分法，在每本教材中都有很好的论述，本书不再重复。作为补缺，下面介绍待定系数法。

例2.3 求积分$\int \sin x\cos 2x\,\mathrm{d}x$。

解 经观察，函数$\sin x\cos 2x$的原函数应与函数$\sin x\sin 2x$和$\cos x\cos 2x$有关，因此设

$$\int \sin x\cos 2x\,\mathrm{d}x = a\sin x\sin 2x + b\cos x\cos 2x$$

其中a和b是待定系数。对上式两边求导，得

$$\sin x\cos 2x = a(\cos x\sin 2x + 2\sin x\cos 2x) + b(-\sin x\cos 2x - 2\cos x\sin 2x)$$

比较等式两边同类项的系数，有

$$2a - b = 1,\ a - 2b = 0$$

由此得

$$a = \frac{2}{3},\ b = \frac{1}{3}$$

从而有

$$\int \sin x\cos 2x\,\mathrm{d}x = \frac{1}{3}(2\sin x\sin 2x + \cos x\cos 2x) + C$$

由上例可见，这种积分法不需要记公式，但要判定待定的原函数。其实，这并不难，请看下面的例子。

例2.4 求积分$\int x^2\sin x\,\mathrm{d}x$。

解 经观察，待定的原函数首选是$-x^2\cos x$，其次是$x(a\sin x + b\cos x)$和$c\sin x + d\cos x$。因此有

$$\int x^2\sin x\,\mathrm{d}x = -x^2\cos x + x(a\sin x + b\cos x) + c\sin x + d\cos x$$

对上式求导，得

$$x^2\sin x = (x^2\sin x - 2x\cos x) + x(a\cos x - b\sin x) + (a\sin x + b\cos x) + (c\cos x - d\sin x)$$

比较两边系数后，得

$$a = 2,\ b = 0,\ c = 0,\ d = 2$$

从而

$$\int x^2\sin x\,\mathrm{d}x = -x^2\cos x + 2x\sin x + 2\cos x + C$$

回头一看就会发现，待定原函数中$bx\cos x$和$c\sin x$是多余的，只需要余下的三项：

$$-x^2\cos x + 2ax\sin x + d\cos x$$

读者不妨将上式求导，就不难熟悉选择待定原函数的技巧。

例2.5 求积分$\int \mathrm{e}^x\sin x\,\mathrm{d}x$。

解 取待定原函数为$\mathrm{e}^x(a\sin x + b\cos x)$，由此有

$$e^x \sin x = e^x(a\sin x + b\cos x) + e^x(a\cos x - b\sin x)$$

比较两边同类项的系数，得

$$a = \frac{1}{2},\ b = -\frac{1}{2}$$

从而

$$\int e^x \sin x\,dx = \frac{1}{2}e^x(\sin x - \cos x) + C$$

待定系数法适用于容易确定待定原函数的积分。否则，必将事倍功半，但对于有理分式函数的积分又非此不可。

例 2.6 求积分 $\int \frac{3x}{(x+1)(x-2)}dx$。

解 第一步，将被积函数分解为部分分式，设

$$\frac{3x}{(x+1)(x-2)} = \frac{a}{x+1} + \frac{b}{x-2}$$

其中，a 和 b 是待定系数。

第二步，求待定系数。用 $(x+1)$ 乘上式两边，并令 $x=-1$，得系数 $a=1$；用 $(x-2)$ 乘上式两边，并令 $x=2$，得系数 $b=2$。

第三步，根据求出的待定系数，则可得

$$\begin{aligned}\int \frac{3x}{(x+1)(x-2)}dx &= \int \frac{1}{x+1}dx + \int \frac{2}{x-2}dx \\ &= \ln(x+1) + 2\ln(x-2) + C\end{aligned}$$

可见，计算有理分式函数的积分关键是求部分分式中的待定系数。显然，从上例不难看出，若有理分式函数其分母只存在单根时，则待定函数的确定十分容易，且可公式化，如下例所示。

例 2.7 求积分 $\int \frac{5x+3}{x^3-2x^2-3x}dx$。

解 将被积函数分解为部分分式，有

$$\frac{5x+3}{x^3-2x^2-3x} = \frac{5x+3}{x(x+1)(x-3)} = \frac{a}{x} + \frac{b}{x+1} + \frac{c}{x-3}$$

求待定系数 a、b 和 c，得

$$a = \left.\frac{5x+3}{(x+1)(x-3)}\right|_{x=0} = -1$$

$$b = \left.\frac{5x+3}{x(x-3)}\right|_{x=-1} = -\frac{1}{2}$$

$$c = \left.\frac{5x+3}{x(x+1)}\right|_{x=3} = \frac{3}{2}$$

从而

$$\int \frac{5x+3}{x(x+1)(x-3)}\mathrm{d}x = -\ln x - \frac{1}{2}\ln(x+1) + \frac{3}{2}\ln(x-3) + C$$

当被积函数的分母存在实数重根时，上述方法同样适用，但需要令变量取一些特殊值，如令 $x=0$，或 $x\to\infty$，以便得到足够的等式。现举例如下。

例 2.8 求积分 $\int \frac{3x^2-8x+13}{(x+3)(x-1)^2}\mathrm{d}x$ 。

解 将被积函数分解为

$$\frac{3x^2-8x+13}{(x+3)(x-1)^2} = \frac{a}{x+3} + \frac{b}{x-1} + \frac{c}{(x-1)^2}$$

显然

$$a = \left.\frac{3x^2-8x+13}{(x-1)^2}\right|_{x=-3} = 4，\ c = \left.\frac{3x^2-8x+13}{x+3}\right|_{x=1} = 2$$

在部分分式两边令 $x=0$，得

$$\frac{13}{3} = \frac{4}{3} - b + 2，\ b=-1$$

从而原积分

$$\int \frac{3x^2-8x+13}{(x+3)(x-1)^2}\mathrm{d}x = 4\ln(x+3) - \ln(x-1) - \frac{2}{x-1} + C$$

当被积函数的分母存在复数根时，上述方法依然有效。

例 2.9 求积分$\int \frac{3x^2+6x+5}{(x+1)(x^2+x+1)}\mathrm{d}x$。

解 将被积函数分解为

$$\frac{3x^2+6x+5}{(x+1)(x^2+x+1)} = \frac{a}{x+1} + \frac{bx+c}{x^2+x+1}$$

据此，可得

$$a = \left.\frac{3x^2+6x+5}{x^2+x+1}\right|_{x=-1} = 2，\ \left.bx+c\right|_{x^2=-(x+1)} = \left.\frac{3x^2+6x+5}{x+1}\right|_{x^2=-(x+1)} = \left.\frac{3x+2}{x+1}\right|_{x^2=-(x+1)}$$

由此有

$$\left.bx^2+(b+c)x+c\right|_{x^2=-(x+1)} = \left.3x+2\right|_{x^2=-(x+1)}$$

在上式左边代入 $x^2=-(x+1)$，得

$$cx+c-b = 3x+2$$
$$c=3，\ b=1$$

从而

$$\int \frac{3x^2+6x+5}{(x+1)(x^2+x+1)}\mathrm{d}x = \int \frac{2}{x+1}\mathrm{d}x + \int \frac{x+3}{x^2+x+1}\mathrm{d}x$$
$$= 2\ln(x+1) + \frac{1}{2}\ln(x^2+x+1) + \frac{10}{\sqrt{3}}\arctan\frac{2x+1}{\sqrt{3}} + C$$

看过以上几个例子之后，读者可能已经发现，在例2.6中，必然有 $a+b=3$，在例 2.7 中，必然有 $a+b+c=0$。否则，就是计算错了。原因是，当 $x\to\infty$ 时，在例2.6中存在三个同阶无穷小，且有

$$\frac{3}{x}=\frac{a}{x}+\frac{b}{x}$$

在例2.7中也存在三个同阶无穷小，且有

$$0=\frac{a}{x}+\frac{b}{x}+\frac{c}{x}$$

善于利用同阶无穷小，可使计算量降低，错误减少。建议读者检视余下各例中的同阶无穷小，看与所得到的结果是否吻合。

例2.10 求积分 $\int\frac{6x^2-15x+22}{(x+3)(x^2+2)^2}\mathrm{d}x$。

解 将被积函数分解为

$$\frac{6x^2-15x+22}{(x+3)(x^2+2)^2}=\frac{a}{x+3}+\frac{bx+c}{x^2+2}+\frac{dx+e}{(x^2+2)^2}$$

由上式可得

$$a=\left.\frac{6x^2-15x+22}{(x^2+2)^2}\right|_{x=-3}=1$$

当 $x\to\infty$ 时，又有

$$0=\frac{a}{x}+\frac{b}{x},\ b=-a=-1$$

用 $(x^2+2)^2$ 乘部分分式两边，并令 $x^2=-2$，得

$$\left.\frac{6x^2-15x+22}{x+3}\right|_{x^2=-2}=dx+e\Big|_{x^2=-2}$$

在上式中代入 $x^2=-2$，并化简，得

$$-15x+10=dx^2+(3d+e)x+3e\Big|_{x^2=-2}=(3d+e)x-2d+3e$$

比较上式中同类项的系数，有

$$-15=3d+e,\ 10=-2d+3e$$

联立求解，可知

$$d=-5,\ e=0$$

在部分分式中令 $x=0$，且已知 $e=0$，得

$$\frac{22}{12}=\frac{1}{3}+\frac{c}{2},\ c=3$$

从而

$$\int\frac{6x^2-15x+22}{(x+3)(x^2+2)^2}\mathrm{d}x=\ln(x+3)-\frac{1}{2}\ln(x^2+2)+\frac{3}{\sqrt{2}}\arctan\frac{x}{\sqrt{2}}+\frac{5}{2(x^2+2)}+C$$

2.3.2 试探法

求不定积分，或有成法可依，但比较复杂，或无章可循，只能视具体情况，另辟蹊径。

例 2.11 求积分 $\int x e^{x}\cos x\,\mathrm{d}x$。

解 用常规方法，求此积分计算量大，容易出错。根据欧拉公式

$$e^{ix}=\cos x+i\sin x$$

在被积函数上多加一项 $ix\,e^{x}\sin x$，成为

$$x\,e^{x}(\cos x+i\sin x)=x\,e^{x(1+i)}$$

积完分后取其中的实部就是答案。因为已知

$$\int x e^{ax}\,\mathrm{d}x=\frac{e^{ax}}{a^{2}}(ax-1)$$

从而

$$\begin{aligned}\int x e^{(1+i)x}\,\mathrm{d}x&=\frac{e^{(1+i)x}}{(1+i)^{2}}[(1+i)x-1]\\&=e^{(1+i)x}\left[\frac{(1+i)x-1}{2i}\right]\\&=e^{(1+i)x}\left[\frac{x}{2}+\frac{1}{2i}(x-1)\right]\\&=\frac{e^{x}}{2}(\cos x+i\sin x)\left[x+\frac{1}{i}(x-1)\right]\end{aligned}$$

取上式右边的实部，得解

$$\int x e^{x}\cos x\,\mathrm{d}x=\frac{1}{2}x\,e^{x}(\cos x+\sin x)-\frac{1}{2}e^{x}\sin x+C$$

显然，若取虚部，则得

$$\int x e^{x}\sin x\,\mathrm{d}x=\frac{1}{2}x\,e^{x}(\sin x-\cos x)+\frac{1}{2}e^{x}\cos x+C$$

例 2.12 求积分 $\int(\sin^{4}x+\cos^{4}x)\mathrm{d}x$。

解 根据三角公式，有

$$\begin{aligned}\sin^{4}x+\cos^{4}x&=(\sin^{2}x+\cos^{2}x)^{2}-2\sin^{2}x\cos^{2}x\\&=1-\frac{1}{2}\sin^{2}2x\end{aligned}$$

又因

$$\int\sin^{2}2x\,\mathrm{d}x=\frac{x}{2}-\frac{\sin 4x}{8}+C$$

从而

$$\int(\sin^4x+\cos^4x)\mathrm{d}x=\int\left(1-\frac{1}{2}\sin^2 2x\right)\mathrm{d}x$$
$$=\frac{3}{4}x+\frac{1}{16}\sin 4x+C$$

例 2.13 已知$\int\sin^3 x\,\mathrm{d}x=-\cos x+\frac{1}{3}\cos^3 x+C$，求积分$\int\cos^3 x\,\mathrm{d}x$。

解 根据三角公式，有

$$\cos x=\sin\left(x+\frac{\pi}{2}\right)$$

因此

$$\int\cos^3 x\,\mathrm{d}x=\int\sin^3\left(x+\frac{\pi}{2}\right)\mathrm{d}x$$
$$=-\cos\left(x+\frac{\pi}{2}\right)+\frac{1}{3}\cos^3\left(x+\frac{\pi}{2}\right)+C$$
$$=\sin x-\frac{1}{3}\sin^3 x+C$$

2.4 格林公式

世间万物，相互依存。有人说，南美洲的一只蝴蝶抖动几下翅膀，北美洲就会产生风暴（大意如此），这便是有名的“蝴蝶效应”。虽然夸张，但斥为无稽之谈，也未必全对。既然如此，数学问题也不例外，拿牛顿–莱布尼茨公式

$$\int_a^b f(x)\mathrm{d}x=F(b)-F(a)$$

来说，其中$F(x)$是$f(x)$的一个原函数，而左边是$f(x)$在整个区间$[a,\ b]$上的积分，而右边是其原函数在区间两端b和a的差值。这就是说，区间内部的情况会通过区间的两端反映出来。进一步可知，一个闭区域内部的情况会通过其边界反映出来。比如说，室内有人生火，窗口就会冒烟；人体的健康情况也会通过脉象以及外观反映出来。

例 2.14 试用两种不同的积分计算图 2–2 中矩形的面积。

解法 1 用二重积分，直接可得

$$A=\int_1^5\int_1^3\mathrm{d}x\,\mathrm{d}y=\int_1^5(3-1)\mathrm{d}y=2\cdot(5-1)=8$$

因此，矩形的面积A等于 8。

解法 2 前面用二重积分求面积的根据是：将矩阵分成许多的小方块，其面积为$\Delta x\Delta y$，如图 2–2（a）所示。现在我们将矩形分成许多小长条，其面积为$(3-1)\Delta y$，如图 2–2（b）所示。因此有

$$A=\int_1^5(3-1)\mathrm{d}y=8$$

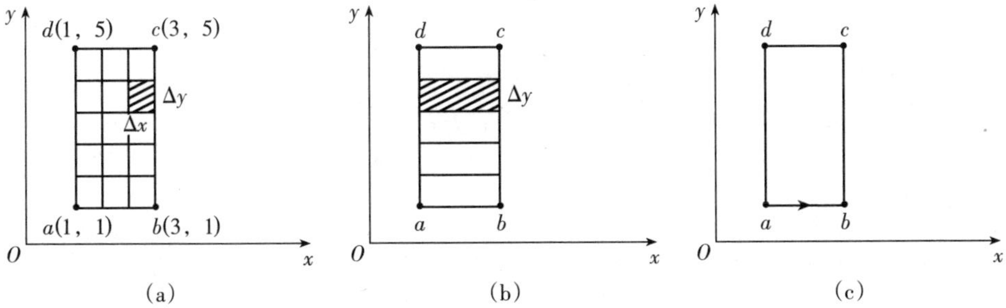

图2-2

看过解法2将矩形分成小长条之后，启发我们想到另外的一种解法，即利用曲线积分，可得

$$A=\oint_L x\mathrm{d}y$$

其中，L 表示逆时针沿矩形一周的闭曲线，共分四段，即 ab 段，bc 段，cd 段和 da 段，如图2-2（c）所示。其中，在 ab 和 cd 段上，因 $\mathrm{d}y=0$，上面沿 L 的闭路积分就只有在 bc 和 da 段上的积分：

$$A=\oint_L x\,\mathrm{d}y=\int_b^c x\,\mathrm{d}y+\int_d^a x\,\mathrm{d}y=\int_1^5 3\,\mathrm{d}y-\int_1^5 1\,\mathrm{d}y=\int_1^5(3-1)\mathrm{d}y=8$$

在此例中，计算面积，用重积分时是先对 x 积分，然后再对 y 积分（当然也可以先对 y、后对 x 积分）。如果对 x 积分后，将积分结果先表示出来，然后再对 y 积分，就成了沿矩形的闭路积分。相应的几何意义已在前面交代过了，一是面积元素为小矩形，一是小长条。

此外，为加深对今后论证的理解，必须对下列问题予以说明，或者强调。

1. 上文已将面积 A 表示为变量 x 对 y 的闭路积分，或称为环积分，而变量 y 与 x 是对等的，自然应该想到，会有

$$A=\oint_L y\,\mathrm{d}x$$

这种想法是对的，但经过计算后，却得到

$$A=\oint_L y\,\mathrm{d}x=-8$$

因此，求面积 A 的公式是

$$A=\frac{1}{2}\oint_L x\,\mathrm{d}y-y\,\mathrm{d}x$$

如果将上式中的环积分由逆时针方向（这是默认的方向），改为顺时针方向，则上式化为

$$A=\frac{1}{2}\oint y\,\mathrm{d}x-x\,\mathrm{d}y$$

请读者注意，以上各式是求面积的一个普适公式，不但对矩形，对任意的凸闭曲线所围成的面积一律成立。若有疑问，请看下文。

2. 现在将矩形换成一般的闭曲线 L，并将其剖分为左、右两条曲线 L_1 和 L_2。左边曲线 L_1 用方程 $x=\psi_1(y)$ 表示，右边曲线 L_2 用方程 $x=\psi_2(y)$ 表示，如图 2–3 所示。由此可得

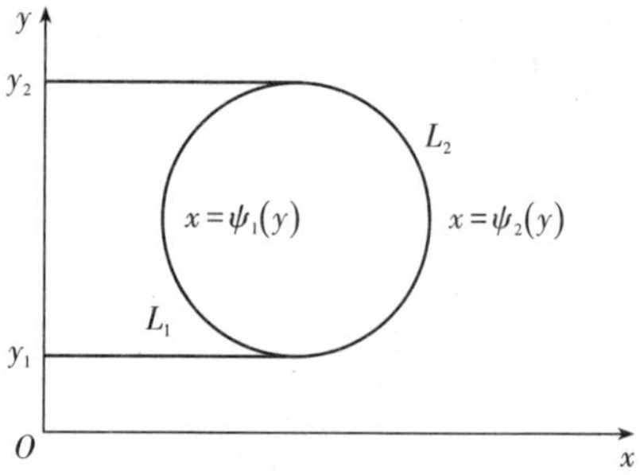

图 2–3

$$A=\iint_D \mathrm{d}x\,\mathrm{d}y=\int_{y_1}^{y_2}[\psi_2(y)-\psi_1(y)]\mathrm{d}y$$

其中，D 是曲线 L 所围成的区域，又

$$\oint_L x\,\mathrm{d}y=\int_{L_2}x\,\mathrm{d}y+\int_{L_1}x\,\mathrm{d}y=\int_{y_1}^{y_2}\psi_2(y)\mathrm{d}y+\int_{y_2}^{y_1}\psi_1(y)\mathrm{d}y=\int_{y_1}^{y_2}[\psi_2(y)-\psi_1(y)]\mathrm{d}y=A$$

这样就印证了我们在上段 1 中的论断。不但如此，还发现在环积分中的被积变量 x 正好是二重积分中的被积变量 1 的原函数。不禁要问，倘如将环积分中的积分函数换成 $Q(x,\ y)$，而重积分中的被积函数换成 $\frac{\partial Q(x,\ y)}{\partial x}$，是否能有类似的结果？下面就来回答这个问题。

3. 参照图 2–3，设重积分中的被积函数为 $\frac{\partial Q(x,\ y)}{\partial x}$，则此时有

$$\iint_D \frac{\partial Q(x,\ y)}{\partial x}\mathrm{d}x\,\mathrm{d}y=\int_{y_1}^{y_2}\{Q[\psi_2(y),\ y]-Q[\psi_1(y),\ y]\}\mathrm{d}y$$

设环积分中的被积函数为 $Q(x,\ y)$，则此时有

$$\begin{aligned}\oint_L Q(x,\ y)\mathrm{d}y&=\int_{L_2}Q(x,\ y)\mathrm{d}y+\int_{L_1}Q(x,\ y)\mathrm{d}y\\&=\int_{y_1}^{y_2}Q[\psi_2(y),\ y]\mathrm{d}y+\int_{y_2}^{y_1}Q[\psi_1(y),\ y]\mathrm{d}y\\&=\int_{y_1}^{y_2}\{Q[\psi_2(y),\ y]-Q[\psi_1(y),\ y]\}\mathrm{d}y\end{aligned}$$

两相比较，显然可见

$$\iint_D \frac{\partial Q(x, y)}{\partial x} \mathrm{d}x\,\mathrm{d}y = \oint_L Q(x, y)\mathrm{d}y$$

同理，若将曲线 L 剖分为上下两条曲线 L_3 和 L_4，并分别用方程 $y=\varphi_2(x)$ 和 $y=\varphi_1(x)$ 表示，并设函数 $\frac{\partial P(x, y)}{\partial y}$ 和 $P(x, y)$ 分别为重积分和环积分的被积函数，则有

$$\iint_D \frac{\partial P(x, y)}{\partial y} \mathrm{d}y\,\mathrm{d}x = -\oint_L P(x, y)\mathrm{d}x$$

建议读者对上式进行论证，至少一次。否则，过目就忘。

综上所述，得到如下的重要结论。

格林定理 设 L 是 xOy 平面上一条分段光滑的闭曲线，围成区域 D，函数 $P(x, y)$ 和 $Q(x, y)$ 在 D 上连续且有连续的一阶偏导数，则

$$\iint_D \left(\frac{\partial Q}{\partial x} - \frac{\partial P}{\partial y}\right)\mathrm{d}x\,\mathrm{d}y = \oint_L P\,\mathrm{d}x + Q\,\mathrm{d}y$$

其中，环积分取默认方向，即沿逆时针方向进行。上式称为格林公式。

格林公式是以下讨论的基础，既很关键，又难于理解。为此，作个比喻：在晒麦场上收麦，头一步沿 x 轴逐行将麦子扫到场边，下一步有两种方法，一是沿 y 轴方向自下往上将麦子收完，一是沿场边逆时针方向一圈将麦子收完。头一种方法相当于公式左端的二重积分，后一种相当于公式右端的环积分。希望读者自己发现些更好的比喻，以加深印象。再有，头一步不沿 x 轴而是沿 y 轴逐列将麦子扫到场边是否也可以？

例 2.15 试证明

$$A = \frac{1}{2}\oint_L x\,\mathrm{d}y - y\,\mathrm{d}x$$

其中，L 是 xOy 面上一条分段光滑的闭曲线，A 是其所围成的面积。

证明 根据格林公式，有

$$\frac{1}{2}\oint_L x\,\mathrm{d}y - y\,\mathrm{d}x = \frac{1}{2}\iint_D \left(\frac{\partial x}{\partial x} + \frac{\partial y}{\partial y}\right)\mathrm{d}x\,\mathrm{d}y = \frac{1}{2}\iint_D 2\,\mathrm{d}x\,\mathrm{d}y = A$$

其中，D 是闭曲线所围成的区域，面积为 A。

证完。

例 2.16 计算下面的环积分

$$\oint_L 2xy\mathrm{d}x + x^2\,\mathrm{d}y$$

其中，L 是顶点在（0，0）、（1，2）和（0，2）的一个直角三角形的周边，如图2–4所示。

解 因 L 有三个边 L_1、L_2 和 L_3，现分别计算如下。

（1）沿 L_1，其方程为 $y=2x$，$\mathrm{d}y=2\,\mathrm{d}x$。因此

$$\int_{L_1} 2xy\,\mathrm{d}x+x^2\,\mathrm{d}y=\int_{L_1} 4x^2\,\mathrm{d}x+2x^2\,\mathrm{d}x=\int_0^1 6x^2\,\mathrm{d}x=2$$

（2）沿 L_2，其方程为 $y=2$，$\mathrm{d}y=0$。因此

$$\int_{L_2} 2xy\,\mathrm{d}x+x^2\,\mathrm{d}y=\int_1^0 4x\,\mathrm{d}x=-2$$

（3）沿 L_3，其方程为 $x=0$，$\mathrm{d}x=0$。因此

$$\int_{L_3} 2xy\,\mathrm{d}x+x^2\,\mathrm{d}y=\int_2^0 0\,\mathrm{d}y=0$$

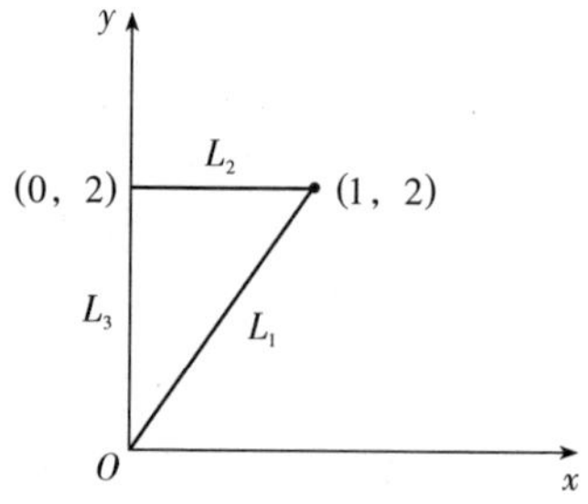

图2–4

将以上三个积分相加，得

$$\oint_L 2xy\,\mathrm{d}x+x^2\,\mathrm{d}y=2-2=0$$

为验证结果是否正确，再用格林公式将上面的环积分化为重积分进行计算，此时 $P(x,\ y)=2xy$，$Q(x,\ y)=x^2$，因此

$$\oint_L 2xy\,\mathrm{d}x+x^2\,\mathrm{d}y=\iint_D\left(\frac{\partial Q}{\partial x}-\frac{\partial P}{\partial y}\right)\mathrm{d}x\,\mathrm{d}y=\iint_D(2x-2x)\,\mathrm{d}x\,\mathrm{d}y=0$$

结果完全一致。

经过验证并思考之后就会发现，本例中的环积分不但沿 L 积分等于零，而且沿任何的闭曲线的积分都等于零。原因是，环积分中的被积函数 $P(x,\ y)$ 和 $Q(x,\ y)$ 满足条件

$$\frac{\partial Q}{\partial x}-\frac{\partial P}{\partial y}=0$$

需要强调，上述条件是一个环积分沿平面上任何闭曲线的积分都等于零的充要条件，而这一结论既富有理论价值，更具有实际意义。

2.4.1 位 能

自然界千姿百态，很值得探索。其中，存在一类“量”，只跟所在的位置有关。例如，到北京的直线距离只与所在位置有关；海拔高度只与所在位置有关；在由点电荷所形成的静电场中，位能的大小也只与所在位置有关。就是

说，这类量是点坐标的数量函数，有人称之为势函数。于是问题出现了，在什么样的条件下才会存在势函数？答案是现成的，但要说清楚，还需借助实例。

相约登高，到一大山足下，甲性急，忙问："要到山顶，走哪条路最近？"乙怕累，也问："要到山顶，走哪条路最省力？"两个登顶后，视野开阔，心旷神怡，各自都悟出了自己所问的答案。

甲说，沿坡度最大的方向走最近。乙说，走哪条路做的功都是一样的。甲说的道理很重要，将作为专题"梯度"，详细研究。乙说的道理究竟对不对，需要从头讲起。

为方便讨论，重温一下功的含义。一个常力 F 作用于物体 m，使之沿直线方向移动一段距离 S，则力 F 对物体所做的功 W 定义为

$$W = FS\cos\theta$$

其中，θ 是力 F 与物体移动方向的夹角。如夹角为零，则上式有微分形式

$$\mathrm{d}W = F\,\mathrm{d}S,$$

由此可知，力 F 是功 W 对距离 S 的导数：

$$F = \frac{\mathrm{d}W}{\mathrm{d}S}$$

综上所述，因甲乙二人都在引力场内，登上山顶，必须做功。设甲乙的质量分别为 m_1 和 m_2，则所做的功分别为 m_1gh 和 m_2gh，其中 g 是重力加速度，h 是山顶相对于山足的高度。其中，gh 只与高度相关，代表将单位质量提升高度 h 所需做的功。由此看来，乙的话有理。无论是沿路线 L_1 上山，或沿路线 L_2 上山，如图2-5（a）所示，上升高度都是300米，乙做的功都是 $300m_2g$ 焦耳。由此引申出一个很重要的概念。在地球的引力场中隐含着一个函数 gh，只与高度有关，代表功，也就是能量，称为位能，或者势函数。图2-5（b）是

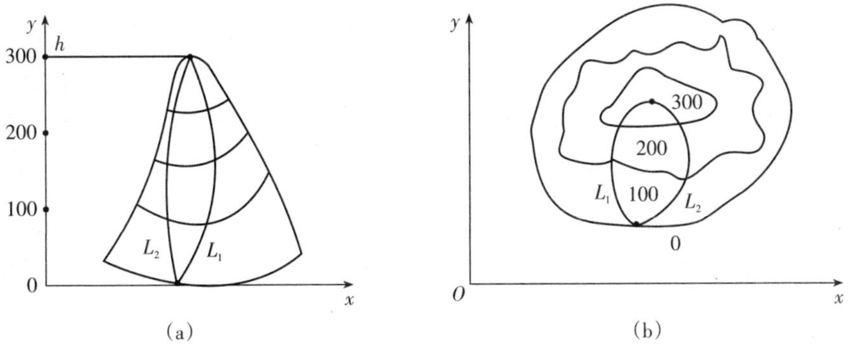

图2-5

山在平面上的等高线图，在同一等高线上的点，其位能是相等的，可用函数 $H(x, y)=C$ 表示。例如，若等高线是同心圆，如图2-6所示，圆心在原点（对应于 $h=0$），则函数 $H(x, y)$ 可表示为

$$H(x, y)=g(x^2+y^2)^{\frac{1}{2}}=C$$

当 $C=50g$ 时，上式经整理后，得

$$x^2+y^2=50^2$$

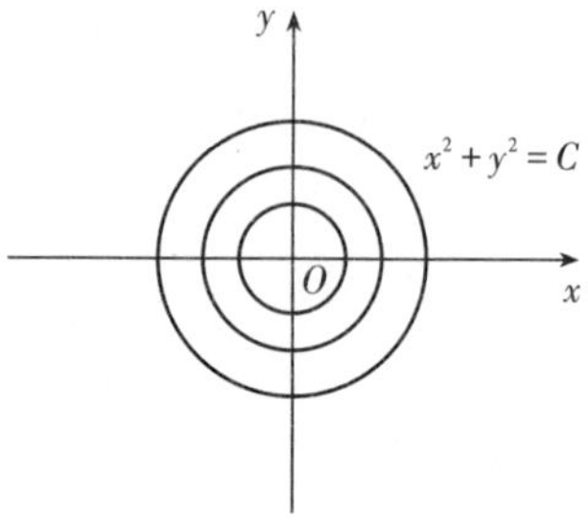

图2-6

表示等高线是个圆，都是高度 $h=50$ 的点，其位能都是 $50g$。读者不妨设 $C=100g$ 一试，看结果如何？

看到上面的论述，读者可能会问，像电磁场、温度场、气流场是否也隐含着一个类似的数量函数？或者说，满足什么条件的场，会存在一个只与点的位置有关的数量函数？为此，来参阅一个例子。

例2.17 有一直流电路，如图2-7（a）所示。电路中的电动势 E 是固定的，每单位长的电阻处处都等于 R，流过主电路的电流 I 及两条支路的电流 I_1 和 I_2 自然也是固定的。

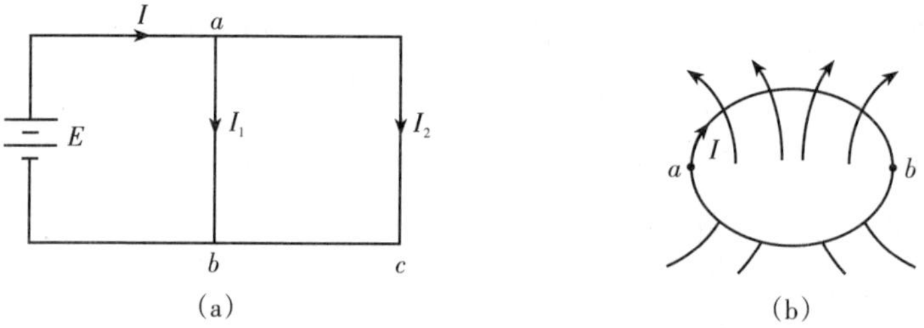

图2-7

显然，根据电路知识，电路中任意两点之间的电压差是固定的。如点 a 和点 b 之间的电压差

$$V_{ab}=I_1R_1=I_2R_2$$

其中，I_1 和 I_2 分别是电路沿支路1和支路2流过的电流，R_1 和 R_2 分别是从点 a 到点 b 支路1和支路2的电阻。

上式含义深刻，表明将一单位电荷从点 a 移动至点 b 无论沿支路1或者沿支路2电路所做的功都是一样的。就是说，做功与路径无关。而这种说法对电路中的任何两点都同样成立。读者如果熟知电路知识，不妨计算一下电路中点 a 和点 c 间的电压差，证实沿支路1和支路2所得到的结果有如上式，完全相等。

为具体起见，在图2-7（a）所示的电路中，设 $E=20$ 伏，E^+ 至点 a 的电阻 $R_0=1$ 欧姆。$R_1=4$ 欧姆，$R_2=12$ 欧姆，点 b 至 E^- 的电阻 $R_3=1$ 欧姆。据此，电路的总电阻 $R=1+3+1=5$ 欧姆，从电动势 E 流出的电流 I，流经支路1的电流 I_1 和支路2的电流 I_2 分别为

$$I=\frac{20}{5}=4，I_1=\frac{3}{4}\times 4=3，I_2=\frac{1}{4}\times 4=1$$

在点 a 和点 b 处的电压分别为

$$V_a=20-4\times 1=16，V_b=16-3\times 4=4$$

事实上，电路中任何一点的电压都是固定的。概括地说，在所述的电路中存在一个只与点的位置有关的函数，即电压。

另一方面，再看下面的例子。在磁场中存在一闭合导体，受磁力线变化的影响，会在其中产生环流，如图2-7（b）所示。在此导体中任选两点，记为 a 和 b。将一单位电荷从点 a 移动至点 b，有两条途径：顺时针或逆时针。在目前情况下，顺时针与导体中的环电流同向，将电荷沿顺时针方向从点 a 移动至点 b，磁场做功，将电荷逆时针方向从点 a 移动至点 b，外力做功，两者不等。就是说，在本例中，做功与路径有关。

第一个例子，即图2-7（a）所示的电路，在其中可以定义一个只与点的位置有关的函数，而第二个例子，即图2-7（b）所示的磁场，在其中却不可能定义一个点函数。原因何在?

综上所述，可见关键在于：做功是否与路径有关，而功是力对距离的积分，因此本质上说，关键在于：曲线积分是否与路径有关。解决这个问题已经有了依据，即格林公式

$$\iint_D\left(\frac{\partial Q}{\partial x}-\frac{\partial P}{\partial y}\right)\mathrm{d}x\,\mathrm{d}y=\oint_L P\,\mathrm{d}x+Q\,\mathrm{d}y$$

试设想，乙沿路径 L_1 和 L_2 绕行一圈（参见图2-5（b））所做的功等于零，不正是乙所做的功与路径无关吗? 这也正好对应于上式右边的积分等于零。至于此论点的证明，请看下文。

前面讲过，在引力场中存在势函数 $H(h)=gh$，是高度 h 的函数，在等高线平面上，可用函数

$$H(x, y)=C$$

代表，如图2-5所示。不同的 C 对应于不同的等高线。因此，单位质量在点 (x, y) 处所受的力为

$$\boldsymbol{F}=\frac{\partial H}{\partial x}\boldsymbol{i}+\frac{\partial H}{\partial y}\boldsymbol{j}$$

若等高线为如图2-6所示的同心圆，则

$$\boldsymbol{F}=g\left(x^2+y^2\right)^{-\frac{1}{2}}x\boldsymbol{i}+g\left(x^2+y^2\right)^{-\frac{1}{2}}y\boldsymbol{j}$$

而单位质量沿路径 L_1 移动至山顶，再沿路径 L_2 移回到山下所做的功为

$$W=\oint_L \frac{\partial H}{\partial x}\mathrm{d}x+\frac{\partial H}{\partial y}\mathrm{d}y$$

根据格林公式，有

$$\oint_L \frac{\partial H}{\partial x}\mathrm{d}x+\frac{\partial H}{\partial y}\mathrm{d}y=\iint_D\left(\frac{\partial^2 H}{\partial x\partial y}-\frac{\partial^2 H}{\partial y\partial x}\right)dxdy=0$$

据此不难推断，沿 L_1 上山同沿 L_2 上山所做的功是相等的。由于路径 L_1 和 L_2 都是任选的，且以上推理不仅适用于从山足到山顶，任意两处都行。据此，得如下结论。

定理2.2 设区域 D 是单连通的，函数 $P(x,\ y)$ 和 $Q(x,\ y)$ 在 D 内具有一阶连续偏导数，则曲线积分 $\int_L P\,\mathrm{d}x+Q\,\mathrm{d}y$ 在 D 内与路径无关的充要条件是在区域 D 内恒有

$$\frac{\partial P}{\partial y}=\frac{\partial Q}{\partial x}$$

定理的证明留给读者，但以下的问题却有必要再说一遍。

（1）积分与路径无关等同于沿任何闭曲线的积分等于零，是同一情况的两种不同表述。

（2）积分与路径无关等同于存在一个只同所在位置有关的数量函数。此函数往往代表着所在位置的能量，如引力场中的位能，电场中的电位，温度场中的温度。其导数是个向量，如引力场中的力，电场中的电场强度，温度场中的热流。

（3）再来看格林公式

$$\iint_D\left(\frac{\partial Q}{\partial x}-\frac{\partial P}{\partial y}\right)\mathrm{d}x\,\mathrm{d}y=\oint_L P\,\mathrm{d}x+Q\,\mathrm{d}y$$

左边是重积分，右边是环积分。既然两边相等，表明同一客观事实可以存在不同的看法。这就启示我们，在研究工作中，应从各种角度去观察、思考和实践，以期得到较为全面的认识。下面就是一个很值得深思的例证。

2.4.2 旋转量

旋转量并非专用术语，借此介绍一些有关旋转的知识，为以后论述“旋

度”作些铺垫。其实，旋转无处不在，车轮滚动，风车发电，甚至开门锁，关煤气阀都会遇到旋转。这将有助于今后对旋度的理解。

设想有一台风车，如图2-8（a）所示，图（b）是投影示意图。图上箭头代表叶片上所受的风力。显然，如果上部叶片合起所受的力大于下部，则风车顺时针旋转；反之，则逆时针旋转；究竟如何旋转，得视所有叶片上的合力而定。

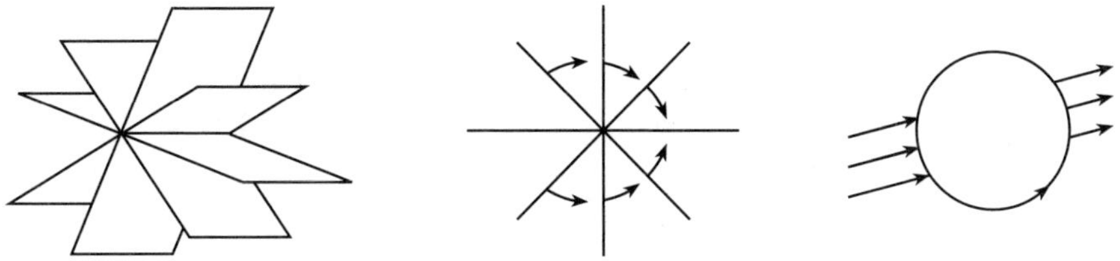

（a）　　（b）　　（c）

图2-8

这自然会让我们想到环积分。先将风车理想化为坐标面上的一个圆环 L，如图2-8（c）所示，再设风力 $\boldsymbol{F}$ 是稳定的，不随时间变化，且可表示为

$$\boldsymbol{F}=P(x,\ y)\boldsymbol{i}+Q(x,\ y)\boldsymbol{j}$$

则风车所受的合力等于

$$\oint_L P(x,\ y)\mathrm{d}x+Q(x,\ y)\mathrm{d}y=\iint_D\left(\frac{\partial Q}{\partial x}-\frac{\partial P}{\partial y}\right)\mathrm{d}x\,\mathrm{d}y$$

其中，区域 D 是 L 所围成的面积。由此可知，风车是逆时针、顺时针或干脆不旋转，完全取决于上式是大于、小于或者等于零。

现在重新来观察上面的格林公式，左边是环积分，右边是重积分，正是这种有机的统一使人们对“旋转量”跟“积分与路径无关”两者的联系有更本质的认识，为易于讲述起见，设闭曲线 L 为一矩形，围成的区域为 D，如图2-9（a）所示。将区域 D 划分成相等的小矩形，依次记为 D_1，D_2，…，D_n，其周边记为 L_1，L_2，…，L_n，边长记为 $\mathrm{d}x$ 和 $\mathrm{d}y$，如图2-9（b）所示。据此，对其中的每个小矩形应用格林公式，有

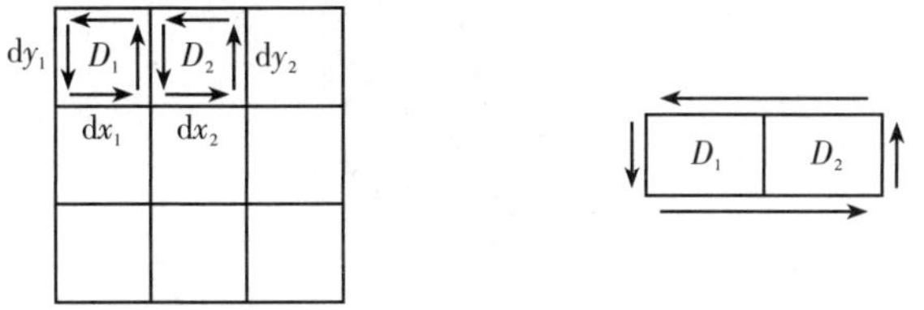

（a）　　（b）

图2-9

$$\iint_{D_i}\left(\frac{\partial Q}{\partial x}-\frac{\partial P}{\partial y}\right)\mathrm{d}x\,\mathrm{d}y=\oint_{L_i}P\,\mathrm{d}x+Q\,\mathrm{d}y$$

先看 D_1 和 D_2。D_1 的面积分，即重积分，由上式可知等于沿 L_1 的环积分，D_2 也是一样，而在 L_1 和 L_2 的公共边上，两者的积分是相互抵消的，如图2-9（b）上的箭头所示。因此，D_1+D_2 的面积分将等于 D_1+D_2 这个矩形其周边的环积分。显然，这种推理可以一直进行下去，到包括 D_n 为止。读者可能已经发现，如此一来，不又回到了格林公式？目的何在？

（1）展示微观与宏观现象之间的内在联系，加深理解。

（2）从以上的分析，进一步看出函数

$$W(x,\ y)=\frac{\partial Q}{\partial x}-\frac{\partial P}{\partial y}$$

所起的作用，称 $W(x,\ y)$ 为旋转量，意则只要在区域 D 的一个小区域，例如 D_i 内，旋转量 $W(x,\ y)$ 不等于零，则沿 L_i 的环积分不等于零，也就是沿 L_i 存在“旋转”。在此情况下，积分必然与路径有关，而和所在位置有关的数量函数也不复存在。犹如只要在山上某处出现旋风，则上山所做的功必然与路径有关，且只与高度 h 有关的位能也不复存在。

（3）容易想到，上述推理不仅适用于矩形域 D，对任何单连通域都照样适用。划分 D 或若干小区域 D_i，不一定非是小矩形不可，结论同样成立。读者不妨一试。更值得深思的是：上述结论能否推广到三维乃至更高维的空间？下面就有答案。

2.5 斯托克斯公式

设想有一空间曲面，如图2-10（a）所示。试问，在此情况下是否也存在一个广义的格林公式？为便于思考，先将此曲面简化为一个平面，如图2-10（b）

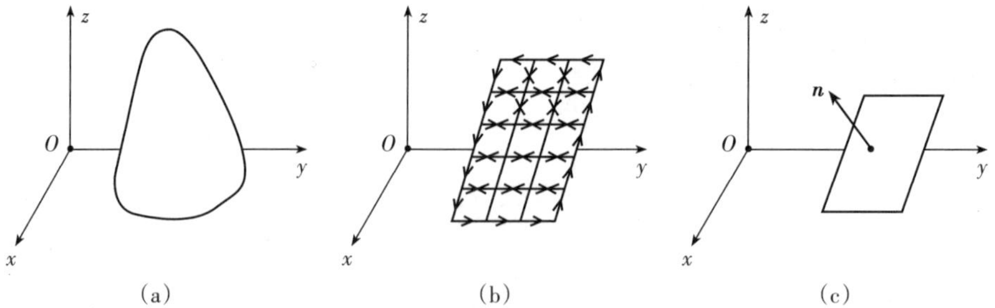

图2-10

所示；再根据上节的推理，显然可知，格林公式在此情况下是适用的。据此不难判断，对于空间曲面也必存在相应的公式，它是格林公式的推广，含义更深。事实是否如此，将依次予以说明。

2.5.1 曲面积分

曲面积分分两类，本书要介绍的是第二类曲面积分，也称对坐标的曲面积分。所有的积分其定义方法基本一样，每本教科书上都有介绍，在此不再引述，但一些特点必须强调。

例2.18 设图2-10（a）所示的曲面为一带电导线的一个截面，其上每点的电流密度为$i(x, y, z)$，试求通过此截面的电流及流向。

解 记曲面为S（也代表面积），最简单的情况是，S是平的，电流密度$i(x, y, z)$是常数，且流向与S垂直，此时流过曲面S的电流容易得知

$$I=iS$$

但流向尚难表述。为此，我们认定曲面是双侧的。上或下，左或右，内或外，就是说曲面是有方向的，以它的法线为方向，究竟取哪一侧的法线作为标准，视具体情况而定。就本例而言，自然宜取和电流同向的法线。这时对上式的解释是：I大于零，表明流过曲面的电流与曲面的法线方向一致。如果取和电流反向的法线，则上式会变成

$$I=-iS$$

此时I小于零，解释为：流过曲面的电流与曲面的法线方向相反。对此，下文将进行定量的分析，但仍希初学者留意。

前面讲过，曲面有两侧，存在方向性。习惯上，常认定与坐标轴夹成锐角的曲面法线为默认方向。例如，在xOy面上的曲面（此时实际已是平面）则取向上的法线，因它与z轴的夹角为锐角（实际是零）。在空间的曲面，则取与向上、向右或向前相近的法线。取定的法线就代表曲面的方向。

在此例中，如选导线截面S的法线如图2-10（c）所示，并记单位法向量为$\boldsymbol{n}$，则流过截面S的电流为

$$I=\boldsymbol{i}\cdot\boldsymbol{n}S=i\cos\theta S$$

其中，$\cos\theta$是电流密度向量$\boldsymbol{i}$与法向量$\boldsymbol{n}$夹角的余弦。此式的意义在于：若计算结果为$I>0$，则实际上电流是沿所认定的法线方向$\boldsymbol{n}$流过的；若结果为$I<0$，则实际上电流是沿与$\boldsymbol{n}$相反的方向流过的，或说沿$-\boldsymbol{n}$流过的；若结果为$I=0$，则沿$\boldsymbol{n}$的方向没有电流流过。总之，在理论上确认电流是沿法线方向$\boldsymbol{n}$流过的，在实际上则根据计算结果是大于零、小于零或等于零判定其真正的

流向。

有了上述准备，现在来计算在一般情况下流过导线截面的电流，并分步说明如下。

（1）将曲面 S 分成 n 个小片 ΔS_i（也表示面积），为每个小片 ΔS_i 按相同标准（如朝上）选定单位法向量 $\boldsymbol{n}_i$，设 $\boldsymbol{n}_i$ 与三个坐标轴 x、y 和 z 轴的夹角分别为 α_i、β_i 和 γ_i，则

$$\boldsymbol{n}_i = \cos\alpha_i \boldsymbol{i} + \cos\beta_i \boldsymbol{j} + \cos\gamma_i \boldsymbol{k}$$

而

$$\boldsymbol{n}_i \Delta S_i = (\cos\alpha_i \Delta S_i)\boldsymbol{i} + (\cos\beta_i \Delta S_i)\boldsymbol{j} + (\cos\gamma_i \Delta S_i)\boldsymbol{k}$$

上式表明，指定单位法向量后，每小片面积 $\boldsymbol{n}_i \Delta S_i$ 就成了向量，且可由其在三个坐标面上的投影表达出来。其中第一项的单位法向量为 $\boldsymbol{i}$，是在 yOz 面上的投影，投影面积等于（$\cos\alpha_i \Delta S_i$），余此类推。简记

$$\cos\alpha_i \Delta S_i = \Delta y \Delta z,\quad \cos\beta_i \Delta S_i = \Delta x \Delta z,\quad \cos\gamma_i \Delta S_i = \Delta x \Delta y$$

得

$$\boldsymbol{n}_i \Delta S_i = \Delta y \Delta z \boldsymbol{i} + \Delta x \Delta z \boldsymbol{j} + \Delta x \Delta y \boldsymbol{k}$$

在 ΔS_i 上任选一点（x_i，y_i，z_i），记此点处的电流密度为 $\boldsymbol{i}(x_i, y_i, z_i)$，设其分量为 $P(x_i, y_i, z_i)$、$Q(x_i, y_i, z_i)$ 和 $R(x_i, y_i, z_i)$，则

$$\boldsymbol{i}(x_i, y_i, z_i) = P(x_i, y_i, z_i)\boldsymbol{i} + Q(x_i, y_i, z_i)\boldsymbol{j} + R(x_i, y_i, z_i)\boldsymbol{k}$$

由此得沿 $\boldsymbol{n}_i$ 方向流过 ΔS_i 的电流为

$$\begin{aligned}&\boldsymbol{i}(x_i, y_i, z_i)\cdot \boldsymbol{n}_i \Delta S_i\\ =& P(x_i, y_i, z_i)\Delta y \Delta z + Q(x_i, y_i, z_i)\Delta x \Delta z + R(x_i, y_i, z_i)\Delta x \Delta y\end{aligned}$$

如图2–11所示。

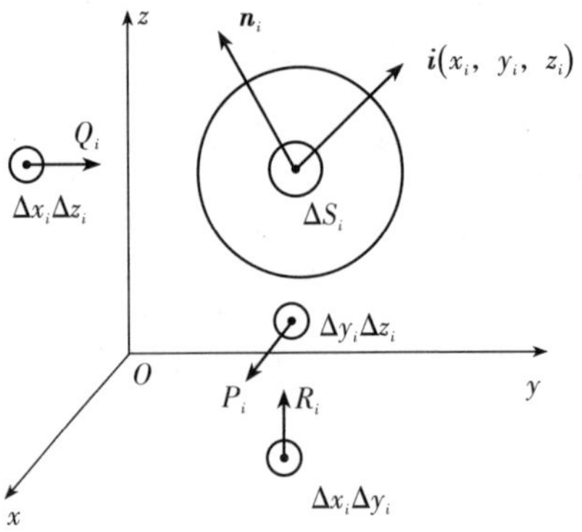

图2–11

（2）作和，将流过每一片 ΔS_i 的电流相加，得流过曲面 S 的电流的近似

值为

$$I \approx \sum_{i=1}^{n} \left(P_i \Delta y \Delta z + Q \Delta x \Delta z + R \Delta x \Delta y \right)$$

（3）令 $\Delta S_i (i=1, 2, \cdots, n)$，的直径都趋于零，$n$ 趋于无穷大，取极限

$$\lim_{\Delta S_i \to 0} \sum_{i=1}^{n} \left(P \Delta y \Delta z + Q \Delta x \Delta z + R \Delta x \Delta y \right)$$

若极限存在，则此极限称为函数 P，Q 和 R 在有向曲面 S 上的对坐标的曲面积分。记为

$$I = \iint_S P(x, y, z) \mathrm{d} y \mathrm{d} z + Q(x, y, z) \mathrm{d} x \mathrm{d} z + R(x, y, z) \mathrm{d} x \mathrm{d} y$$

行文至此，希望读者根据对上述论据的理解自己给出对坐标的曲面积分的定义，并注意以下的说明。

上式右边共有三个积分，其实每个都是对坐标的曲积积分，依次称为函数 $P(x, y, z)$、$Q(x, y, z)$ 与 $R(x, y, z)$ 在有向曲面 S 上对 x、y 和 z 轴的坐标积分。

本书将三个积分合在一起，目的是突出此类曲面积分的实际意义，这时是计算电流。上式不仅求出了电流的大小，也隐含着电流的流向，即电流沿 x 轴、y 轴和 z 轴的分量依次就是上式右边的第一、第二和第三个积分，而三者的向量合成就是电流的流向。

在以上的讨论中默认了两个条件。一是曲面在三个坐标面上的投影没有重叠。否则，就需将曲面剖分成若干个小曲面，满足投影没有重叠的条件，再分别积分。二是所有的单位法向量都与三个坐标轴夹成锐角，即方向余弦都大于零。否则，就需根据具体情况，改变积分符号。对此，下面将给出例证。

例 2.19 已知电流密度 $\boldsymbol{i} = x\boldsymbol{i}$，求沿 x 轴方向流过曲面 S 的电流，其中 S 是柱面 $y^2 + z^2 = 1$ 被平面 $x = 2$ 所截而成的圆面，如图 2–12 所示。

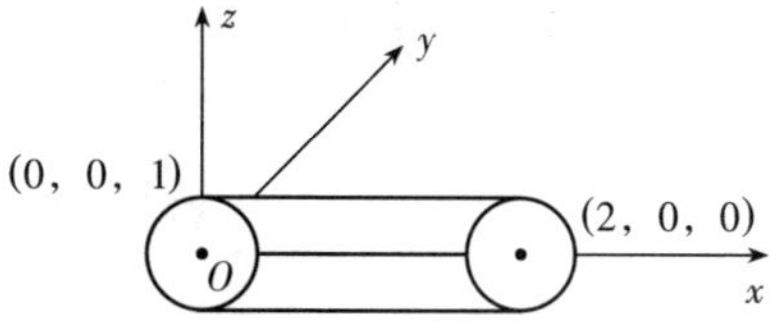

图 2–12

解 取曲面 S 的单位法向量 $\boldsymbol{n}$ 与 x 轴同向，则沿 x 轴流过曲面 S 的电流为

$$I = \iint_S \boldsymbol{i} \cdot \boldsymbol{n} \mathrm{d} y \mathrm{d} z = \iint_S x \mathrm{d} y \mathrm{d} z = \iint_S 2 \mathrm{d} y \mathrm{d} z = 2\pi$$

其中，π 是 S 的面积，S 是个半径为 1 的圆面，其在 yOz 坐标面上的投影也是

一样。

如果取 S 的单位法向量 $\boldsymbol{n}$ 与 x 轴反向，也就是 $\boldsymbol{n}=-x\boldsymbol{i}$，则沿 $\boldsymbol{n}$ 方向（与 x 轴反向）流过曲面 S 的电流为

$$I=\iint_S \boldsymbol{i}\cdot\boldsymbol{n}\,\mathrm{d}y\,\mathrm{d}z=\iint_S(-x)dydz=-2\pi$$

沿与 x 轴反向流过 -2π，实际上就是沿 x 轴方向流过 2π 。前面讲过，对坐标的曲面积分中默认了两个条件，其中之一是，所有的单位法向量都与三个坐标轴夹成锐角。否则，就需改变积分符号。此例便是印证。

例 2.20 同上例，此时 $\boldsymbol{i}=x\boldsymbol{i}+y\boldsymbol{j}$，求沿 x 轴方向流过曲面 S 的电流。

解 取曲面 S 的单位法向量为 $\boldsymbol{n}=\boldsymbol{i}$,则

$$\boldsymbol{i}\cdot\boldsymbol{n}=x$$

可见同上例的结果 $I=2\pi$ 完全一样。这是因为电流的分量 $y\boldsymbol{j}$ 与 y 轴同向，与曲面 S 平行，因而不流过 S 。

同理，若电流 $\boldsymbol{i}=x\boldsymbol{i}+\left(x^2+yz\right)\boldsymbol{j}+\left(y+z^2\right)\boldsymbol{k}$，则结果 $I=2\pi$ 仍然不变，因为方向为 $\boldsymbol{j}$ 或 $\boldsymbol{k}$ 的分量都同曲面 S 平行，而不流过 S 。

例 2.21 设电流密度 $\boldsymbol{i}=x\boldsymbol{i}+y\boldsymbol{j}+z\boldsymbol{k}$，求沿上侧流过平面 S 的电流。S 是平面 $x+y+z=1$ 在第一卦限的三角形部分，如图2-13所示。

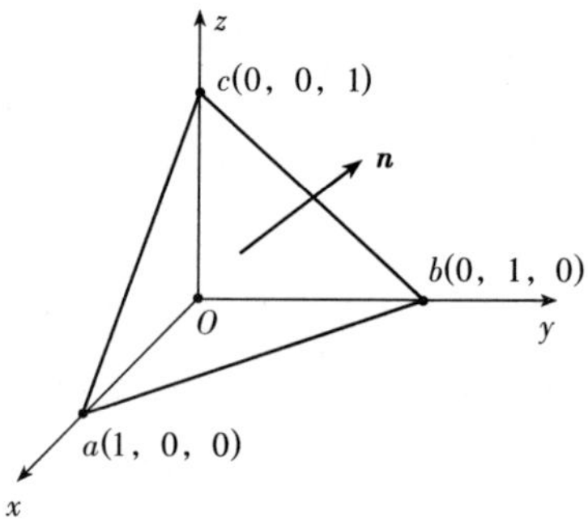

图2-13

解 平面 S 的上侧法线与三个坐标轴的夹角都是锐角，因此利用对坐标的曲面积分，得沿 S 上侧流过的电流 I 等于

$$I=\iint_S x\,\mathrm{d}y\,\mathrm{d}z+y\,\mathrm{d}x\,\mathrm{d}z+z\,\mathrm{d}x\,\mathrm{d}y$$

上式右边共三个积分，其中第一个实际上是在 yOz 平面上的二重积分：

$$\begin{aligned}\iint_S x\,\mathrm{d}y\,\mathrm{d}z&=\int_0^1\int_0^{1-z}(1-y-z)\mathrm{d}y\,\mathrm{d}z\\&=\int_0^1\left(y-\frac{y^2}{2}-yz\right)\Bigg|_0^{1-z}\mathrm{d}z\\&=\int_0^1\left[(1-z)^2-\frac{1}{2}(1-z)^2\right]\mathrm{d}z\\&=-\frac{1}{6}(1-z)^3\Bigg|_0^1\\&=\frac{1}{6}\end{aligned}$$

余下两个积分都和第一个积分相等。读者可能会问：根据是什么？请自己想想，再验算一次，最后，此例的答案是

$$I=\frac{1}{6}+\frac{1}{6}+\frac{1}{6}=\frac{1}{2}$$

此例比较特别，不用曲面积分，直接根据实际意思就能求出答案，具体作法如下。

（1）由平面方程

$$x+y+z=1$$

可知三角形面 S 的单位法向量

$$\boldsymbol{n}=\frac{1}{\sqrt{1^2+1^2+1^2}}(\boldsymbol{i}+\boldsymbol{j}+\boldsymbol{k})=\frac{1}{\sqrt{3}}(\boldsymbol{i}+\boldsymbol{j}+\boldsymbol{k})$$

（2）求电流密度 $\boldsymbol{i}$ 与单位法向量 $\boldsymbol{n}$ 的数量积

$$\boldsymbol{i}\cdot\boldsymbol{n}=(x\boldsymbol{i}+y\boldsymbol{j}+z\boldsymbol{k})\cdot\frac{1}{\sqrt{3}}(\boldsymbol{i}+\boldsymbol{j}+\boldsymbol{k})=\frac{1}{\sqrt{3}}(x+y+z)=\frac{1}{\sqrt{3}}$$

这就是在单位面积上沿 $\boldsymbol{n}$ 流过 S 的电流。

（3）将上式的结果乘以 S 的面积，得

$$I=\boldsymbol{i}\cdot\boldsymbol{n}S=\frac{1}{\sqrt{3}}\cdot\frac{\sqrt{3}}{2}=\frac{1}{2}$$

同以前完全一样。

上面的算法省去了对坐标的曲面积分。鉴于此例的特殊性，为加深印象，建议读者补全被省去的曲面积分，并提示如下。

（1）表达式 $\boldsymbol{n}S$ 代表的是有向三角形面 $\triangle abc$，见图2-13，其面积等于 $\sqrt{3}/2$。因此

$$\boldsymbol{n}S=\frac{1}{\sqrt{3}}(\boldsymbol{i}+\boldsymbol{j}+\boldsymbol{k})\frac{\sqrt{3}}{2}=\frac{1}{2}(\boldsymbol{i}+\boldsymbol{j}+\boldsymbol{k})$$

上式右边第一项 $\frac{1}{2}\boldsymbol{i}$ 是其在 x 轴上的投影，也就是在 yOz 坐标面上的有向三角形面 $\triangle Oac$，余此类推。

（2）表达式 $\boldsymbol{i}\cdot\boldsymbol{n}S$

$$\boldsymbol{i}\cdot\boldsymbol{n}S=\frac{1}{2}(x+y+z)$$

就是沿 $\boldsymbol{n}$ 向流过 S 面的电流的投影表达式。余下的希读者自己完成。

2.5.2 斯托克斯定理

前面讲过，在平面情况下存在格林公式

$$\iint_D\left(\frac{\partial Q}{\partial x}-\frac{\partial P}{\partial y}\right)\mathrm{d}x\,\mathrm{d}y=\oint_L P\,\mathrm{d}x+Q\,\mathrm{d}y$$

试问：在空间情况下是否存在类似的公式？上节我们曾预言，答案应该是正面的。鉴于三个坐标面和三个变量x、y与z都是对等的，而在 xOy 面已经有了格林公式，则在其他两个坐标面也应该有相同的公式。当然，这还只是猜想。能否成立，尚需进一步分析。

首先，格林公式右边是个环积分。我们的解释是：它代表力 $\boldsymbol{F}=P\boldsymbol{i}+Q\boldsymbol{j}$ 沿闭曲 L 移动一单位质点 m 所做的功。既然如此，在空间情况下，力 $\boldsymbol{F}$ 就该有三个分力，即

$$\boldsymbol{F}=P\boldsymbol{i}+Q\boldsymbol{j}+R\boldsymbol{k}$$

其次，可以认为，力 $\boldsymbol{F}$ 的头两个分力在 xOy 面的环积分引导出了格林公式，那么后两个分力在 yOz 面的环积分理所当然地会引导出在 yOz 面上的格林公式

$$\iint\left(\frac{\partial R}{\partial y}-\frac{\partial Q}{\partial z}\right)\mathrm{d}y\,\mathrm{d}z=\oint_L Q\mathrm{d}y+R\,\mathrm{d}z$$

同理，在 xOz 面上的格林公式

$$\iint\left(\frac{\partial P}{\partial z}-\frac{\partial R}{\partial x}\right)\mathrm{d}x\,\mathrm{d}z=\oint_L R\mathrm{d}z+P\,\mathrm{d}x$$

最后，将上述三个在相应坐标面上的格林公式相加，并归拼同类项，得

$$\iint_S\left(\frac{\partial R}{\partial y}-\frac{\partial Q}{\partial z}\right)\mathrm{d}y\,\mathrm{d}z+\left(\frac{\partial P}{\partial z}-\frac{\partial R}{\partial x}\right)\mathrm{d}z\,\mathrm{d}x+\left(\frac{\partial Q}{\partial x}-\frac{\partial P}{\partial y}\right)\mathrm{d}x\,\mathrm{d}y$$
$$=\oint_L P\,\mathrm{d}x+Q\,\mathrm{d}y+R\,\mathrm{d}z$$

上式称为斯托克斯公式，猜想是正确的，并存在如下的定理。

斯托克斯定理 设 S 是分片光滑的有向曲面，其边界闭曲线 L 分段光滑，函数 $P(x, y, z)$、$Q(x, y, z)$、$R(x, y, z)$ 在曲面 S 及其边界曲线上具有连续的一阶偏导数，则斯托克斯公式成立。

定理的证明在高等数学书上都有，但比较复杂，读者可考虑参阅，但对下面的例子务希看过之后自己演示一遍，以加深理解。

例 2.22 设电流密度 $\boldsymbol{i}=xz\boldsymbol{i}+xy\boldsymbol{j}+3xz\boldsymbol{k}$，将平面 $2x+y+z=2$ 在第一卦限的部分记为 S，它是个三角形，如图2–14所示。求沿上

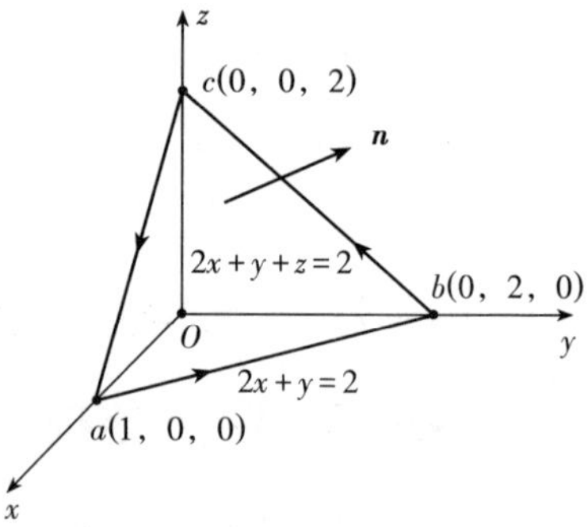

图2–14

侧法线流过三角形 S 的电流。

根据斯托克斯公式，此例有两个解法。一是用环积分，一是用重积分。现在先用环积分。

解1 记沿上侧法线流过三角形 S 的电流为 I，则

$$I=\oint_L P\,\mathrm{d}x+Q\,\mathrm{d}y+R\,\mathrm{d}z$$

式中，L 是三角形 S 的边界线，即 S 的三条边：ab、bc 和 ca。环积分的方向是逆时针的。

（1）沿 ab 边的积分，因这条边在 xOy 面上，$z=0$，$2x+y=2$，由此得

$$\int_{ab} P\,\mathrm{d}x+Q\,\mathrm{d}y+R\,\mathrm{d}z=\int_0^2 xy\,\mathrm{d}y=\int_0^2 \frac{1}{2}(2-y)y\,\mathrm{d}y=\frac{1}{2}\left(y^2-\frac{1}{3}y^3\right)\Big|_0^2=\frac{2}{3}$$

（2）沿 bc 边的积分，这条边在 yOz 面上，$x=0$，电流密度 $\boldsymbol{i}$ 的三个分量全等于零。因此

$$\int_{bc} P\,\mathrm{d}x+Q\,\mathrm{d}y+R\,\mathrm{d}z=0$$

（3）沿 ca 边的积分，这条边在 xOz 面上，$y=0$，$2x+z=2$，由此得

$$\begin{aligned}\int_{ca} P\,\mathrm{d}x+Q\,\mathrm{d}y+R\,\mathrm{d}z&=\int_0^1 xz\,\mathrm{d}x+\int_2^0 3xz\,\mathrm{d}z\\&=\int_0^1 x(2-2x)\,\mathrm{d}x+\int_2^0 \frac{3}{2}(2-z)z\,\mathrm{d}z\\&=\left(x^2-\frac{2}{3}x^3\right)\Big|_0^1+\frac{3}{2}\left(z^2-\frac{1}{3}z^3\right)\Big|_2^0\\&=\frac{1}{3}-2\\&=-\frac{5}{3}\end{aligned}$$

（4）将上列结果相加，最后得

$$I=\oint_L P\,\mathrm{d}x+Q\,\mathrm{d}y+R\,\mathrm{d}z=\frac{2}{3}-\frac{5}{3}=-1$$

解2 用重积分，即斯托克斯公式左边的积分，此时

$$I=\iint_S\left(\frac{\partial R}{\partial y}-\frac{\partial Q}{\partial z}\right)\mathrm{d}y\,\mathrm{d}z+\left(\frac{\partial P}{\partial z}-\frac{\partial R}{\partial x}\right)\mathrm{d}z\,\mathrm{d}x+\left(\frac{\partial Q}{\partial x}-\frac{\partial P}{\partial y}\right)\mathrm{d}x\,\mathrm{d}y$$

上面一共三个积分，分别计算如下。

（1）上式右边头一个积分是在 yOz 面上的重积分，积分区域是三角形 $\triangle Obc$，简记为 S_1，被积函数为

$$\frac{\partial R}{\partial y}-\frac{\partial Q}{\partial z}=0$$

因此

$$\iint\limits_{S_1}\left(\frac{\partial R}{\partial y}-\frac{\partial Q}{\partial z}\right)\mathrm{d}y\,\mathrm{d}z=0$$

（2）第二个积分是在 xOz 面上的重积分，积分区域是三角形 $\triangle Oac$，简记为 S_2，被积函数为

$$\frac{\partial P}{\partial z}-\frac{\partial R}{\partial x}=x-3z$$

因此

$$\begin{aligned}\iint\limits_{S_2}\left(\frac{\partial P}{\partial z}-\frac{\partial R}{\partial x}\right)\mathrm{d}z\,\mathrm{d}x&=\iint\limits_{S_2}(x-3z)\mathrm{d}z\,\mathrm{d}x\\&=\int_0^1\left(xz-\frac{3}{2}z^2\right)\Bigg|_0^{2(1-x)}\mathrm{d}x\\&=\int_0^1\left[2x(1-x)-6(1-x)^2\right]\mathrm{d}x\\&=-\frac{5}{3}\end{aligned}$$

（3）第三个积分是在 xOy 面上的重积分，积分区域是三角形 $\triangle Oab$，简记为 S_3，被积函数为

$$\frac{\partial Q}{\partial x}-\frac{\partial P}{\partial y}=y$$

因此

$$\iint\limits_{S_3}\left(\frac{\partial Q}{\partial x}-\frac{\partial P}{\partial y}\right)\mathrm{d}x\,\mathrm{d}y=\iint\limits_{S_3}y\,\mathrm{d}x\,\mathrm{d}y=\int_0^1\frac{y^2}{2}\Bigg|_0^{2(1-x)}\mathrm{d}x=\frac{2}{3}$$

（4）将上列结果相加，最后得

$$I=\iint\limits_{S_1}+\iint\limits_{S_2}+\iint\limits_{S_3}=0-\frac{5}{3}+\frac{2}{3}=-1$$

两种解法的结果是相同的：$I=-1$。这意味着电流的实际流向与 S 面的单位法向量 $\boldsymbol{n}$ 的方向相反。

这个例子用两种解法是有所指的。以前曾多次讲起，一个等式的两端实际上是同一客观事实的两种表述。就上例而言，解法 2 的结果是流过三角形面 S 的电流，而解法 1 的结果是环绕 S 边界的旋转量，且两者是相等的。这表明：电流与其环绕的旋转量两者是相伴而生的。试设想，当三角形面 S 不断缩小直至变成一个质点时，两者会不会“浑然一体”？为进一步说清问题，再举例

如下。

例2.23 这实际上是个物理实验。用仪表测量一闭回路上每点的磁场强度 H，然后将其沿闭回路的切线分量相加，得环积分 $\oint \boldsymbol{H}\cdot \mathrm{d}S$。记闭回路为 L，实验证实，此积分和 L 所包围的电流 I 相等。即

$$\oint_L \boldsymbol{H}\cdot \mathrm{d}S = I$$

电流 I 既可能流经一条导线，也可能流经多条导线，甚至由 L 围成的闭曲面 S，或 L 就在一个曲面内部，如图2-15所示。

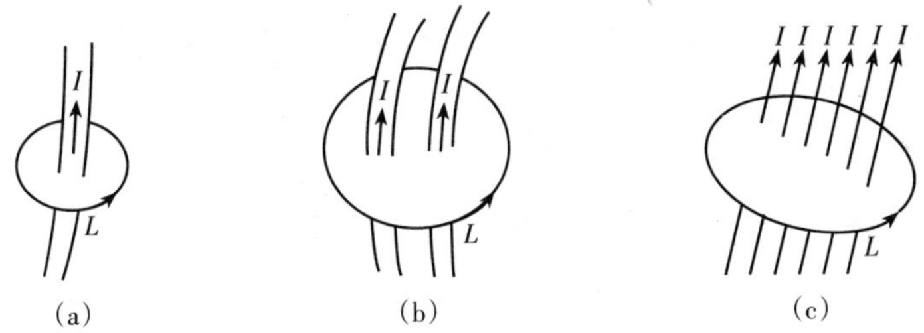

图2-15

现在来研究第三种情况，即电流 I 流过由 L 所围成的曲面 S，视 S 为有向曲面，其上的电流密度为 $\boldsymbol{i}(x, y, z)$，则

$$I=\iint_S \boldsymbol{i}\cdot \mathrm{d}S=\oint_L \boldsymbol{H}\cdot \mathrm{d}S$$

看到这里，读者可能联想到2.4.1曲面积分中的例2.17，从而知道，上式左边展开之后就是斯托克斯公式的左边，而右边展开之后就是斯托克斯公式的右边。上式实际上是格林公式（在平面情况下）或斯托克斯公式（在空间情况下）的向量形式。

以上所述是物理学，具体地说，是电磁学中根据实验得出的一个重要成果，对无论多短的闭回路，或多小的曲面，一律成立。这将大有助于我们对本节例2.18中所提问题的思考，进而加深对"旋度"（下一章）的理解。

2.6 高斯定理与通量

本节内容仍然是牛顿-莱布尼茨公式

$$\int_a^b f(x)\mathrm{d}x = F(b) - F(a)$$

的推广，解决的仍然是边界与其内部的关系问题，只不过推广到了三维空间，但本质没有变化。

例2.24 此例的本意曾经讲过，现在略有变化，希读者留心。

在电流场中存在一边长为1的正六边形，六条边分别与三个坐标面平行，记为S_1，S_2，…，S_6，其所围成的闭区域记为Ω，如图2–16所示。设电流密度$\boldsymbol{P}=x\boldsymbol{i}$，求流入和流出Ω的电流。

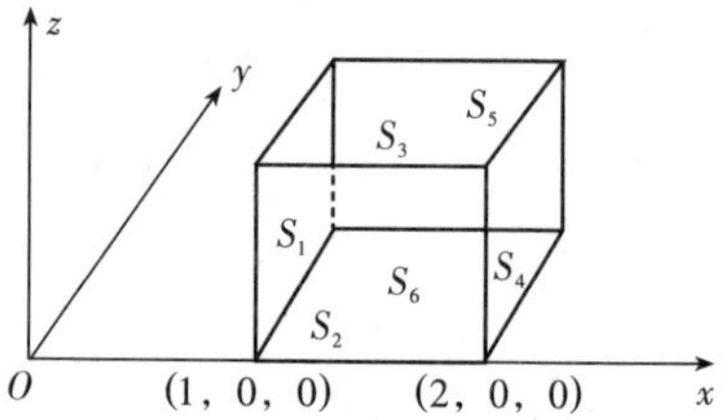

图2–16

解 电流是沿x轴流动的，因此只能从S_1流进Ω，并从S_4流出Ω。在S_1和S_4处电流密度的值分别为1和2，又S_1和S_4的面积都等于1，因此流进同流出Ω的电流I_1同I_4分别为

$$I_1=1,\ I_4=2$$

流出的大于流进的。意味着在Ω内部有电流源。

（1）上面的结果借助牛顿–莱布尼茨公式可以写成

$$\int_1^2 \frac{\partial P}{\partial x}\mathrm{d}x=P(2)-P(1)$$

显然，将上式中的上下限换成任何数，如a和b，照样成立。

（2）设电流密度为$P(x,\ y,\ z)\boldsymbol{i}$，不单是$x$的函数，则上式的含义有待澄清。首先

$$P(2,\ y,\ z)-P(1,\ y,\ z)$$

是变量y和z的函数，表明上式只能在y和z指定值的小面积内才是近似成立的。将S_1和S_4分成n个小正方形S_i，$i=1,\ 2,\ \cdots,\ n$（不一定是正方形，这主要是节省符号），边长记为Δy和Δz，则可得

$$\left(\int_1^2 \frac{\partial P}{\partial x}\mathrm{d}x\right)\Delta y\Delta z\approx\left[P(2,\ y_i,\ z_i)-P(1,\ y_i,\ z_i)\right]\Delta y\Delta z$$

式中，$(y_i,\ z_i)\in S_i$，而Δy和Δz是S_i的边。这样的近似等式共有n个。

其次，将上述n个近似等式相加，并取极限，得

$$\iiint_{\Omega}\frac{\partial P}{\partial x}\mathrm{d}x\,\mathrm{d}y\,\mathrm{d}z=\iint_{S_4}P\,\mathrm{d}y\,\mathrm{d}z-\iint_{S_1}P\,\mathrm{d}y\,\mathrm{d}z$$

因为在S_2，S_3，S_5和S_6上$\Delta y\Delta z=0$，由此则得

$$\iiint_{\Omega}\frac{\partial P}{\partial x}\mathrm{d}x\,\mathrm{d}y\,\mathrm{d}z=\oiint P\,\mathrm{d}y\,\mathrm{d}z$$

最后，设电流尚有沿y轴和z轴流动的分量$Q(x,\ y,\ z)\boldsymbol{j}$和$R(x,\ y,\ z)\boldsymbol{k}$，则同理可得

$$\iiint\limits_{\Omega}\frac{\partial Q}{\partial y}\mathrm{d}x\,\mathrm{d}y\,\mathrm{d}z=\oint Q\,\mathrm{d}x\,\mathrm{d}z$$

$$\iiint\limits_{\Omega}\frac{\partial R}{\partial z}\mathrm{d}x\,\mathrm{d}y\,\mathrm{d}z=\oint R\,\mathrm{d}x\,\mathrm{d}y$$

在以上的论述中，假定空间域 Ω 是由正六边形围成的，事实上对一般的空间域 Ω 与边界曲面 S，前述的结论也是成立的，并存在如下的定理。

2.6.1 高斯定理

定理 2.3 设函数 $P(x,\ y,\ z)$、$Q(x,\ y,\ z)$ 和 $R(x,\ y,\ z)$ 具有在有界闭区域 Ω 及其边界 S 上的连续一阶偏导数，则

$$\iiint\limits_{\Omega}\left(\frac{\partial P}{\partial x}+\frac{\partial Q}{\partial y}+\frac{\partial R}{\partial z}\right)\mathrm{d}x\,\mathrm{d}y\,\mathrm{d}z=\oint\limits_{S}P\,\mathrm{d}y\,\mathrm{d}z+Q\,\mathrm{d}z\,\mathrm{d}x+R\,\mathrm{d}x\,\mathrm{d}y$$

其中，S 是有向曲面，法线取外侧。

此定理称高斯定理，或高斯散度定理，上式称为高斯公式。

例 2.25 已知 $P=x^2y, Q=2xz$，$R=yz^3$，$\Omega=\{0\leqslant x\leqslant 1,\ 0\leqslant y\leqslant 2,\ 0\leqslant z\leqslant 3\}$，试验证高斯公式。

解 此例的有界域 Ω 有六个边界面。都是平面，分别记为 S_1，S_2，…，S_6，如图 2-17 所示。

高斯公式是由三个独立的等式相加而成的，现分别验证如下。

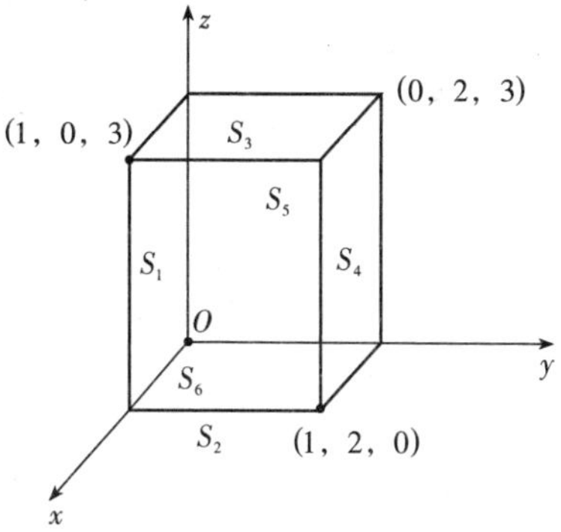

图 2-17

第一个等式

$$\iiint\limits_{\Omega}\frac{\partial P}{\partial x}\mathrm{d}x\,\mathrm{d}y\,\mathrm{d}z=\iiint\limits_{\Omega}2xy\,\mathrm{d}x\,\mathrm{d}y\,\mathrm{d}z$$

$$=\int_0^3\int_0^2 x^2y\,\mathrm{d}y\,\mathrm{d}z$$

$$=\int_0^3\int_0^2 P\,\mathrm{d}y\,\mathrm{d}z$$

$$=\oint\limits_{S}P\,\mathrm{d}y\,\mathrm{d}z$$

显然，第一个等式成立，但为具体起见，将面积分计算出来，即上式右端最后一个积分。这是个闭曲面积分，包含六个边界面，但其中四个 $\Delta y\Delta z=0$，因此只剩两个，即 $x=0$ 的 S_1 面和 $x=1$ 的 S_4 面，依此有

$$\oint\limits_{S}P\,\mathrm{d}y\,\mathrm{d}z=\iint\limits_{S_1}x^2y\,\mathrm{d}y\,\mathrm{d}z+\iint\limits_{S_4}x^2y\,\mathrm{d}y\,\mathrm{d}z$$

在 S_1 面上 $x=0$，在 S_4 面上 $x=1$，代入上式，得

$$\oiint_S P\,\mathrm{d}y\,\mathrm{d}z=\int_0^3\int_0^2 y\,\mathrm{d}y\,\mathrm{d}z=\int_0^3\frac{y^2}{2}\Big|_0^2\,\mathrm{d}z=6$$

第二个等式，因为 $\frac{\partial Q}{\partial y}=0$，相应的三重积分也就等于零，而其中的闭曲面积分

$$\oiint_S Q\,\mathrm{d}z\,\mathrm{d}x=\iint_{S_2}2xz\,\mathrm{d}z\,\mathrm{d}x+\iint_{S_5}2xz\,\mathrm{d}z\,\mathrm{d}x$$

也只需在 $y=0$ 的 S_2 面和 $y=2$ 的 S_5 面上进行积分，其余4个面因 $\Delta z\Delta x=0$，其上的积分都为零。在上式右边的两个积分中

$$\iint_{S_5}2xz\,\mathrm{d}z\,\mathrm{d}x=\int_0^1 xz^2\Big|_0^3\,\mathrm{d}x=\frac{9}{2}$$

$$\iint_{S_2}2xz\,\mathrm{d}z\,\mathrm{d}x=-\int_0^1\int_0^3 2xz\,\mathrm{d}z\,\mathrm{d}x=-\int_0^1 xz^2\Big|_0^3\,\mathrm{d}x=-\frac{9}{2}$$

由此可知，第二个等式是成立的。

第三个等式，高斯公式左边的积分

$$\iiint_\Omega\frac{\partial R}{\partial z}\mathrm{d}x\,\mathrm{d}y\,\mathrm{d}z=\int_0^1\int_0^2\int_0^3 3yz^2\,\mathrm{d}z\,\mathrm{d}y\,\mathrm{d}x=\int_0^1\int_0^2 yz^3\Big|_0^3\,\mathrm{d}y\,\mathrm{d}x=\int_0^1\frac{27}{2}y^2\Big|_0^2\,\mathrm{d}x=54$$

右边的积分

$$\oiint_S R\,\mathrm{d}x\,\mathrm{d}y=\oiint_S yz^3\,\mathrm{d}x\,\mathrm{d}y=\iint_{S_3}yz^3\,\mathrm{d}x\,\mathrm{d}y+\iint_{S_6}yz^3\,\mathrm{d}x\,\mathrm{d}y$$

在 $z=0$ 的 S_3 面上，$z=0$，因此其面上的积分为零。在 $z=3$ 的 S_6 面上，$z=3$，因此

$$\iint_{S_6}yz^3\,\mathrm{d}x\,\mathrm{d}y=\int_0^1\int_0^2 27x\,\mathrm{d}x=54$$

显然，第三个等式也是成立的。

综合起来，得

$$\iiint_\Omega\left(2xy+3yz^2\right)\mathrm{d}x\,\mathrm{d}y\,\mathrm{d}z=\oiint_S x^2y\mathrm{d}y\mathrm{d}z+2xz\mathrm{d}z\mathrm{d}x+yz^3\,\mathrm{d}x\,\mathrm{d}y=60$$

到此，验证完成，但仍有两个问题需要再次说明。

（1）就第二个等式而言，在推导高斯公式时，我们的直观解释是：电流从 S_2 面流入，记为 I_2，从 S_5 面流出，记为 I_5。因此，从闭曲面 S 流出的电流为 I_5-I_2。

在高斯定理中，闭曲面为有向面，规定其法线取外侧，其直观解释是：闭曲面 S 上的积分值就是从 S 流出的电流。因此，当曲面的外侧法线与相应的坐标轴的夹角余弦小于零时（如本例中的 S_2 与 y 轴），则其积分必须加负号。这等于是把上段的 I_5-I_2 变成了 $I_5+(-I_2)$，结果自然是一致的。

（2）高斯公式右边在闭曲面 S 上的积分，其物理解释本书说是由曲面 S 自内往外流出的电流。既然如此，这电流从哪里来？只能是曲面 S 的内部，区域 Ω。恰好，高斯公式左边又正是区域 Ω 上的积分，被积分函数为 $\frac{\partial P}{\partial x}+\frac{\partial Q}{\partial y}+\frac{\partial R}{\partial z}$。这自然容易引起人们的联想，此函数与流出的电流有何关系？

2.6.2 通 量

以前常用电流为例，且默认了一个前提条件：一切都是稳态的，与时间无关。如设电流密度 $\boldsymbol{i}=x\boldsymbol{i}$，其中不含时间 t，电流只是坐标的函数。在此前提下，把电流说成水流其作用是相似的。

设想有一条大河，水流速度 $\boldsymbol{v}=3\boldsymbol{i}$，就是说大河上下每处的流速都相同，且沿 x 轴流动，如图2-18（a）所示。再设想，河中存在一个由闭曲面 S 围成的区域 Ω。试问，每秒流入 S 和流出 S 的水量各是多少？为简单起见，假想曲面 S 是正六面体，且边 S_1 和 S_4（也表示面积）与 x 轴垂直，如图2-18（b）所示。显然，每秒流入 S 的水量，记作 W_1，流出 S 的水量，记作 W_4，分别为

$$W_1=3S_1,\quad W_4=3S_4$$

因 $S_1=S_4$，从而

$$W_4-W_1=3(S_4-S_1)=0$$

这表明流入与流出闭曲面 S 的水量是相同的。

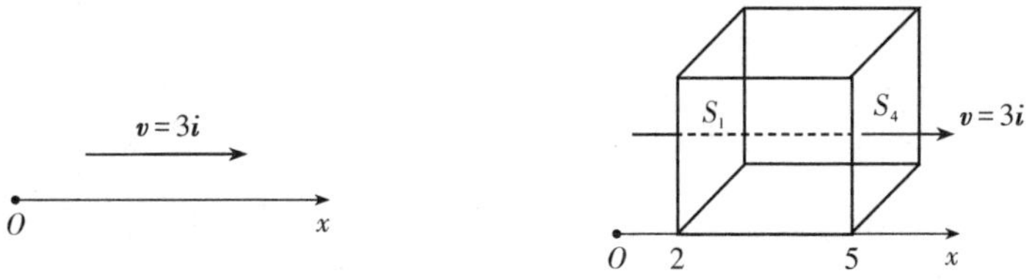

（a）　　（b）

图2-18

现在设水流速度 $\boldsymbol{v}=x\boldsymbol{i}$，$S_1$ 对应的坐标为 $x=2$，S_4 对应的坐标为 $x=5$，则

$$W_1=2S_1,\quad W_4=5S_4,\quad W_4-W_1=3S_4$$

上式表明流出 S 的水量多于流入的。这多出的水量从何而来？只能来自闭曲面

S 内部，即区域 Ω。唯一的解释就是河床上有水源，如喷泉之类。否则，水流速度不可能随 x 而线性增加，以致流出 S 的水量大于流入的。

综上可见，水流速度随距离增加既显示内部有水源存在，也是水量流出多于流入的原因。进而可知，水流速度 $\boldsymbol{v}$ 随 x 增加的快慢既可用以衡量水源的强度，也可用来计算流出 S 的水量。

一般地说，若记 $\boldsymbol{v}=P\boldsymbol{i}$，则 $\dfrac{\partial P}{\partial x}$ 就是该处水源强度的标记，也是计算该处流出水量的根据。不难推断，若 $\boldsymbol{v}=P(x, y, z)\boldsymbol{i}+Q(x, y, z)\boldsymbol{j}+R(x, y, z)\boldsymbol{k}$，则如下函数

$$F(x, y, z)=\frac{\partial P}{\partial x}+\frac{\partial Q}{\partial y}+\frac{\partial R}{\partial z}$$

将是该处水源强度的标记，计算该处流出水量的根据。

函数 $F(x, y, z)$ 称为散度，正是高斯公式重积分中的被积函数。由于其重要性，下一章将专门论述。这里只是个引子。

最后，给读者留两个问题。一是，在上述中的水流速度若为 $\boldsymbol{v}=(7-x)\boldsymbol{i}$，则情况将是怎样？二是，若 $F(x, y, z)=2$，这2代表什么意义？以水流或电流为例都可以。

2.7 习 题

1. 求函数 $f(x)=x^2$ 的原函数。

2. 已知函数 $f(x)=\cos x$ 的原函数为 $F(x)=\sin x+C$，试据此求 $\sin x$ 的原函数。

3. 已知 $\int \sin^2\frac{x}{2}\mathrm{d}x=\frac{1}{2}(x-\sin x)+C$，试求 $\int \cos^2\frac{x}{2}\mathrm{d}x$。

4. 计算曲线积分

$$I=\int_L (x^2-y)\mathrm{d}x+(y^2+x)\mathrm{d}y$$

其中积分路径 L 如图2–19所示。

（1）从 $A(0, 1)$ 到 $C(1, 2)$ 的直线；

（2）从 $A(0, 1)$ 到 $B(1, 1)$，再从 $B(1, 1)$ 到 $C(1, 2)$ 的折线；

（3）从 $A(0, 1)$ 沿抛物线 $y=x^2+1$ 到 $C(1, 2)$。

此例表明：被积函数相同，起点和终点也相

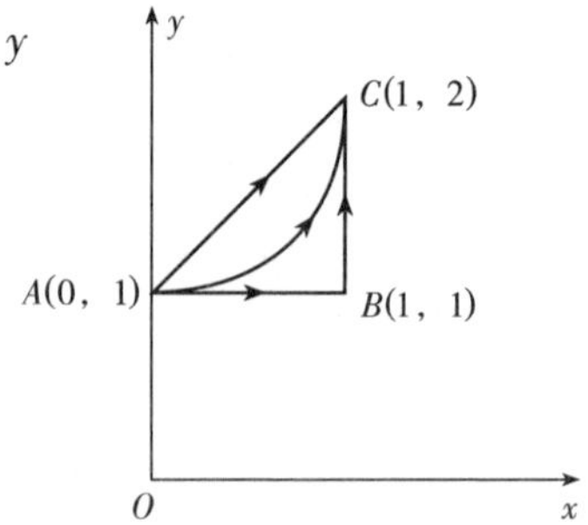

图2–19

同，但沿不同的积分路径，其积分结果并不相同。

另外，此例也可解释为，在一力场中，力

$$\boldsymbol{F}=\left(x^{2}-y\right)\boldsymbol{i}+\left(y^{2}+x\right)\boldsymbol{j}$$

推动一单位质点沿不同路径从起点$A(0,1)$到终点$C(1,2)$所做的功。需要注意：就本例而言，路径不同，力场所做的功也不同。因此，令人不禁会问，是否存在某种力场，只要起点和终点固定，沿任何路径力场推动质点所做的功都相等？答案是肯定的，本书就有，但仍希读者自己独立演算一遍，因这是个非常重要的概念。

5. 求一单位质点在力场

$$\boldsymbol{F}=x^{2}\boldsymbol{i}-xy\boldsymbol{j}$$

作用下，从点$A(0,1)$沿如图2-20所示曲线

$$x^{2}+y^{2}=1$$

移动到点$B(1,0)$时力场所做的功。

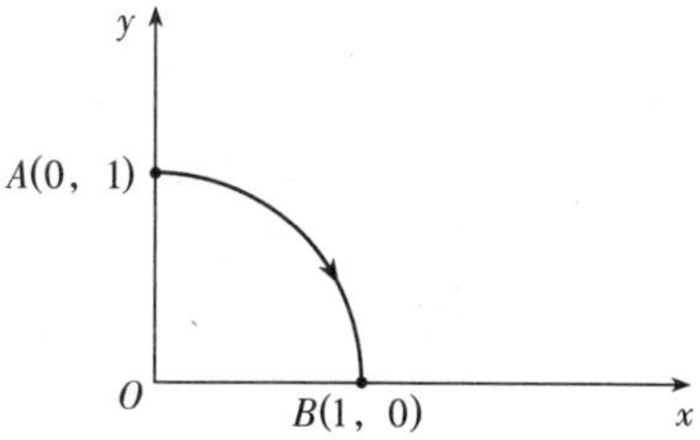

图2-20

6. 求积分$I=\int_{L}y\,\mathrm{d}x+x\,\mathrm{d}y$。

（1）积分路径L从点$A(1,0)$到原点$(0,0)$，再从原点$(0,0)$到点$B(0,1)$；

（2）积分路径L与上题相同，但方向相反。

将得到的两个结果进行比较，看会有什么样的收获。

7. 求积分$I=\oint_{L}xy^{2}\,\mathrm{d}y-x^{2}y\,\mathrm{d}x$，其中积分路径$L$为逆时针方向沿圆$x^{2}+y^{2}=r^{2}$一周。

8. 证明积分

$$\oint_{L}xy^{2}\mathrm{d}x+x^{2}y\,\mathrm{d}y=0$$

其中，L是一条光滑的闭曲线。

9. 已知积分

$$\oint_{L}x^{n}y^{m}\,\mathrm{d}x+x^{m}y^{n}\,\mathrm{d}y=0$$

其中，m和n是正整数，L是任意的一条光滑闭曲线。求m和n所需要满足的条件。

10. 求曲线积分

$$I=\oint_{L}y\,\mathrm{d}x+z\,\mathrm{d}y+x\,\mathrm{d}z$$

其中，积分路径 L 是从 $A(1,\ 0,\ 0)$ 到 $B(0,\ 1,\ 0)$ 经 $C(0,\ 0,\ 1)$ 再回到 A 的闭三角形，如图2-21所示。

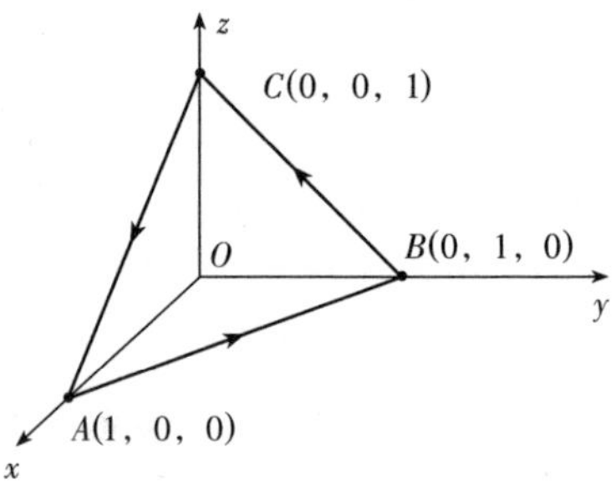

图2-21

11. 求下列积分

（1） $\displaystyle\int\frac{x-4}{x^2+x-2}\mathrm{d}x$

（2） $\displaystyle\int\frac{1}{(1+2x)(1+x^2)}\mathrm{d}x$

（3） $\displaystyle\int\frac{2x^2+2x+13}{(x-2)(x^2+1)^2}\mathrm{d}x$

（4） $\displaystyle\int\frac{2x^3+2x^2+5x+5}{x^4+5x^2+4}\mathrm{d}x$

（5） $\displaystyle\int\frac{x^2\mathrm{e}^x}{(2+x)^2}\mathrm{d}x$

12. 求积分

$$I=\oint_L xy\,\mathrm{d}y-y^2\,\mathrm{d}x$$

其中 L 是由直线 $x=1$ 和 $y=1$ 从第一象限切割的正方形的边界。

13. 求电场

$$\boldsymbol{F}=x\boldsymbol{i}+y^2\boldsymbol{j}$$

穿过以直线 $x=\pm1$ 和 $y=\pm1$ 为界的正方形的向外通量。

14. 求电场

$$\boldsymbol{F}=yz\boldsymbol{i}+x\boldsymbol{j}-z^2\boldsymbol{k}$$

向外穿过抛物柱面 $y=x^2$，$0\leqslant x\leqslant1$，$0\leqslant z\leqslant4$ 的通量，如图2-22所示。

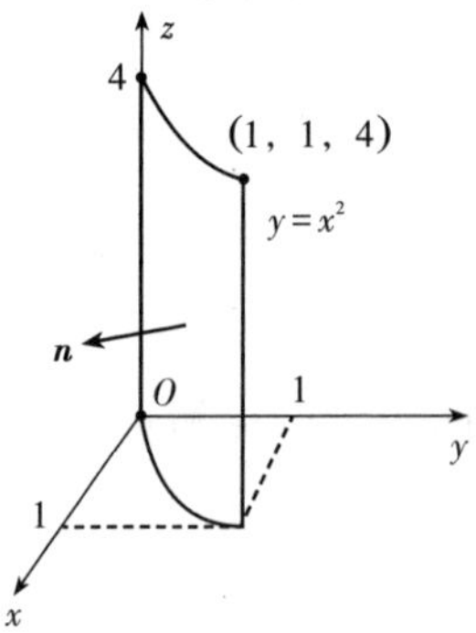

图2-22

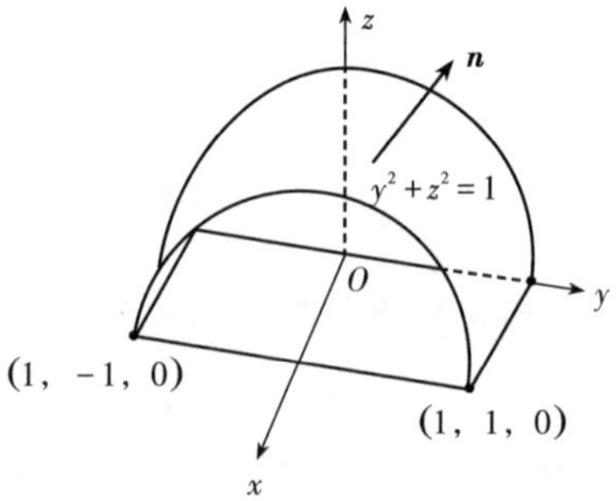

图2-23

15. 求电场

$$\boldsymbol{F}=yz\boldsymbol{j}+z^2\boldsymbol{k}$$

向外穿过由平面 $x=0$ 和 $x=1$ 从圆柱面 $y^2+z^2=1\ (z\geqslant 0)$ 中切割的曲面 S 的通量，如图2-23所示。

16. 求下列曲面积分：

（1） $\oiint\limits_{\Omega}(x-y)\mathrm{d}x\mathrm{d}y+(y-z)\mathrm{d}y\mathrm{d}z$，其中 Ω 为柱面 $x^2+y^2=1$ 及平面 $z=0$ 和 $z=3$ 所围成的空间区域D、其边界曲面的外侧。

（2） $\oiint\limits_{\Omega}x^2\mathrm{d}y\mathrm{d}z+y^2\mathrm{d}z\mathrm{d}x+z^2\mathrm{d}x\mathrm{d}y$，其中 Ω 是由平面 $x=0$，$y=0$，$z=0$，$x=a$，$y=a$，$z=a$ 所围成的立方体D、其表面的外侧。

（3） $\oiint\limits_{\Omega}x\mathrm{d}y\mathrm{d}z+y\mathrm{d}z\mathrm{d}x+z\mathrm{d}x\mathrm{d}y$，其中 Ω 是介于平面 $x=0$ 和 $z=3$ 之间的圆柱面 $x^2+y^2=9$ 的整个表面的外侧，如图2-24所示。

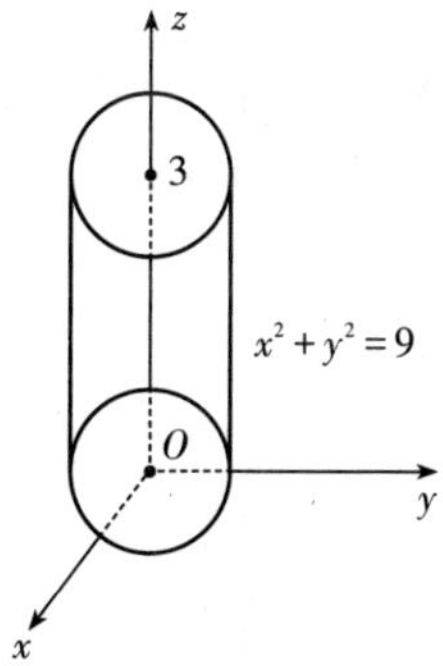

图2-24

17. 求流体场 F 穿过如下曲面流向指定侧的流量：

（1） $\boldsymbol{F}=yz\boldsymbol{i}+xz\boldsymbol{j}+xy\boldsymbol{k}$，曲面 S 为圆柱 $x^2+y^2\leqslant a^2(0\leqslant z\leqslant h)$ 的整个表面，流向外侧；

（2） $\boldsymbol{F}=(2x+3z)\boldsymbol{i}-(xz+y)\boldsymbol{j}+(y^2+2z)\boldsymbol{k}$，曲面 S 为以点（3，-1，2）为球心、半径 $R=3$ 的球面，流向外侧。

第3章 梯度 散度 旋度

现在要论述的三个重要概念都是与“场”共生的。什么是“场”？目前尚无统一的定义。本书同意如下的看法：存在物理量的任何空间都是场。如我们所在的空间，每点都存在温度，则可称为温度场。存在高度，可称为高度场；存在引力，可称为引力场。当起风时，又可称为速度场。

据上所述可知，任何空间都是场，当需要研究其中某个物理量时，就赋予它相应的场名。因物理量不一样，场分为“数量场”和“向量场”。如温度场、高度场是数量场，而引力场、速度场是向量场。就是说，物理量为数量，则称为数量场，为向量，则称为向量场。再有，视物理量是否随时间变化，场又分为“稳态场”和“非稳态场”。如高度场、引力场一般是“稳态场”，而温度场、速度场往往是非稳态场。本书所涉及的场都是稳态场。

3.1 梯 度

人们天天遇到“梯度”，按“梯度”办事。自然界也与“梯度”不离不弃，但当理论化后，大家对梯度又望而却步，难于接受。有鉴于此，必须多思考一些实例。

实例 3.1 人们天天上下楼，比如从一楼上到二楼，在正常情况下，该如何走？当然走直线，为什么走直线？想想看。

实例 3.2 全国各地都在建高楼，不难发现，差不多所有的高楼全是垂直于地面一层一层地向上建成的。这是为什么？想想看。

实例 3.3 雨后，如果没有风，雨水总是从屋顶沿直线垂直地降落到地面上。这是为什么？想想看。

实例 3.4 设想有座高山，表面光滑，状如圆锥，其上放一小块大理石，如图 3–1 所示。试问这块大理石将沿什么路线下滑到山足？想想看。

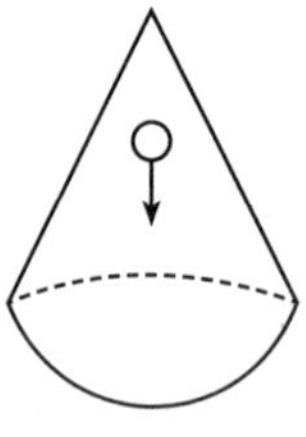

图 3–1

上列四个问题实质是相同的，每位读者都会有答案，当这些答案升华为理论时，一个重要的概念便诞生了，它称为梯度，也正是以下节将讨论的内容。

3.1.1　数量积

在经常遇到的物理量中，如作用力、电场强度、质点运动的速度和移动的距离，既有大小，又有方向，都是向量。当两个物理量相互作用，如用力推动物体，而又需要计算其结果时，向量运算便诞生了，数量积就是其中之一。

定义 3.1　设有两个向量 $\boldsymbol{a}$ 和 $\boldsymbol{b}$，其夹角为 θ，则 $|\boldsymbol{a}||\boldsymbol{b}|\cos\theta$ 称为向量 $\boldsymbol{a}$ 和 $\boldsymbol{b}$ 的数量积，记作 $\boldsymbol{a}\cdot\boldsymbol{b}$，或

$$\boldsymbol{a}\cdot\boldsymbol{b}=|\boldsymbol{a}||\boldsymbol{b}|\cos\theta$$

数量积又称点积，由定义可知，它是个数量，所以命名为数量积。

若记 $\boldsymbol{i}$，$\boldsymbol{j}$ 和 $\boldsymbol{k}$ 为与三个坐标轴分别同向的单位向量，则根据数量积定义，不难算出

$$\boldsymbol{i}\cdot\boldsymbol{i}=1，\ \boldsymbol{i}\cdot\boldsymbol{j}=0，\ \boldsymbol{i}\cdot\boldsymbol{k}=0$$

$$\boldsymbol{j}\cdot\boldsymbol{i}=0，\ \boldsymbol{j}\cdot\boldsymbol{j}=1，\ \boldsymbol{j}\cdot\boldsymbol{k}=0$$

$$\boldsymbol{k}\cdot\boldsymbol{i}=0，\ \boldsymbol{k}\cdot\boldsymbol{j}=0，\ \boldsymbol{k}\cdot\boldsymbol{k}=1$$

例 3.1　设向量 $\boldsymbol{a}=\sqrt{3}\boldsymbol{i}+\boldsymbol{j}$，$\boldsymbol{b}=\boldsymbol{i}+\sqrt{3}\boldsymbol{j}$，求两者间的夹角 θ 。

解　根据数量积定义，可知

$$\cos\theta=\frac{\boldsymbol{a}\cdot\boldsymbol{b}}{|\boldsymbol{a}||\boldsymbol{b}|}$$

在本例中，

$$\boldsymbol{a}\cdot\boldsymbol{b}=\left(\sqrt{3}\boldsymbol{i}+\boldsymbol{j}\right)\cdot\left(\boldsymbol{i}+\sqrt{3}\boldsymbol{j}\right)=2\sqrt{3}$$

$$|\boldsymbol{a}||\boldsymbol{b}|=\sqrt{3+1}\cdot\sqrt{1+3}=4$$

代入上式，得

$$\cos\theta=\sqrt{3}/2，\ \theta=30°$$

例 3.2　试根据数量积定义，验证三角公式

$$\cos(\alpha-\beta)=\cos\alpha\cos\beta+\sin\alpha\sin\beta$$

解　将上式右边改写成两个向量的数量积，即

$$\cos\alpha\cos\beta+\sin\alpha\sin\beta=(\cos\alpha\boldsymbol{i}+\sin\alpha\boldsymbol{j})\cdot(\cos\beta\boldsymbol{i}+\sin\beta\boldsymbol{j})$$

其中向量 $\boldsymbol{a}\triangleq(\cos\alpha\boldsymbol{i}+\sin\alpha\boldsymbol{j})$，$b\triangleq(\cos\beta\boldsymbol{i}+\sin\beta\boldsymbol{j})$ 分别如图 3-2 所示，且显然可见，两者的夹角为 $\theta=\alpha-\beta$ 。加之，

$$|\boldsymbol{a}|=(\cos^2\alpha+\sin^2\alpha)^{\frac{1}{2}}=1$$

$$|\boldsymbol{b}|=(\cos^2\beta+\sin^2\beta)^{\frac{1}{2}}=1$$

因此

$$\cos\alpha\cos\beta+\sin\alpha\sin\beta=\boldsymbol{a}\cdot\boldsymbol{b}$$
$$=|\boldsymbol{a}||\boldsymbol{b}|\cos\theta$$
$$=\cos(\alpha-\beta)$$

验证成功。

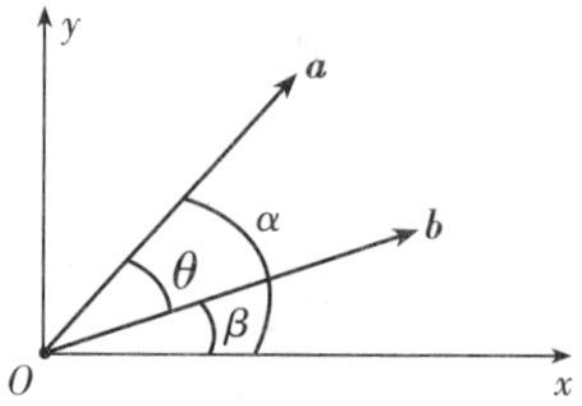

图3-2

例3.3 求函数

$$f(\alpha)=a\cos\alpha+b\sin\alpha$$

的极大值，其中 a 和 b 是常数。

解1 对 $f(\alpha)$ 求导数，有

$$f'(\alpha)=a(-\sin\alpha)+b\cos\alpha$$

令 $f'(\alpha)=0$，得

$$\frac{b}{a}=\frac{\sin\alpha}{\cos\alpha}$$

又因

$$f''(\alpha)=-(a\sin\alpha\cos\alpha+b\sin\alpha\cos\alpha)<0$$

可知当下式成立时，即

$$\tan\alpha=\frac{b}{a}$$

函数取得极大值。

上述结果是正如所料的，如图3-2所示，其几何意义为，若将 $a\boldsymbol{i}+b\boldsymbol{j}$ 和 $\cos\alpha\boldsymbol{i}+\sin\alpha\boldsymbol{j}$ 视作两个向量，则当两者同向时，函数 $f(\alpha)$ 取得极大值。等看完解2后，理解将更加深刻。

解2 将 $f(\alpha)$ 化为两个向量的数量积，即

$$a\cos\alpha+b\sin\alpha=(a\boldsymbol{i}+b\boldsymbol{j})\cdot(\cos\alpha\boldsymbol{i}+\sin\alpha\boldsymbol{j})$$
$$=(a^2+b^2)^{\frac{1}{2}}(\cos^2\alpha+\sin^2\alpha)^{\frac{1}{2}}\cos\theta$$
$$=(a^2+b^2)^{\frac{1}{2}}\cos\theta$$

式中，θ 是上述两向量之间的夹角。显然，当 θ 等于零时，也就是两个向量同向时，函数 $f(\alpha)$ 取得极大值。这与以上的结论相互吻合，但意义更为直观。

3.1.2 变化率

变化率经常出现，已了无新意，但梯度实际上也是变化率，只是带有方向，鉴于温故可以知新，对变化率还得再说几句。

大家知道，导数实际就是变化率。例如，函数 $y=f(t)$ 的导数，按定义为

$$f'(t)=\lim_{\Delta t\to 0}\frac{\Delta y}{\Delta t}$$

式中，t 代表时间，如果 y 代表距离的话，则 $f'(t)$ 就是速度，也就是距离相对于时间的变化率。其物理意义为，在单位时间内距离的增量。如 $\Delta y=4.2$，$\Delta t=2$，则 $\Delta y/\Delta t$ 表示单位时间内距离的增量（平均值）等于2.1，如 $\Delta y=0.2$，$\Delta t=0.1$，则 $\Delta y/\Delta t$ 表示单位时间内距离的增量（平均值）等于2。由此可知，不论 Δt 取值如何，$\Delta y/\Delta t$ 永远是单位时间内距离的平均增量，或平均变化率。当 Δt 越来越小时，距离的平均变化率将越来越趋近于真实变化率，当 $\Delta t\to 0$ 时，成为瞬时的真实变化率，在此例中，就是瞬时速度，或简称速度，也就是函数 $y=f(t)$ 的导数。总之，函数的导数与函数的瞬时变化率，或简称变化率，两者的含义是完全一样的。

初学者不妨以物体的密度为例，参考上面的说法，自己概述一遍，以加强对导数和变化率的理解。

3.1.3 向量变化率

变化率是个非常重要的概念，带有方向性，以前没有强调，因为研究的是一元函数。现在要研究多元函数，必然会涉及向量变化率。

设有二元函数

$$z=f(x, y)$$

其图形如图3-3（a）所示。为具体起见，再设

$$z=100-x^2-y^2,\ x^2+y^2\leqslant 100$$

并相继令 $z=0$，64，91，96，100，绘出函数等位线图，如图3-3（b）所示，$z=100$ 正好就是原点。

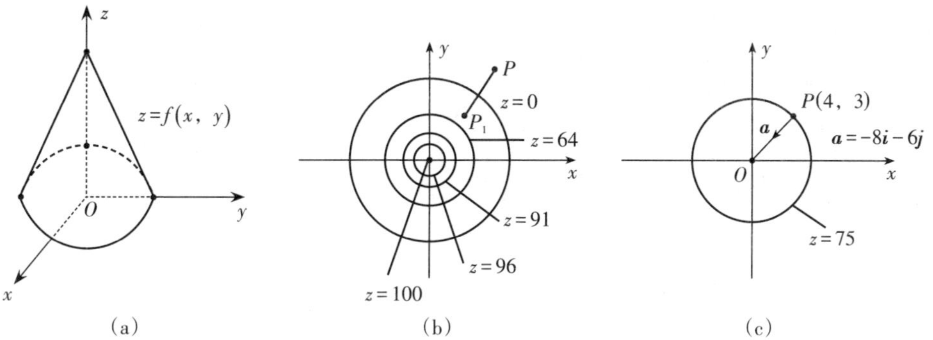

图3-3

设想 z 表示山的高度，登山者位于图上的点 $P(x, y)$ 处，他希望知道，沿什么方向走，到达山顶的路程最短。根据上节的讨论，不难得出答案：山的高度变化率最大的方向。

就此例而言，凭直觉便能判断出该沿什么方向走。为了不失一般性，仍然需要证明，且证明也很容易。

设在点 P 处沿直线 l 方向其高度变化率最大。在 l 上取点 P_1，与点 P 相距为1，即 $\overline{PP_1}=1$，如图3-3（b）所示。从图上可见，从点 P 到点 P_1，两自变量相应的增量分别为 Δx 和 Δy 。因此，函数 z 的增量

$$\Delta z=f(x+\Delta x,\ y+\Delta y)-f(x,\ y)$$

不计高阶无穷小，并引入向量

$$\boldsymbol{a}=\left(\frac{\partial f}{\partial x}\boldsymbol{i}+\frac{\partial f}{\partial y}\boldsymbol{j}\right);\quad \boldsymbol{b}=(\Delta x\boldsymbol{i}+\Delta y\boldsymbol{j})$$

且记向量 $\boldsymbol{a}$ 与 $\boldsymbol{b}$ 的夹角为 θ，则有

$$\Delta z=\frac{\partial f}{\partial x}\Delta x+\frac{\partial f}{\partial y}\Delta y=\boldsymbol{a}\cdot\boldsymbol{b}=|\boldsymbol{a}||\boldsymbol{b}|\cos\theta$$

其中

$$|\boldsymbol{a}|=\sqrt{\left(\frac{\partial f}{\partial x}\right)^2+\left(\frac{\partial f}{\partial y}\right)^2},\quad |\boldsymbol{b}|=\sqrt{\Delta^2 x+\Delta^2 y}=1$$

而 $|\boldsymbol{a}|$ 是个常数，由此可知，当向量 $\boldsymbol{a}$ 和 $\boldsymbol{b}$ 的夹角为零时，函数 z 的增量 Δz 取最大值，而 Δz 乃是函数 z 从点 P 到点 P_1 单位长度上的增量，也就是变化率。由此得出结论：沿直线 l 从点 P 到点 P_1 方向函数 z 的变化率取最大值。

讲到这里，有几个问题必须澄清：

（1）以上论述在数学上是不严密的，为了突出直观性，省去了取极限的步骤。所说的变化率都应是平均变化率。如有需要，读者自己可以补全所有运算，这并不难。

（2）在以上的讨论中，事先就假定了沿直线 l 方向函数的变化率最大，目的是想尽快切入主题。实际上，这个假定可以取消，对所有的讨论并无影响。

（3）点 P 的坐标固定后，函数 z 的两个偏导数 $\frac{\partial f}{\partial x}$ 和 $\frac{\partial f}{\partial y}$ 都是常数，因此，向量

$$\boldsymbol{a}=\frac{\partial f}{\partial x}\boldsymbol{i}+\frac{\partial f}{\partial y}\boldsymbol{j}$$

是唯一的，其方向和大小都是确定的。设点 P 的坐标为 $x=4$，$y=3$，则根据

函数

$$z=f(x,\ y)=100-x^2-y^2$$

可得向量

$$\boldsymbol{a}=\frac{\partial f}{\partial x}\boldsymbol{i}+\frac{\partial f}{\partial y}\boldsymbol{j}=-8\boldsymbol{i}-6\boldsymbol{j}$$

从图3-3（c）中显然可见，向量 $\boldsymbol{a}$ 的方向正是函数 z 变化率取最大值的方向，也是山体坡度最大的方向，且在点 P 处的最大变化率为

$$|\boldsymbol{a}|=\sqrt{(-8)^2+(-6)^2}=10$$

上式的几何意义是：在点 P 处的坡度为 $\tan\theta=10$，直观意义是：如坡度不变，从点 P 处向山的中心线平移一个单位，则山的高度增加10个单位。

看过以上的讨论，对梯度已有一定的认识，为明确起见，再归纳如下。设有连续可微的二元函数

$$z=f(x,\ y)$$

当其中的某一点，记为 $P(x_0,\ y_0)$，被选定后，就可引入向量

$$\boldsymbol{a}=f'_x(x_0,\ y_0)\boldsymbol{i}+f'_y(x_0,\ y_0)\boldsymbol{j}$$

而当点 $P(x_0,\ y_0)$ 沿直线 l 变动至点 $P_1(x_0+\Delta x,\ y_0+\Delta y)$ 时，见图3-3，函数 $z=f(x)$ 的增量

$$\begin{aligned}\Delta z&=f(x_0+\Delta x,\ y_0+\Delta y)-f(x_0,\ y_0)\\&=f'_x(x_0,\ y_0)\Delta x+f'_y(x_0,\ y_0)\Delta y+o(\varepsilon)\end{aligned}$$

其中，$o(\varepsilon)$ 表示高阶无穷小。引入向量

$$\boldsymbol{b}=\Delta x\boldsymbol{i}+\Delta y\boldsymbol{j}$$

则

$$\begin{aligned}\Delta z&=(f'_x\boldsymbol{i}+f'_y\boldsymbol{j})\cdot(\Delta x\boldsymbol{i}+\Delta y\boldsymbol{j})+o(\varepsilon)\\&=\boldsymbol{a}\cdot\boldsymbol{b}+o(\varepsilon)\\&=|\boldsymbol{a}||\boldsymbol{b}|\cos\theta+o(\varepsilon)\end{aligned}$$

其中，b 实际就是线段 PP_1 的长度。因此由上式有

$$\frac{\Delta z}{|\boldsymbol{b}|}=|\boldsymbol{a}|\cos\theta+o(\varepsilon)$$

显然，上式与点 P_1 在直线 l 上的位置无关。令点 P_1 不断移向点 P，并以点 P 为极限时，$|\boldsymbol{b}|$ 趋近于零，由此得

$$\lim_{P_1\to P}\frac{\Delta z}{|\boldsymbol{b}|}=\frac{\mathrm{d}z}{\mathrm{d}l}=|\boldsymbol{a}|\cos\theta$$

上式表明：当 $\cos\theta=1$ 时，即向量 $\boldsymbol{b}$ 与向量 $\boldsymbol{a}$ 同向时，也就是沿向量 $\boldsymbol{a}$ 的方

向，函数 z 的变化率取最大值，且其值等于 $|\boldsymbol{a}|$。

定义 3.2 设有连续可微的二元函数 $f(x, y)$，其定义域为 D，则在域 D 内的任意一点 $P(x_0, y_0)$，都存在一个伴生向量 $f_x(x_0, y_0)\boldsymbol{i}+f_y(x_0, y_0)\boldsymbol{j}$，称为函数 $f(x_0, y_0)$ 在点 $P(x_0, y_0)$ 的梯度，记作

$$\mathrm{grad} f(x_0, y_0)=\nabla f(x_0, y_0)=f_x(x_0, y_0)\boldsymbol{i}+f_y(x_0, y_0)\boldsymbol{j}$$

此定义可推广至三元函数 $F(x, y, z)$ 中，称

$$\begin{aligned}\mathrm{grad}\, F(x_0, y_0, z_0) &= \nabla F(x_0, y_0, z_0)\\ &= F_x(x_0, y_0, z_0)\boldsymbol{i}+F_y(x_0, y_0, z_0)\boldsymbol{j}+F_z(x_0, y_0, z_0)\boldsymbol{k}\end{aligned}$$

为函数 $F(x, y, z)$ 在点 $P(x_0, y_0, z_0)$ 的梯度。

有了梯度的概念之后，回头去看本节开始时列举的四个例子，就会发现它们都与梯度相关，读者可以自己再判定一次。

例 3.4 求函数 $f(x, y)=100-x^2-4y^2$ 的梯度。

解 根据定义，得

$$\mathrm{grad} f(x, y)=f'_x(x, y)\boldsymbol{i}+f'_y(x, y)\boldsymbol{j}=-2x\boldsymbol{i}-8y\boldsymbol{j}$$

将函数 $f(x, y)$ 视为一座山的高度，其等高线图如图 3-4 所示。从上式可知，点 $P(x, y)$ 的坐标 x 和 y 越大，即距山足越近，梯度越大，在点 $P(0, 0)$ 处，即山顶，梯度等于零。这就是说，山的坡度在山足处最大，愈向上坡度愈小，到山顶处等于零，如图上箭头所示。

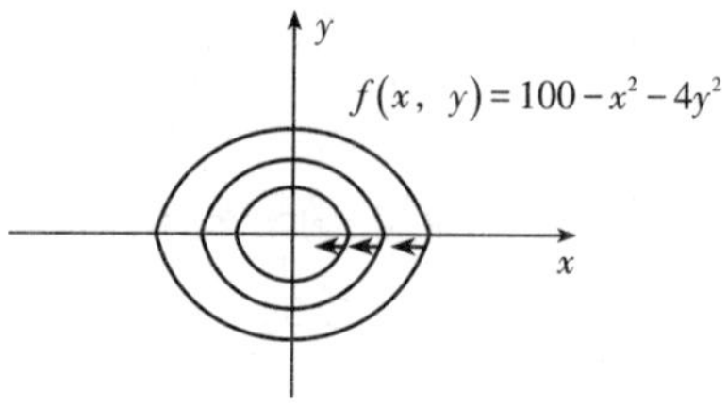

图 3-4

经过以上的讨论，有两点还需再次强调：梯度的方向是函数增值最大的方向；梯度与函数的等值线或等值面垂直。后者在图 3-4，特别是图 3-3 上非常清楚，据此可以用来求平面曲线或空间曲面的法线。

例 3.5 求曲线 $xy=1$ 在点 $P\left(2, \frac{1}{2}\right)$ 处的法线。

解 求函数 $f(x, y)=xy$ 的梯度，得

$$\mathrm{grad} f(x, y)=y\boldsymbol{i}+x\boldsymbol{j}$$

由上式可知，曲线在点 $P(2, \frac{1}{2})$ 处的法向量 $\boldsymbol{n}$ 为

$$\boldsymbol{n}=\frac{1}{2}\boldsymbol{i}+2\boldsymbol{j}$$

现在来验证一下，上式是否为曲线在 $P\left(2, \frac{1}{2}\right)$ 处的法向量。先求函数 $xy=1$

对 x 的导数，有

$$y+x\frac{\mathrm{d}y}{\mathrm{d}x}=0,$$

解得

$$\frac{\mathrm{d}y}{\mathrm{d}x}=-\frac{y}{x}$$

然后代入点 $P\left(2,\ \frac{1}{2}\right)$ 的坐标。算出在点 P 处切线的斜率等于 $-\frac{1}{4}$，而法向量的斜率等于4，两者的乘积等于−1，表明梯度 $\boldsymbol{n}$ 的确是法向量。

一般地说，从上述的等式

$$\frac{\mathrm{d}z}{\mathrm{d}l}=|\boldsymbol{a}|\cos\theta$$

直接可推断：若直线 l 是点 P 等值线的切向量，则 $\frac{\mathrm{d}z}{\mathrm{d}l}$ 等于零， $\theta=90°$ 。因此，梯度 $\boldsymbol{a}$ 与切向量 l 相互垂直。

例3.6 求平面 $ax+by+cz=d$ 的法向量。

解 求函数 $f(x,\ y,\ z)=ax+by+cz$ 的梯度

$$\mathrm{grad}f(x,\ y,\ z)=a\boldsymbol{i}+b\boldsymbol{j}+c\boldsymbol{k}$$

由上式可知，由平面方程的三个系数 a、b 和 c 组成的向量 $\boldsymbol{n}=\{a,\ b,\ c\}$ 就是平面的法向量。

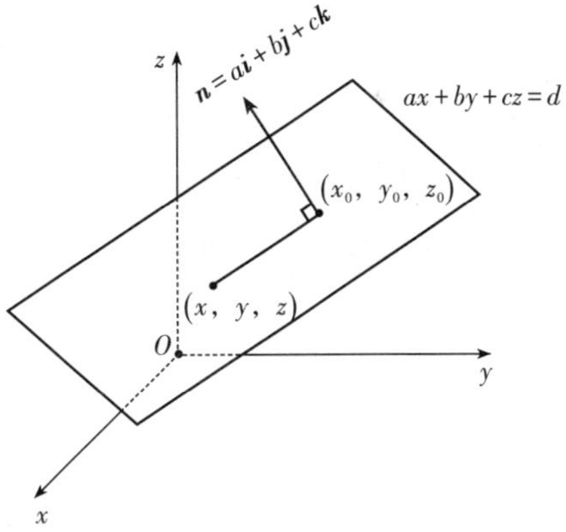

图3–5

上述结论有明显的几何意义。第一，将平面方程写成

$$a(x-x_0)+b(y-y_0)+c(z-z_0)=0$$

其中，点 $P_0(x_0,\ y_0,\ z_0)$ 是平面上的一个固定点，点 $P(x,\ y,\ z)$ 是平面上的任意点，如图3–5所示。第二，将上式改写成向量的数量积形式

$$(a\boldsymbol{i}+b\boldsymbol{j}+c\boldsymbol{k})\cdot\left[(x-x_0)\boldsymbol{i}+(y-y_0)\boldsymbol{j}+(z-z_0)\boldsymbol{k}\right]=0$$

上式表明：梯度向量与平面上的任何向量都是相互垂直的。此说法同样适用于曲线和曲面，梯度同样也是曲线或曲面的法向量。灵活应用梯度对解决空间解析几何方面的问题大有裨益。

梯度之所以重要，源于实际。凡是存在等势面的场中，梯度总有物理意义，如磁场强度、电场强度、气压梯度、作用力、热流量、法向量，不胜枚举。

3.2 散 度

以前讲的格林公式，是平面区域其内部与边界的联系。空间区域其内部与边界自然也有联系，这就要用到散度和高斯公式。

实例 3.5 一个果园，多少年来每天一直从园内往园外发送 10000 个水果。显然，水果是园内生产的，同发送到园外的两者相等。

实例 3.6 一个喷泉，多少年来每天一直从泉内往泉外流散 10000 升泉水。显然，泉水是从泉内喷出的，同流散到泉外的两者相等。

实例 3.7 一空间封密区域 D，其边界为 Ω。从 D 净穿出 Ω 的电力线共计 200 条。所谓净穿出是指穿出减去穿入的电力线。显然，多穿出 Ω 的电力线是 D 内的电荷产生的，且两者相等。

其实，头两个例子也可参照例 3.7 作类似的解释，意义一样。

上面三个例子定性地说明了一种现象：在稳态情况下，一个闭区域内部发生的事情必然会通过其边界反映出来。像以前讲过的格林公式、斯托克斯公式都是如此，且已是定量的结果。有鉴于此，下面就来对上述例子进行定量的分析。

例 3.7 设 D 为一柱形闭区域，其长、宽和高分别为 5，3，2 个单位长度，如图 3–6 所示。水流不涨不缩从固定方向流过区域 D。试求流入和流出 D 的水量及流出 D 的净水量。

（1）水流速度函数 $\boldsymbol{v}=3\boldsymbol{i}+5\boldsymbol{j}+2\boldsymbol{k}$；

（2）水流速度函数 $\boldsymbol{v}=x\boldsymbol{i}$。

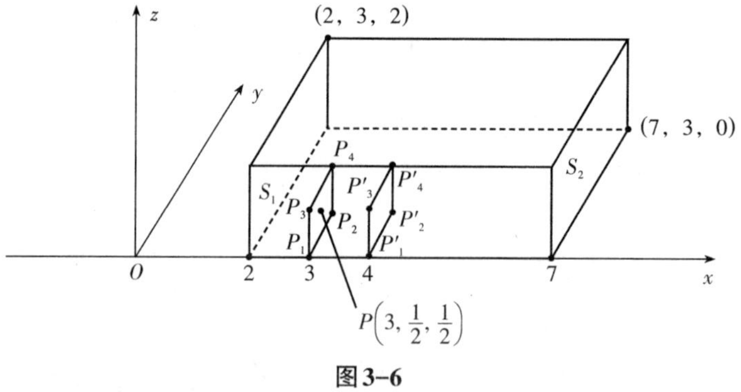

图 3–6

解 1 因为水流不会涨缩，依题意可知，沿 x 轴流入和流出 D 的水量相等，都是 $3\times2\times3=18$ 立方米；沿 y 轴同是 $5\times2\times5=50$ 立方米；沿 z 轴同是

$5\times3\times2=30$ 立方米。流出 D 的净水量等于零，因为流入和流出 D 的水量沿任何方向都是一样的。

解2　记区域 D 左侧与 x 轴垂直的边为 S_1，右侧的为 S_2，由图3-6可见，两者的横坐标分别为 $x=2$ 和 $x=7$。因此流入 S_1 的水量，记为 W_1，流出 S_2 的水量，记作 W_2，分别是

$$W_1=2\times3\times2=12\text{ 立方米}$$

$$W_2=2\times3\times7=42\text{ 立方米}$$

从区域 D 流出的净水量

$$W=W_2-W_1=30\text{ 立方米}$$

其实，我们所关心的只是流出的净水量（可正可负），至于流入或流出多少并不重要。显然，水速固定时，流出的净水量必然为零。因此，现在从水速的变化着手，计算流出的净水量。

在本例中，水流的速度函数 $\boldsymbol{v}=x\boldsymbol{i}$，表明水流的大小 $|\boldsymbol{v}|=x$ 是随横坐标 x 而线性增大的，求其对 x 的导数，得

$$\frac{\mathrm{d}|\boldsymbol{v}|}{\mathrm{d}x}=1$$

上式中的1是水流大小的变化率，在此有重要的实际意义。为具体起见，在区域 D 中取一点 $P\left(3,\ \frac{1}{2},\ \frac{1}{2}\right)$，它在由点 $P_1(3,\ 0,\ 0)$，$P_2(3,\ 1,\ 0)$，$P_3(3,\ 0,\ 1)$ 和点 $P_4(3,\ 1,\ 1)$ 组成的面积为1平方的正方形内部，见图3-6。点 $P\left(3,\ \frac{1}{2},\ \frac{1}{2}\right)$ 的横坐标 $x=3$，这意味着，流入正方形 $P_1P_2P_4P_3$ 的水量每秒等于3立方米，由于水流大小的变化率为1，则在 $x=4$ 处，流出正方形 $P'_1P'_2P'_4P'_3$ 的水量每秒等于4立方米，$P'_1P'_2P'_4P'_3$ 是将 $P_1P_2P_4P_3$ 沿 x 轴向右平移1单位长的正方形。此结果说明，从以 $P_1P_2P_4P_3P'_1P'_2P'_4P'_3$ 为顶点的、体积等于1的立方体内流出的净水量是

$$4-3=1=\frac{\mathrm{d}|\boldsymbol{v}|}{\mathrm{d}x}$$

上式表明了一个重要结论：$\frac{\mathrm{d}|\boldsymbol{v}|}{\mathrm{d}x}=1$ 就是从单位体积内流出的净水量。显然，这种推理适用于 D 内的任何一个单位立方体，而 D 的体积等于30立方米，所以从 D 内流出的净水量

$$W=30\times\frac{\mathrm{d}|\boldsymbol{v}|}{\mathrm{d}x}=30\times1=30\text{ 立方米}$$

同以前直接算出来的完全一样，但方法更富有实用意义和理论价值。对此，下

面将进行更一般化的讨论。

设在一矢量场内有一矩形柱体，体积很小，三个棱边 $\mathrm{d}x$、$\mathrm{d}y$ 和 $\mathrm{d}z$ 分别与三个坐标轴平行，如图3–7（a）所示。为具体起见，假定矢量场是水流的速度场，速度函数记作

$$\boldsymbol{V}=P(x,\ y,\ z)\boldsymbol{i}+Q(x,\ y,\ z)\boldsymbol{j}+R(x,\ y,\ z)\boldsymbol{k}$$

现在的问题是要计算从上述柱体，记为 D，流出的净水量。为使问题简化，先来计算沿 x 轴方向流出 D 的净水量，并依此绘出柱体 D 同 xOy 坐标面相平行的侧面图，如图3–7（b）所示，从图上可见，在柱体 D 左边，其面积为 $\mathrm{d}y\mathrm{d}z$，水流大小为 $P(x,\ y,\ z)$，在柱体右边，其面积也为 $\mathrm{d}y\mathrm{d}z$，但水流大小为 $P(x+\mathrm{d}x,\ y,\ z)$。因此，每秒从柱体左边流入和从右边流出的水量 W_1 和 W_2 分别是

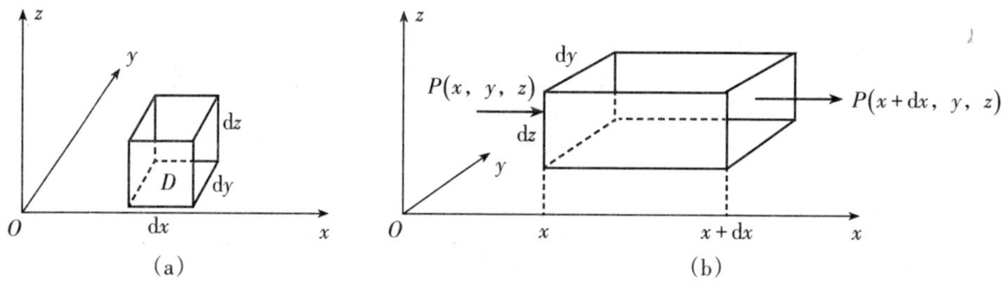

图3–7

$$W_1=P(x,\ y,\ z)\mathrm{d}y\mathrm{d}z,\quad W_2=P(x+\mathrm{d}x,\ y,\ z)\mathrm{d}y\mathrm{d}z$$

从柱体流出的净水量

$$\begin{aligned}W=W_2-W_1&=\left[P(x+\mathrm{d}x,\ y,\ z)-P(x,\ y,\ z)\right]\mathrm{d}y\mathrm{d}z\\&\approx\left[P(x,\ y,\ z)+\frac{\partial P}{\partial x}\mathrm{d}x-P(x,\ y,\ z)\right]\mathrm{d}y\mathrm{d}z\\&=\frac{\partial P}{\partial x}\mathrm{d}x\mathrm{d}y\mathrm{d}z\end{aligned}$$

上式只是近似值，当柱体的三个棱 $\mathrm{d}x$，$\mathrm{d}y$ 和 $\mathrm{d}z$ 无限趋短，柱体无限缩小时，上式的近似度就越高。在此过程中，用柱体的体积 $\mathrm{d}x\mathrm{d}y\mathrm{d}z$ 除上式两边，并取极限，即

$$\lim_{\mathrm{d}x\mathrm{d}y\mathrm{d}z\to 0}\frac{W}{\mathrm{d}x\mathrm{d}y\mathrm{d}z}=\frac{\partial P(x_0,\ y_0,\ z_0)}{\partial x}$$

式中，点 $(x_0,\ y_0,\ z_0)$ 是柱体 D 当 $\mathrm{d}x\mathrm{d}y\mathrm{d}z\to 0$ 时的极限点。

从以上的分析可以看出，$\dfrac{\partial P}{\partial x}$ 是个很重要的结果，数学上它代表函数

$P(x, y, z)$对x的偏导数，但实际上它具有什么意义呢？这一点很值得深思。回想前面的讨论，W是从柱体D流出的净水量，除以D的体积$\mathrm{d}x\mathrm{d}y\mathrm{d}z$后，得出$\frac{\partial P}{\partial x}$，就成了从单位体积内单位时间流出的净水量。总而言之，$\frac{\partial P(x_0, y_0, z_0)}{\partial x}$在此的实际意义就是：从一个含点$P(x_0, y_0, z_0)$、体积等于1立方米的闭区域内、每秒流出的净水量。

同理，因水流速度函数$\boldsymbol{V}$尚有分量$Q(x, y, z)\boldsymbol{j}$和$R(x, y, z)\boldsymbol{k}$，则沿y轴方向和z轴方向、从含点(x_0, y_0, z_0)的单位体积内、每秒流出的净水量将分别为$\frac{\partial Q(x_0, y_0, z_0)}{\partial y}$和$\frac{\partial R(x_0, y_0, z_0)}{\partial z}$。

定义3.3 设有向量场

$$\boldsymbol{F}=P(x, y, z)\boldsymbol{i}+Q(x, y, z)\boldsymbol{j}+R(x, y, z)\boldsymbol{k}$$

其中P，Q和R具有连续偏导数，则

$$\operatorname{div}\boldsymbol{F}\triangleq\frac{\partial P}{\partial x}+\frac{\partial Q}{\partial y}+\frac{\partial R}{\partial z}$$

称为向量场$\boldsymbol{F}$的散度，也记作$\nabla\cdot\boldsymbol{F}$。

散度是向量场中伴生的数量函数，并非向量。前面讲过，若$\boldsymbol{F}$是水流速度函数，则$\nabla\cdot\boldsymbol{F}$是从单位体积每秒流出的净水量。若$\boldsymbol{F}$是磁场强度或电场强度，则$\nabla\cdot\boldsymbol{F}$是从单位体积内发散出来的磁力线或电力线（乘个常数）；若$\boldsymbol{F}$是流动气体的速度函数，则$\nabla\cdot\boldsymbol{F}$是从单位体积内每秒发散的气量，也是气体压缩或膨胀发散的速率。散度因此得名。

例3.8 设向量场 $\boldsymbol{F}=x\boldsymbol{i}+y\boldsymbol{j}+z\boldsymbol{k}$，球面$x^2+y^2+z^2=a^2$位于场内。求$\boldsymbol{F}$的散度及从内向外穿出球面的通量。

解1 按定义，得

$$\operatorname{div}\boldsymbol{F}=\frac{\partial x}{\partial x}+\frac{\partial y}{\partial y}+\frac{\partial z}{\partial z}=3$$

上式中的3可能是水量、热量或电力线，诸如此类，以后统称为通量。

每单位体积发散的通量等于3，又是稳态场，那这些通量必然是从内向外穿出球面，以保持平衡。已知球的体积为$\frac{4}{3}\pi a^3$，因此在球内所发散的通量总数是

$$\frac{4}{3}\pi a^3\times\operatorname{div}\boldsymbol{F}=\frac{4}{3}\pi a^3\times 3=4\pi a^3$$

这就是穿出球面的通量。

解 2 类比于水流速度函数，可将函数

$$\boldsymbol{F}=x\boldsymbol{i}+y\boldsymbol{j}+z\boldsymbol{k}$$

视作通量函数，且不难发现，$\boldsymbol{F}$ 与球面 $x^2+y^2+z^2=a^2$ 的法线同向。因此，利用通量函数 $\boldsymbol{F}$ 直接计算穿过球面的通量将比较简便。已知球的表面积为 $4\pi a^2$，而函数 $\boldsymbol{F}$ 在球面的值

$$|\boldsymbol{F}|=\sqrt{x^2+y^2+z^2}=a$$

故穿过球面的通量等于

$$4\pi a^2\times a=4\pi a^3$$

同上面的结果一样。其实，既然在球面上 $\boldsymbol{F}$ 的值处处相同（$\boldsymbol{F}$ 与球面的法线处处同向），在球面上取一特殊点，如坐标为（a，0，0）的点，用 $\boldsymbol{F}$ 在此点的值 a，乘以球面积，也得到正确的结果。

就上面的例子，想说明一个理所当然的事实。如果在稳态情况下，某个闭区域内部有通量发散出来，即散度不等于零，那么全部的通量一定等于从其边界穿出的通量。这句话用数学表示出来，就是下面要介绍的高斯公式。

3.3 高斯公式

高斯公式的实际意义刚才已经讲了。其实，它的数学表达式雏形也在上节出现过了。为加深理解，再举例阐述如下。

例 3.9 设有向量场 $\boldsymbol{F}=x^2\boldsymbol{i}+xy\boldsymbol{j}+\left(x+y^2\right)\boldsymbol{k}$，场内存在一柱体 D，与三个坐标面都平行，其长、宽和高分别为 a、b 和 c，左下角顶点的坐标是 $M(1，1，1)$，如图 3-8 所示。求 $\boldsymbol{F}$ 的散度，求柱体 D 内发散的通量及从 D 的边界穿出的通量。

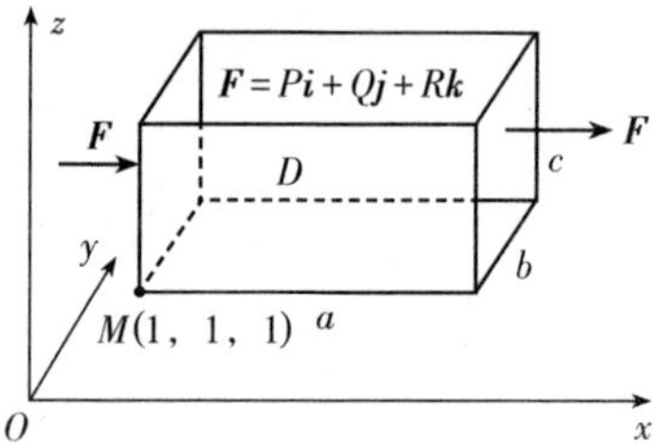

图3-8

解 根据定义，得

$$\operatorname{div}\boldsymbol{F}=\frac{\partial x^2}{\partial x}+\frac{\partial(xy)}{\partial y}+\frac{\partial\left(x+y^2\right)}{\partial z}=2x+x=3x$$

求在 D 内发散的总通量需要进行三重积分，被积函数是 $\operatorname{div}\boldsymbol{F}$，积分域是 D：

$$\iiint\limits_D \operatorname{div}\boldsymbol{F}\,\mathrm{d}x\,\mathrm{d}y\,\mathrm{d}z=\int_1^{1+c}\int_1^{1+b}\int_1^{1+a}3x\,\mathrm{d}x\,\mathrm{d}y\,\mathrm{d}z=\int_1^{1+c}\int_1^{1+b}\left.\frac{3x^2}{2}\right|_1^{1+a}\mathrm{d}y\,\mathrm{d}z=\frac{3}{2}abc(a+2)$$

上边右边就是从 D 内发散的总通量。

现在来计算从 D 的边界穿出的通量。为简化起见，下面分别计算沿 x，y，z 轴穿出边界的通量。记 D 的边界为 Ω，它含六个边：S_1，S_2，…，S_6。其中，S_1 和 S_2，S_3 和 S_4，S_5 和 S_6 分别与 x 轴、y 轴和 z 轴同向。

（1）求通量函数 $\boldsymbol{F}$ 的第一个分量 $\boldsymbol{F}_1=x^2\boldsymbol{i}$ 穿出 Ω 的通量。为此 计算 $\boldsymbol{F}_1=x^2\boldsymbol{i}$ 沿 Ω 对坐标的曲面积分，因在 S_3，S_4，S_5 和 S_6 上的积分为零，因此得

$$\begin{aligned}\oiint_{\Omega} x^2\,\mathrm{d}S &= -\iint_{S_1} x^2\,\mathrm{d}y\,\mathrm{d}z + \iint_{S_2} x^2\,\mathrm{d}y\,\mathrm{d}z\\ &= -\int_1^{1+c}\int_1^{1+b}\mathrm{d}y\,\mathrm{d}z + \int_1^{1+c}\int_1^{1+b}(1+a)^2\,\mathrm{d}y\,\mathrm{d}z\\ &= abc(a+2)\end{aligned}$$

（2）求第二个分量 $\boldsymbol{F}_2=xy\boldsymbol{j}$ 穿出 Ω 的通量。因在 S_1，S_2，S_5 和 S_6 上的积分为零，$\boldsymbol{F}_2=xy\boldsymbol{j}$ 沿 Ω 对坐标的曲面积分等于

$$\begin{aligned}\oiint_{\Omega} xy\,\mathrm{d}S &= -\iint_{S_3} xy\,\mathrm{d}x\,\mathrm{d}z + \iint_{S_4} xy\,\mathrm{d}x\,\mathrm{d}z\\ &= -\int_1^{1+c}\frac{x^2}{2}\bigg|_1^{a+1}\mathrm{d}z + \int_1^{1+c}(b+1)\frac{x^2}{2}\bigg|_1^{a+1}\mathrm{d}z\\ &= \frac{1}{2}abc(a+2)\end{aligned}$$

（3）求第三个分量 $\boldsymbol{F}_3=(x+y^2)\boldsymbol{k}$ 沿 Ω 对坐标的曲面积分。因在 S_1，S_2，S_3 和 S_4 上的积分为零，$F_3=(x+y^2)\boldsymbol{k}$ 沿 Ω 对坐标的曲面积分等于

$$\begin{aligned}\oiint_{\Omega}(x+y^2)\,\mathrm{d}x\,\mathrm{d}y &= -\iint_{S_5}(x+y^2)\,\mathrm{d}x\,\mathrm{d}y + \iint_{S_6}(x+y^2)\,\mathrm{d}x\,\mathrm{d}y\\ &= -\int_1^{1+a}\int_1^{1+b}(x+y^2)\,\mathrm{d}x\,\mathrm{d}y + \int_1^{1+a}\int_1^{1+b}(x+y^2)\,\mathrm{d}x\,\mathrm{d}y\\ &= 0\end{aligned}$$

上式等于零是意料之中的事，因为 $\boldsymbol{F}_3$ 的值 $(x+y^2)$ 与变量 z 无关，从 S_5 进入 D 的通量和从 S_6 穿出 D 的通量是完全一样的。

将以上结果相加，得

$$\oiint_{\Omega} x^2\,\mathrm{d}y\,\mathrm{d}z + xy\,\mathrm{d}x\,\mathrm{d}z + (x+y^2)\,\mathrm{d}x\,\mathrm{d}y = \frac{3}{2}abc(a+2) = \iiint_D (2x+x)\,\mathrm{d}x\,\mathrm{d}y\,\mathrm{d}z$$

以上得出的结论，即在稳态场中，闭域 D 内发散的通量等于从其边界 Ω 穿出的通量，对任何向量场 $\boldsymbol{F}=P(x,\ y,\ z)\boldsymbol{i}+Q(x,\ y,\ z)\boldsymbol{j}+R(x,\ y,\ z)\boldsymbol{k}$ 都是

正确的。归纳起来，有如下的定理。

散度定理 设 $\boldsymbol{F}=P(x, y, z)\boldsymbol{i}+Q(x, y, z)\boldsymbol{j}+R(x, y, z)\boldsymbol{k}$ 的分量具有连续的一阶偏导数，D 是空间的一个闭区域，其边界 Ω 是分片光滑的有向闭曲面，则

$$\iiint_D\left(\frac{\partial P}{\partial x}+\frac{\partial Q}{\partial y}+\frac{\partial R}{\partial z}\right)\mathrm{d}x\,\mathrm{d}y\,\mathrm{d}z=\oiint_\Omega P\,\mathrm{d}y\,\mathrm{d}z+Q\,\mathrm{d}x\,\mathrm{d}z+R\,\mathrm{d}x\,\mathrm{d}y$$

上式称为高斯公式。

上述定理的证明，很多教材都有，在此不再重复，但给出几点说明，供初学者自己证明时参考。

（1）当闭区域 D 为如图3-8所示的柱体时，不难证明

$$\iiint_D\frac{\partial P}{\partial x}\mathrm{d}x\,\mathrm{d}y\,\mathrm{d}z=\oiint_\Omega P\,\mathrm{d}y\,\mathrm{d}z,$$

$$\iiint_D\frac{\partial Q}{\partial y}\mathrm{d}x\,\mathrm{d}y\,\mathrm{d}z=\oiint_\Omega Q\,\mathrm{d}x\,\mathrm{d}z,$$

$$\iiint_D\frac{\partial R}{\partial z}\mathrm{d}x\,\mathrm{d}y\,\mathrm{d}z=\oiint_\Omega R\,\mathrm{d}x\,\mathrm{d}y$$

将上式相加就是高斯公式。

（2）当两个尺寸一样的柱体 D_1 和 D_2 连接时，如图3-9（a）所示，可视为一个柱体，高斯公式成立。当尺寸不一样时，如图3-9（b）所示，高斯公式依然成立，因为从 D_1 穿出的通量，不论是全部或者一部分，都将进入 D_2 并从 D_2 穿出。这就是说，记从 D_1 穿出的通量为 ψ_1，D_2 为 ψ_2，(D_1+D_2) 为 ψ_3，则任何情况下存在

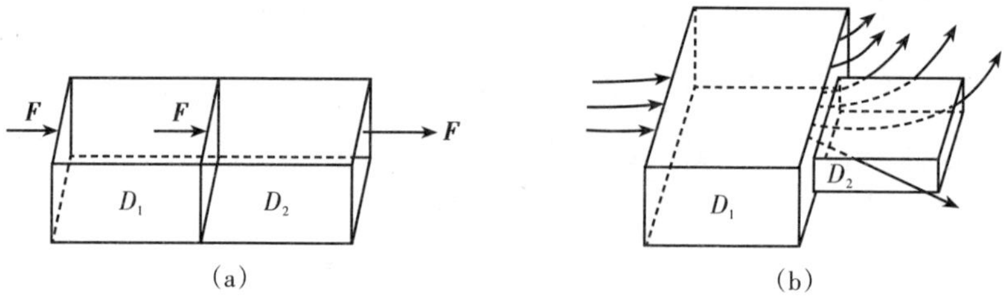

图3-9

$$\psi_1+\psi_2=\psi_3$$

上式表明，当两柱体 D_1 和 D_2 合为一体时，高斯公式成立。

（3）将区域 D 分割成 n 个小柱体 D_i，$i=1, 2, \cdots, n$ 。令 n 趋近于无穷大，每个 D_i 趋于零，取极限，证明在极限情况下：

$$\lim_{n\to\infty}\sum_{i}^{n}D_i=D$$

高斯公式的物理意义已经交代，不再重复。它的用途很多。其一是把对坐标的曲面积分化为三重积分，以简化计算。现举例说明如下。

例 3.10 计算积分 $\iint\limits_{\Omega}(x+y)\mathrm{d}y\mathrm{d}z+(y+z)\mathrm{d}z\mathrm{d}x+(z+x)\mathrm{d}x\mathrm{d}y$，其中 Ω 是以原点为中心，边长为 a 的正立方体的表面的外侧。

解 记原积分为 I，并据此作向量函数

$$\boldsymbol{F}=(x+y)\boldsymbol{i}+(y+z)\boldsymbol{j}+(z+x)\boldsymbol{k}$$

再应用高斯公式，得

$$I=\iiint\limits_{D}(1+1+1)\mathrm{d}x\mathrm{d}y\mathrm{d}z$$

式中，积分域 D 是正立方体，边长为 a，体积等于 a^3，因此直接得

$$I=3a^3$$

例 3.11 在向量场 $\boldsymbol{F}=xy\boldsymbol{i}+yz\boldsymbol{j}+xz\boldsymbol{k}$ 中，存在由平面 $x=1$，$y=1$ 和 $z=1$ 从第一卦限切割成的立方体，求从此立方体表面向外穿出的通量。

解 记穿出的通量为 I，由高斯公式直接得

$$I=\int_0^1\int_0^1\int_0^1(y+z+x)\mathrm{d}x\mathrm{d}y\mathrm{d}z=\frac{3}{2}$$

需要说明的是，在第二章中讨论过高斯公式，是从积分的角度阐述的，为散度作准备。现在是从散度的角度阐述的，同时复习高斯公式。

3.4 旋 度

在第二章介绍格林公式时，说起过“旋转量”，即旋度的雏形。所谓旋度，就是对旋转运动的定量化。

旋转运动无处不在，坐公交车、骑自行车，车轮在旋转；坐着不动，也在旋转，因为地球在旋转。没有风车旋转、发电机旋转，世界将缺少光明。有人说，若要正常生活，就必须永远旋转。

由此可知，研究旋转运动十分重要。不难发现，任何旋转全部都是绕一根轴线进行的。这表明，量化后的“旋度”必然是个向量，请初学者一定注意。至于旋转的快慢，当然便是向量的值了。

一个物体在什么情况下才会旋转？由于受力的作用，力是向量，通常写成

$$\boldsymbol{F}=P(x,\ y,\ z)\boldsymbol{i}+Q(x,\ y,\ z)\boldsymbol{j}+R(x,\ y,\ z)\boldsymbol{k}$$

为简化计算，设受力的物体 M 是个只含四条边的矩形条框，在坐标面上的位置如图3-10（a）所示，其所受的力是 $\boldsymbol{F}=x\boldsymbol{i}$。显然可见，力 $\boldsymbol{F}$ 作用于矩形 M

的 ad 和 bc 两条边上，只能使 M 产生沿 x 轴的平移运动，不会旋转。设 $\boldsymbol{F}=y\boldsymbol{i}$，力的方向不变，但从图3-10（b）上可见，$M$ 的两条边 ad 和 bc 其受力是目下往上沿 y 轴递增的，这样形成的力矩将使 M 旋转，即顺时针的旋转。容易想到，力 $\boldsymbol{F}$ 沿 y 轴递增越快，M 旋转也越快。

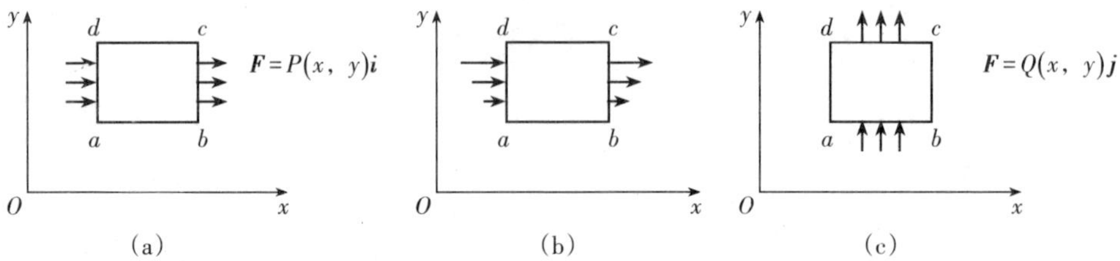

图3-10

现在设 $\boldsymbol{F}=P(x,\ y)\boldsymbol{i}$，并分两种情况予以说明。

① $\dfrac{\partial P}{\partial y}=0$。此时可知，$M$ 的两条边 ad 和 bc 自下而上所受的力没有变化，强度相同，只有沿 x 轴的平移运动没有旋转。

② $\dfrac{\partial P}{\partial y}>0$。此时可知，$M$ 的两条边 ad 和 bc 其受力是自下而上增加的。除平移运动外，M 将会顺时针旋转，旋转快慢取决于 $\dfrac{\partial P}{\partial y}$ 的值。

至于 $\dfrac{\partial P}{\partial y}<0$ 会出现什么样的结果，读者可能已经想到或者猜到，无须赘言。不过，本书总是默认它是大于零的。

现在设 $\boldsymbol{F}=Q(x,\ y)\boldsymbol{j}$，力是沿 y 轴方向作用于物体 M 的，如图3-10（c）所示。对此，根据以上相同的推理，可得

① 若 $\dfrac{\partial Q}{\partial x}=0$，则 M 没有旋转运动。

② 若 $\dfrac{\partial Q}{\partial x}>0$，则 M 存在旋转运动，且是逆时针方向的，旋转强度取决于 $\dfrac{\partial Q}{\partial x}$ 的值。

③ 若 $\dfrac{\partial Q}{\partial x}<0$，则 M 作顺时针方向的旋转运动。

行文至此，作者突然发现一个问题，希望读者回答。请想一想，当条件

$$\frac{\partial P}{\partial y}+\frac{\partial Q}{\partial x}=0$$

成立时，物体 M 是否存在旋转运动？如果存在，则它是顺时针还是逆时针旋转？

答案只能有三个：不旋转、顺时针或逆时针旋转。不知读者认可的是哪一个？说来意外，这个问题的诡谲之处在于：三种情况都有可能。

① 若 $\frac{\partial P}{\partial y}=\frac{\partial Q}{\partial x}=0$，则物体 M 不旋转；

② 若 $\frac{\partial P}{\partial y}>0$， $\frac{\partial Q}{\partial x}=-\frac{\partial P}{\partial y}<0$，则物体 M 顺时针旋转；

③ 若 $\frac{\partial P}{\partial y}<0$， $\frac{\partial Q}{\partial x}=-\frac{\partial P}{\partial y}>0$，则物体 M 逆时针旋转。

综合上述，当然应该采用

$$\left(\frac{\partial P}{\partial y}-\frac{\partial Q}{\partial x}\right)\text{或}\left(\frac{\partial Q}{\partial x}-\frac{\partial P}{\partial y}\right)$$

来判断物体 M 是否旋转及旋转的快慢。两者是等同的，究竟选谁？这里有个约定，即“右手法则”。现用的坐标就是右手法则坐标系，伸开右手，拇指向上，其余四指对着 x 轴，自然向 y 轴卷曲，拇指所指就是 z 轴。

右手法则是默认法则。因此，采用 $\left(\frac{\partial Q}{\partial x}-\frac{\partial P}{\partial y}\right)$ 来判定物体在平面上的旋转运动。当它大于零时，物体在平面上逆时针旋转。根据右手法则，拇指朝上，正好与 z 轴同向，与对坐标的曲面积分一致。

定义 3.4 设在向量场 $\boldsymbol{F}=P(x, y)\boldsymbol{i}+Q(x, y)\boldsymbol{j}$ 中，其函数 P 和 Q 存在连续的一阶偏导数，则

$$\operatorname{curl}\boldsymbol{F}=\left(\frac{\partial Q}{\partial x}-\frac{\partial P}{\partial y}\right)\boldsymbol{k}$$

称为向量场 $\boldsymbol{F}$ 的旋度，又记作 $\nabla\times\boldsymbol{F}$ 。

从定义可知，旋度 $\nabla\times\boldsymbol{F}$ 是向量，方向由右手法则决定，其值等于 $\sqrt{Q_x^2+P_y^2}$ 。符号 ∇ 称为 Del 。

事实上，在上一章论述格林公式和斯托克斯公式时，没有说出旋度，但已经对其作了充分的陈述。为温故而知新，再补充如下。

在力场 $\boldsymbol{F}=P(x, y)\boldsymbol{i}+Q(x, y)\boldsymbol{j}$ 中，有一小矩形，长宽分别为 $\mathrm{d}x$ 和 $\mathrm{d}y$，并与坐标轴平行，记此小矩形为 D，如图3-11（a）所示。试求力 $\boldsymbol{F}$ 沿 D 的周边所做的功，或旋转量，为了易于看清问题本质，分两种情况说明如下。

（1）设 $\boldsymbol{F}=P(x, y)\boldsymbol{i}$，沿 y 轴方向没有分力。在此情况下，从图3-11（a）可见，力同 D 的两条边 ad 和 bc 相互垂直，不做功。力在 ab 边上所做的功等于 $P(x, y_1)\mathrm{d}x$，增加的旋转量使 D 逆时针旋转，力在 cd 边上所做的功等于

$P(x, y_2)\mathrm{d}x$，增加的旋转量使 D 顺时针旋转。以前讲过，逆时针方向是默认的。因此力 $\boldsymbol{F}$ 沿 D 的周边做功产生的旋转量

$$\begin{aligned}W_1 &= P(x, y_1)\mathrm{d}x - P(x, y_2)\mathrm{d}x \\ &= -\frac{\partial P}{\partial y}\mathrm{d}y\,\mathrm{d}x\end{aligned}$$

（2）设 $\boldsymbol{F}=Q(x, y)\boldsymbol{j}$，沿 x 轴没有分力。如图3-11（b）所示，力同 D 的两条边 ab 和 cd 相互垂直，不做功。沿 bc 边和 ad 边产生的旋转量分别为 $Q(y, x_2)\mathrm{d}y$ 和 $Q(y, x_1)\mathrm{d}y$。仿上节推理，得力 $\boldsymbol{F}$ 沿 D 的周边产生的旋转量

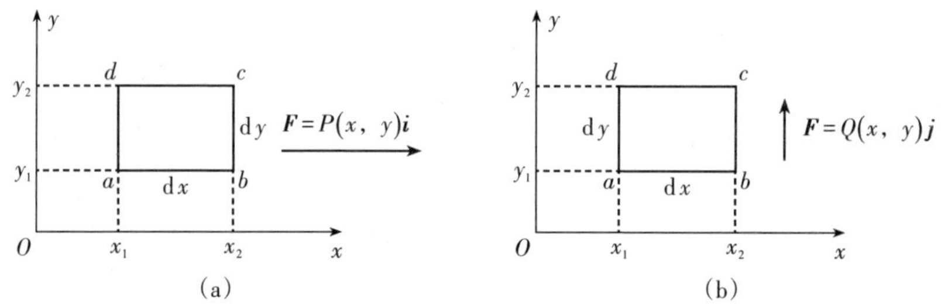

图3-11

$$W_2=\frac{\partial Q}{\partial x}\mathrm{d}x\,\mathrm{d}y$$

综上所述，力 $\boldsymbol{F}=P(x, y)\boldsymbol{i}+Q(x, y)\boldsymbol{j}$ 使矩形 D 逆时针旋转的旋转量

$$W=W_1+W_2=\left(\frac{\partial Q}{\partial x}-\frac{\partial P}{\partial y}\right)\mathrm{d}x\,\mathrm{d}y$$

上式两边除以 $\mathrm{d}x\,\mathrm{d}y$ 就得到，当 D 为单位面积时的旋转量。这样便再次说明了定义3.4中旋度 $\mathrm{curl}\,\boldsymbol{F}$ 的意义。

同理，在力场 $\boldsymbol{F}=Q(y, z)\boldsymbol{j}+R(y, z)\boldsymbol{k}$ 中可得完全类似的结论：

定义3.5 设在向量场 $\boldsymbol{F}=Q(y, z)\boldsymbol{j}+R(y, z)\boldsymbol{k}$ 中，其函数 Q 和 R 存在连续的一阶偏导数，则

$$\mathrm{curl}\,\boldsymbol{F}=\left(\frac{\partial R}{\partial y}-\frac{\partial Q}{\partial z}\right)\boldsymbol{i}$$

称为向量场 $\boldsymbol{F}$ 的旋度。

在力场 $\boldsymbol{F}=P(x, z)\boldsymbol{i}+R(x, z)\boldsymbol{k}$ 中，有

定义3.6 设在向量场 $\boldsymbol{F}=P(x, z)\boldsymbol{i}+R(x, z)\boldsymbol{k}$ 中，其函数 P 和 R 存在连续的一阶偏导数，则

$$\mathrm{curl}\,\boldsymbol{F}=\left(\frac{\partial P}{\partial z}-\frac{\partial R}{\partial x}\right)\boldsymbol{j}$$

称为向量场 $\boldsymbol{F}$ 的旋度。

上面定义完了三个平面场的旋度之后，自然会想到空间的情况。自然会问，在三维向量场 $\boldsymbol{F}=P(x,\ y,\ z)\boldsymbol{i}+Q(x,\ y,\ z)\boldsymbol{j}+R(x,\ y,\ z)\boldsymbol{k}$ 中是否存在旋度？如果存在，该如何定义？遇到这种问题，不妨先猜一下。

（1）归纳思维。

上面定义的三个平面场的旋度，都是唯一的。空间场如果存在旋度，因旋度是向量，则其分量应该就是它们，非此莫属。据此，猜

$$\operatorname{curl}\boldsymbol{F}=\left(\frac{\partial R}{\partial y}-\frac{\partial Q}{\partial z}\right)\boldsymbol{i}+\left(\frac{\partial P}{\partial z}-\frac{\partial R}{\partial x}\right)\boldsymbol{j}+\left(\frac{\partial Q}{\partial x}-\frac{\partial P}{\partial y}\right)\boldsymbol{k}$$

（2）演绎思维。

承认向量场 $\boldsymbol{F}=P\boldsymbol{i}+Q\boldsymbol{j}+R\boldsymbol{k}$ 存在旋度 $\operatorname{curl}\boldsymbol{F}$，是个向量，如图3-12（a）所示，它可分解成三个分量，依次记作 $C_1\boldsymbol{i}$，$C_2\boldsymbol{j}$ 和 $C_3\boldsymbol{k}$，即

$$\operatorname{curl}\boldsymbol{F}=C_1\boldsymbol{i}+C_2\boldsymbol{j}+C_3\boldsymbol{k}$$

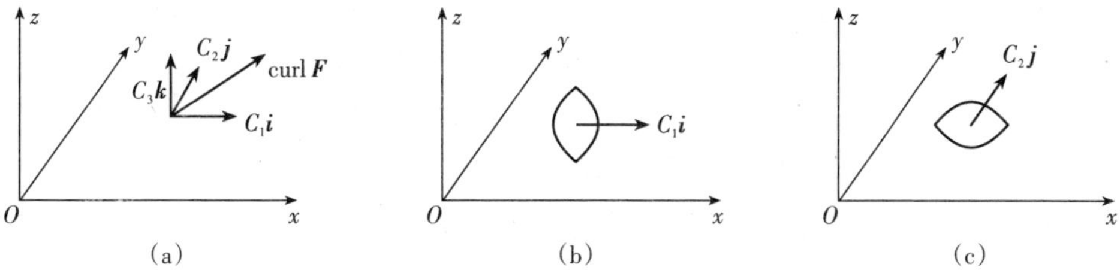

图3-12

① 求 $C_1\boldsymbol{i}$ 的表达式。为此，设想有一单位圆 D，按右手法则拇指指向 x 轴旋转，如图3-12（b）所示。从图上可见，$P\boldsymbol{i}$ 同 D 的周边相互垂直，对 D 没有旋转量，D 之所以旋转完全是 $Q\boldsymbol{j}$ 和 $R\boldsymbol{k}$ 作用的结果。因此，可令 $P\boldsymbol{i}=\boldsymbol{0}$，而设

$$\boldsymbol{F}=Q(x,\ y,\ z)\boldsymbol{j}+R(x,\ y,\ z)\boldsymbol{k}$$

这就变成了在 yOz 面上的平面场，因而也与变量 x 无关，依据定义3.5及相应说明，得

$$C_1\boldsymbol{i}=\left(\frac{\partial R}{\partial y}-\frac{\partial Q}{\partial z}\right)\boldsymbol{i}$$

② 求 $C_2\boldsymbol{j}$ 的表达式。为此，设想有一单位圆 D，按右手法则拇指指向 y 轴旋转，如图3-12（c）所示。余下与上段同理，并依据定义3.6及相应说明，得

$$C_2\boldsymbol{j}=\left(\frac{\partial P}{\partial z}-\frac{\partial R}{\partial x}\right)\boldsymbol{j}$$

③ 求 $C_3\boldsymbol{k}$ 的表达式。仿以上所述，得

$$C_3\boldsymbol{k}=\left(\frac{\partial Q}{\partial x}-\frac{\partial P}{\partial y}\right)\boldsymbol{k}$$

两种思维推断的结果完全相同，这是必然的。需要强调的是，这种推断只是处理新问题的可供参考的方法，不能取代真正的证明。

定义3.7 设在向量场 $\boldsymbol{F}=P(x,\ y,\ z)\boldsymbol{i}+Q(x,\ y,\ z)\boldsymbol{j}+R(x,\ y,\ z)\boldsymbol{k}$ 中，其函数 P、Q 和 R 存在连续的一阶偏导数，则

$$\mathrm{curl}\,\boldsymbol{F}=\left(\frac{\partial R}{\partial y}-\frac{\partial Q}{\partial z}\right)\boldsymbol{i}+\left(\frac{\partial P}{\partial z}-\frac{\partial R}{\partial x}\right)\boldsymbol{j}+\left(\frac{\partial Q}{\partial x}-\frac{\partial P}{\partial y}\right)\boldsymbol{k}$$

称为向量场 $\boldsymbol{F}$ 的旋度。

什么是旋度，再重复一遍，设想空间有一单位圆，沿一轴线旋转，按右手法则确定出轴线的正方向。认定此带方向的轴线为一向量，其值等于单位圆的旋转量，这个向量就称为旋度。

上述对旋度的解读具有一般性，易于理解，而实际情况应是单个质点的旋转，而非单位圆。但是，单位质点的旋转量如何计量？无法计量。在此，希望读者类比一下：定义一个点的密度，是指一单位体积内所含的质量，定义向量场中一个点的旋度，其值是一个单位球的旋转量。如果用单位球来替代单位圆，计量将十分困难，作者尚未见到有关的论述，写出来供读者参考，或者探索。

例3.12 求向量场

$$\boldsymbol{F}=2z\boldsymbol{i}+(8x-3y)\boldsymbol{j}+(3x+y)\boldsymbol{k}$$

的旋度。

解 对比定义3.7，可知在此例中，$P(x,\ y,\ z)=2z$，$Q(x,\ y,\ z)=8x-3y$，$R(x,\ y,\ z)=3x+y$。据此，直接由定义中的旋度公式，则得

$$\mathrm{curl}\,\boldsymbol{F}=\boldsymbol{i}-\boldsymbol{j}+8\boldsymbol{k}$$

从上式可见，旋度是个向量，在此例中，其方向数为（1，-1，8），其值为 $|\mathrm{curl}\,\boldsymbol{F}|=\sqrt{66}$，属于特殊情况，因为旋度是个常向量，每一点都一样，不随坐标变化。如果将这样的向量场视作水流的速度场的话，则在此场中，每个水分子都在旋转，且旋转的方向和速度全是相同的，但它们各自流动的速度却是不同的。就是说，每个水分子一边旋转，一边流动，形成一个旋度场。

例3.13 求向量场

$$\boldsymbol{F}=xz\boldsymbol{i}+xy\boldsymbol{j}+3xz\boldsymbol{k}$$

的旋度。

解 参照上例解法，得

$$\mathrm{curl}\,\boldsymbol{F}=(x-3z)\boldsymbol{j}+y\boldsymbol{k}$$

其方向数为（0，$x-3z$，y），与x轴垂直，其值为$\sqrt{(x-3z)^2+y^2}$。

将此例中的向量视作水流，则水分子是一边旋转，一边流动，且其旋转速度和流动速度都是随所在位置（即坐标量）而变化的，但旋转的方向永远同x轴垂直。

需要指出，此例的原型来自例2.22。目的是希望将刚学过的旋度与斯托克斯公式联系起来。为此，先看一个例子。

例3.14 在xOy面上，有一台水车，受水流场的驱动，产生旋转运动，如图3-13（a）所示。试计算水车的转速。

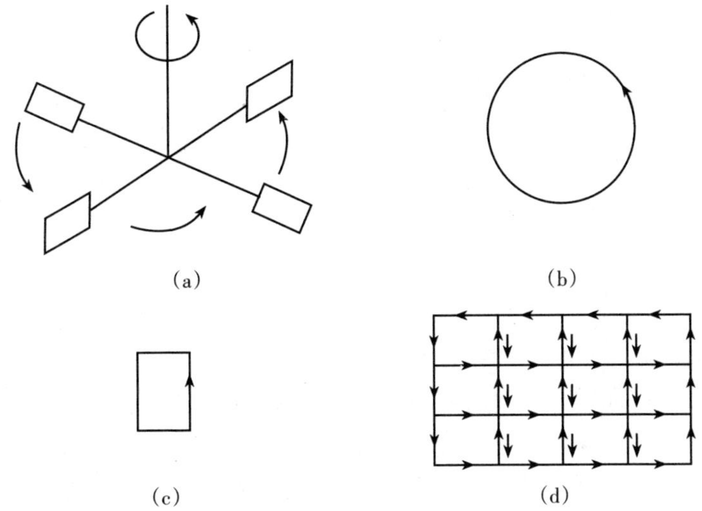

图3-13

解1 将水车理想化为一个圆环，如图3-13（b）所示。设水流场的数学表达式为

$$\boldsymbol{F}(x,\ y)=P(x,\ y)\boldsymbol{i}+Q(x,\ y)\boldsymbol{j}$$

则根据第二类线积分的定义，水车的转速应该正比于如下的线积分

$$\omega_1=c\oint_L P(x,\ y)\mathrm{d}x+Q(x,\ y)\mathrm{d}y$$

式中，ω_1代表水车的转速，c是比例常数。

解2 若上式不等于零，则所论的场非保守场（参见2.4.1节和2.4.2节），表示积分与路径有关，必然存在旋度。根据定义3.7，此时水流场的旋度为

$$\operatorname{curl}\boldsymbol{F}=\left(\frac{\partial Q}{\partial x}-\frac{\partial P}{\partial y}\right)\boldsymbol{k}$$

上式究竟如何理解？若设想每个水分子各是一个小陀螺，则上式表示，每个水分子小陀螺不但流动，且不停地逆时针方向定轴旋转，转速正比于

$|\mathrm{curl}\,\boldsymbol{F}|$，转轴垂直于$xOy$平面，与$z$轴同向（上式中的$\boldsymbol{k}$所代表的含义）。

为便于说清问题，将每个水分子小陀螺理想化为一个小矩形，如图3–13（c）所示。从图上显然可见，任何两个相邻的小矩形，其相邻边上的转动是相互抵消的，如图3–13（d）所示。照此，若将闭曲线L所围成的区域，记作S，其中全部的小矩形归并起来，则容易从图上看出，结果只剩下绕闭曲线L的旋转运动。显然，把区域S内全部小矩形的旋转运动归并起来的过程实际上就是积分的过程，也就是说，绕闭曲线L的旋转运动，即水车的转速

$$\omega_2 = c\oiint_S \left(\frac{\partial Q}{\partial x} - \frac{\partial P}{\partial y}\right)\mathrm{d}x\mathrm{d}y$$

式中，ω_2代表风车的转速，c是比例常数。

风车的转速是唯一的，必有$\omega_1=\omega_2$：

$$\oint_L P(x,\ y)\mathrm{d}x + Q(x,\ y)\mathrm{d}y = \oiint_S \left(\frac{\partial Q}{\partial x} - \frac{\partial P}{\partial y}\right)\mathrm{d}x\mathrm{d}y$$

上式得到的就是格林公式，但这并非证明，只在于说明格林公式的实际意思，并希注意下列两个问题。

第一，上文讲清楚了格林公式的实际意义。同理，可以讲清楚斯托克斯公式的实际意义。读者不妨一试，或有发现。

第二，再次强调，所有的数学等式全是同一客观事实的两种不同的数学表达。格林公式如此，斯托克斯公式如此，高斯公式也是如此。就上述三个等式而言，一边是边界事实的数学表达，另一边是边界内部事实的数学表达。由此也可看出，任何客观事物其边界与内部毫无例外地存在着有机联系。

当然，数学等式五彩纷呈，各种联系千变万化，不一而足。读者可以自己举些例子，一看端倪。

以上的所有论述都是源于探讨本节例3.14的两种解法，而例3.14的原型又是例3.13及例2.22。希望重温这些例子，获得对格林公式和斯托克斯公式真实的理解。

3.5 习 题

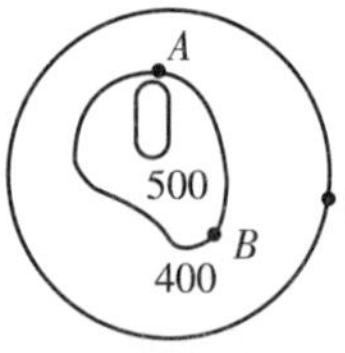

图3–14

1. 一座高山，其等高线如图3–14所示，并可用函数$h=f(x,\ y)$表示，式中h代表山的高度。试问$\mathrm{grad}\,h$的具体含义是什么？又图上所标明的三点，点A、B和C，哪一点处的梯度最大，哪一点最小？并说明理由。

2. 同上题，已知点B处的梯度等于10，从点B沿x轴方向移动1米，山的高度上升5米，试写出B点处梯度的数学表达式，又从点B沿y轴方向移动1米，山的高度上升多少？

3. 求下列函数的梯度：

（1） $f(x, y)=y+x^2y$；

（2） $f(x, y, z)=xy+yz+zx$；

（3） $f(x, y)=\frac{M}{\Gamma}$，$\Gamma=(x^2+y^2)^{\frac{1}{2}}$。

4. 已知函数$x+y+z-1=0$的图形是一个平面，如图3–15所示。试求函数$f(x, y, z)=x+y+z$的梯度，并绘图说明其几何意义。

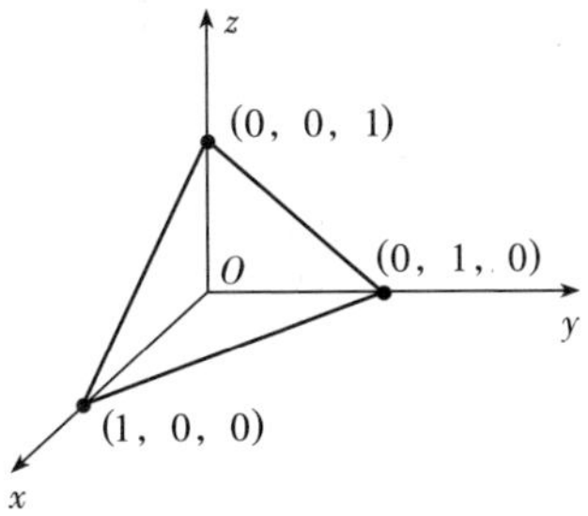

图3–15

5. 求函数$f(x, y, z)=x^2+y^2+z^2$的梯度，并说明其几何意义。

6. 设在一空间区域内每一点(x, y, z)的温度由函数

$$T=60-x-2y^2-z^2$$

给出，求此温度场的梯度场，并说明其物理意义。

7. 设函数$f_1(x, y, z)$，$f_2(x, y, z)$和$\boldsymbol{F}=P(x, y, z)\boldsymbol{i}+Q(x, y, z)\boldsymbol{j}+R(x, y, z)\boldsymbol{k}$俱存在连续的偏导数，试证明：

（1） $\mathrm{grad}(f_1+f_2)=\mathrm{grad}f_1+\mathrm{grad}f_2$；

（2） $\mathrm{grad}(f_1f_2)=f_1\cdot\mathrm{grad}f_2+f_2\cdot\mathrm{grad}f_1$；

（3） $\mathrm{grad}(f_1^2)=2f_1\cdot\mathrm{grad}f_1$；

（4） $\mathrm{curl}(\mathrm{grad}f_1)=\mathbf{0}$；

（5） $\mathrm{div}(f_1\boldsymbol{F})=f_1\cdot(\mathrm{div}\,\boldsymbol{F})+\mathrm{grad}f_1\cdot\boldsymbol{F}$；

（6） $\mathrm{curl}(f_1\boldsymbol{F})=f_1\cdot\mathrm{curl}\,\boldsymbol{F}+(\mathrm{grad}f_1)\times\boldsymbol{F}$。

8. 试用高斯公式计算曲面积分

$$I=\oiint_{\Omega}x^3\mathrm{d}y\mathrm{d}z+y^3\mathrm{d}z\mathrm{d}x+z^3\mathrm{d}x\mathrm{d}y$$

其中，Ω 是球面 $x^2+y^2+z^2=R^2$ 的外侧。

9. 有一喷泉，长和宽各为10米，高1米，泉内形成了水流的速度场

$$\boldsymbol{V}=x\boldsymbol{i}+y\boldsymbol{j}$$

如图3-16所示。试以此例验证高斯公式，并思考散度在这里的实际意义。

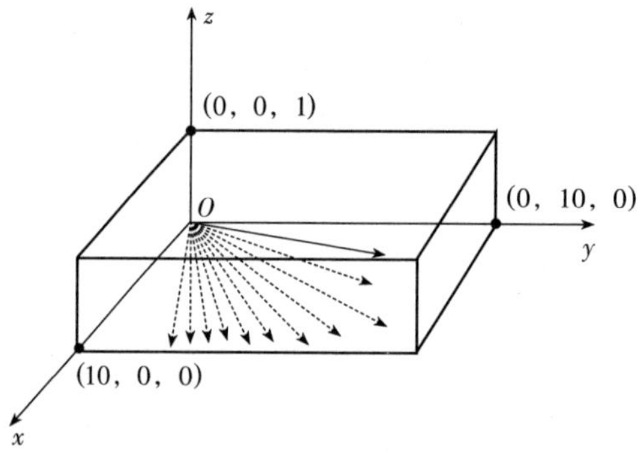

图3-16

10. 设上例中水流的速度场为

（1）$\boldsymbol{V}=y\boldsymbol{i}+x\boldsymbol{j}$；

（2）$\boldsymbol{V}=xy\boldsymbol{i}+xy\boldsymbol{j}$；

（3）$\boldsymbol{V}=x^2\boldsymbol{i}+y^2\boldsymbol{j}$。

试验证高斯公式，并思考散度的实际意义。

11. 设在球面 $x^2+y^2+z^2=R^2$ 区域内存在向量场

$$\boldsymbol{F}=x\boldsymbol{i}+y\boldsymbol{j}+z\boldsymbol{k}$$

试据此验证高斯公式。

12. 求向量场

$$\boldsymbol{F}=xy\boldsymbol{i}+yz\boldsymbol{j}+xz\boldsymbol{k}$$

向外穿过曲面 Ω 的通量，其中 Ω 是由平面 $x=1$，$y=1$ 和 $z=1$ 在第一卦限内切割出的立方体的表面。

13. 求向量场

$$\boldsymbol{F}=\frac{1}{r^3}(x\boldsymbol{i}+y\boldsymbol{j}+z\boldsymbol{k}),\ r=\left(x^2+y^2+z^2\right)^{\frac{1}{2}}$$

向外穿过曲面 Ω 的通量，其中 Ω 是区域 $r_1<r_1^2\leqslant x^2+y^2+z^2\leqslant r_2^2$ 的内外球面边界，并说明所得结果的实际意义。

14. 同上题，求向外穿出球面 $x^2+y^2+z^2=r^2$ 的通量，并将所得结果与上题比照。

15. 一个点电荷，均匀地向空间发射出Q条电力线，形成电场，如图3-17（a）所示。电场强度是个向量，其值与电力线密度成正比，为简化起见，在此设比例常数为1。现在为计算电荷所形成电场的散度，需要求电场强度的数学表达式。

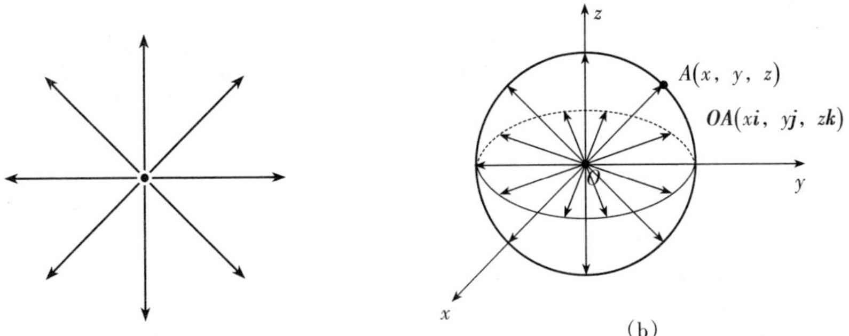

（a）　　（b）

图3-17

首先，设点电荷Q位于坐标原点，并在附近任选一点$A(x,\ y,\ z)$，不难看出，电场强度$\boldsymbol{E}$必与连线OA同向，将$\boldsymbol{OA}$视作向量，其表达式从图3-17（b）可见，为

$$\boldsymbol{OA}=x\boldsymbol{i}+y\boldsymbol{j}+z\boldsymbol{k}$$

据此，可取$\boldsymbol{E}=f(x,\ y,\ z)(x\boldsymbol{i}+y\boldsymbol{j}+z\boldsymbol{k})$，式中$f(x,\ y,\ z)$是个待定的数量函数。

其次，由点电荷发出的Q条电力线，是均匀地沿各个方向延伸至无穷远处（假设空间不存在负电荷）的。这就是说，包含点电荷即原点的任何闭曲面，都会从内向外穿出Q条电力线。圆球面最简单，记其方程为

$$x^2+y^2+z^2=R^2$$

从图3-17（b）直接可见，电力线与球面垂直，而其密度等于$E=f(x,\ y,\ z)\cdot(x^2+y^2+z^2)^{\frac{1}{2}}$，又球面的面积等于$4\pi R^2=4\pi(x^2+y^2+z^2)$。两者的乘积应等于$Q$，即

$$f(x,\ y,\ z)(x^2+y^2+z^2)^{\frac{1}{2}}\cdot 4\pi(x^2+y^2+z^2)=Q$$

由此，得待定函数

$$f(x,\ y,\ z)=\frac{Q}{4\pi(x^2+y^2+z^2)^{\frac{3}{2}}}$$

将此式的结果代入上段中$\boldsymbol{E}$的表达式，则得

$$\boldsymbol{E}=\frac{Q(x\boldsymbol{i}+y\boldsymbol{j}+z\boldsymbol{k})}{4\pi(x^2+y^2+z^2)^{\frac{3}{2}}}$$

读者可能已经看出，上式同质点 M 所形成的引力场在本质上完全是一样的。这也是此类向量场经常被引用的原因，如习题13和14。

留下的问题是：

（1）证明点电荷所形成的静电场其电场强度的散度等于零，并说明实际原因；

（2）在一水池内，有一点状喷泉，稳定地向外喷出泉水，均匀地向水池的各方流去，然后流出池外。试求流水的速度场的表达式。

16. 有一正方形框架，含六个面 S_1，S_2，…，S_6，如图3–18所示。在其受下力的作用时：

（1） $\boldsymbol{F}=x\boldsymbol{i}$；　（2） $\boldsymbol{F}=y\boldsymbol{j}$；　（3） $\boldsymbol{F}=z\boldsymbol{k}$，

此框架有无旋转运动（只考虑旋转，不考虑移动）？

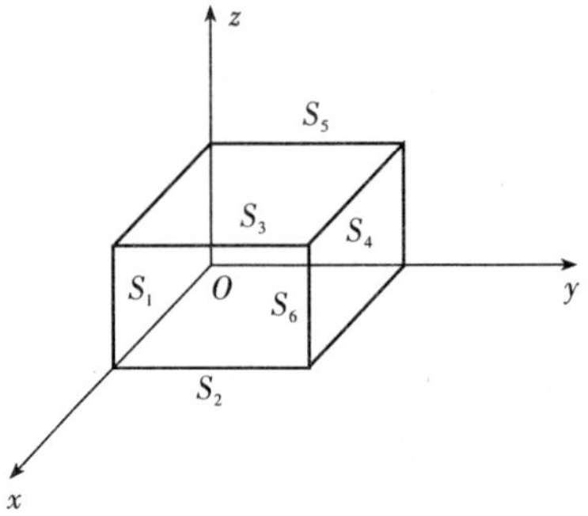

图3–18

17. 同上题，受力的情况为：

（1） $\boldsymbol{F}=y\boldsymbol{i}$；　（2） $\boldsymbol{F}=z\boldsymbol{i}$；

（3） $\boldsymbol{F}=x\boldsymbol{j}$；　（4） $\boldsymbol{F}=z\boldsymbol{j}$；

（5） $\boldsymbol{F}=x\boldsymbol{k}$；　（6） $\boldsymbol{F}=y\boldsymbol{k}$

此框架有无旋转运动？如有，则希指明是绕什么轴，顺时针还是逆时针。

18. 根据以上两题的结论，审视旋度的定义，看它是否反映了实际情况。

19. 试就图3–18所示的正方形框架，受力

（1） $\boldsymbol{F}_1=2y\boldsymbol{k}-z\boldsymbol{j}$；

（2） $\boldsymbol{F}_2=3z\boldsymbol{i}-x\boldsymbol{k}$；

（3） $\boldsymbol{F}_3=2x\boldsymbol{j}-y\boldsymbol{i}$

所产生的旋转运动，对比旋度的定义，观察力 $\boldsymbol{F}_1$，$\boldsymbol{F}_2$ 和 $\boldsymbol{F}_3$ 分别起到的作用。

20. 旋度又可定义为：设向量场

$$\boldsymbol{F}=P(x,\ y,\ z)\boldsymbol{i}+Q(x,\ y,\ z)\boldsymbol{j}+R(x,\ y,\ z)\boldsymbol{k}$$

则其旋度

$$\operatorname{curl}\boldsymbol{F}=\begin{vmatrix}\boldsymbol{i} & \boldsymbol{j} & \boldsymbol{k}\\ \dfrac{\partial}{\partial x} & \dfrac{\partial}{\partial y} & \dfrac{\partial}{\partial z}\\ P & Q & R\end{vmatrix}$$

试验证与定义3.7中旋度的一致性。

21. 在向量场 $\boldsymbol{F}=P(x,\ y)\boldsymbol{i}+Q(x,\ y)\boldsymbol{j}$ 中，存在一矩形条框，其边 L_1 和 L_3 与 y 轴平行，边 L_2 和 L_4 与 x 轴平行，如图3–19所示。试据此在形式上推证格林公式。（提示：将 $\boldsymbol{F}$ 视作力，则 $\boldsymbol{F}$ 推动条框四条边做的功对应于格林公式中的闭环路积分 $\oint_L$，$\boldsymbol{F}$ 在条框围成的区域 D 中形成的旋度产生的作用对应于面积分 $\iint_D$）

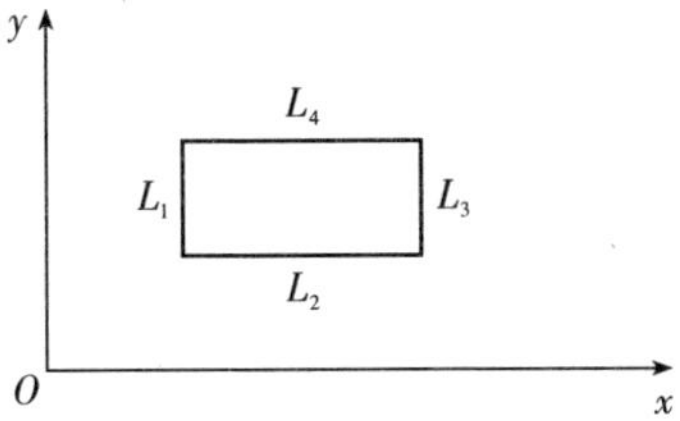

图3–19

22. 仿上题，参考图3–18，在形式上推证斯托克斯公式。

23. 证明向量场

$$\boldsymbol{F}=\frac{Q(x\boldsymbol{i}+y\boldsymbol{j}+z\boldsymbol{k})}{4\pi(x^2+y^2+z^2)^{\frac{3}{2}}}$$

的旋度 $\operatorname{curl}\boldsymbol{F}=\boldsymbol{0}$，式中 Q 为常数，并参见习题15说明 $\operatorname{curl}\boldsymbol{F}=\boldsymbol{0}$ 的原因。

24. 求下列向量场的旋度：

（1）$\boldsymbol{F}(x,\ y,\ z)=xy\boldsymbol{i}-zy^2\boldsymbol{j}+yz\boldsymbol{k}$；

（2）$\boldsymbol{F}(x,\ y,\ z)=x^2\boldsymbol{i}+xy\boldsymbol{j}+z^2\boldsymbol{k}$；

（3）$\boldsymbol{F}(x,\ y,\ z)=\sin y\boldsymbol{i}+\cos x\boldsymbol{j}+xyz\boldsymbol{k}$；

（4）$\boldsymbol{F}(x,\ y,\ z)=\mathrm{e}^x\boldsymbol{i}+\mathrm{e}^y\sin x\boldsymbol{j}+x\boldsymbol{k}$；

（5）$\boldsymbol{F}(x,\ y,\ z)=(y+z)\boldsymbol{i}+(x+z)\boldsymbol{j}+(x+y)\boldsymbol{k}$。

25. 设函数 $f(x, y, z)$ 表示一数量场，函数 $\boldsymbol{F}(x, y, z)$ 表示一向量场，请回答下列各式哪些表示的是数量场，哪些是向量场，哪些没有意义。

（1） $\mathrm{div} f$;　　　　（2） $\mathrm{grad} f$;

（3） $\mathrm{curl}\, \boldsymbol{F}$;　　　　（4） $\mathrm{div}(\mathrm{grad} f)$;

（5） $\mathrm{curl}(\mathrm{grad} f)$;　　　　（6） $\mathrm{grad}(\mathrm{div}\, \boldsymbol{F})$;

（7） $\mathrm{curl}(\mathrm{curl}\, \boldsymbol{F})$;　　　　（8） $\mathrm{div}(\mathrm{div}\, \boldsymbol{F})$;

（9） $\mathrm{curl} f$;　　　　（10） $\mathrm{grad}\, \boldsymbol{F}$;

（11） $\mathrm{div}(\mathrm{curl}\, \boldsymbol{F})$;　　　　（12） $\mathrm{grad}(\mathrm{curl}\, \boldsymbol{F})$。

第4章　线性方程组

线性方程组的内容在中学教材里就有，大家并不陌生。需要说明的是，它永远是数学的一个最基本而且重要的概念，不可小觑，另外，其表达式虽然简单，但内涵却十分丰富。

4.1　线性方程

线性方程也称一次方程，即未知量的次数为1的方程，如

$$2x=6,\quad 3x+4y+12=0$$

根据未知量的个数，上列两个方程又分别称为一元方程和二元方程。当然，还存在三元或更多元的方程，其解法是人所共知的，无须赘言。

4.1.1　定　义

由一次方程构成的方程组，称为线性方程组。

例如

$$\begin{cases}2x_1+x_2=5\\3x_1+2x_2=8\end{cases},\quad \begin{cases}x_1+x_2+x_3=4\\x_1-2x_2+3x_3=3\end{cases},\quad \begin{cases}x_1+2x_2=2\\2x_1-x_2=3\\4x_1+x_2=4\end{cases} \tag{4-1}$$

经过观察，不难看出，上列方程组共有三种情况。若用m代表方程的个数，n代表未知元或变量的个数，则上列方程组依次属于$m=n$，$m<n$和$m>n$，而不论属于哪种情况，都存在如下的共性。

4.1.2　表达式与解

若引入矩阵，则可将线性方程组表达成最简便的矩阵形式

$$\boldsymbol{AX}=\boldsymbol{b} \tag{4-2}$$

其中，$\boldsymbol{A}$是$m\times n$矩阵，$\boldsymbol{X}$是n维向量，$\boldsymbol{b}$是m维向量。就上列三个方程组中的第一个而言，同式（4-2）比较，有

$$A=\begin{bmatrix}2&1\\3&2\end{bmatrix},\ X=\begin{bmatrix}x_1\\x_2\end{bmatrix},\ b=\begin{bmatrix}5\\8\end{bmatrix} \tag{4-3}$$

其余的两个方程组的矩阵表达式留给读者，当作练习。

上面讲述了线性方程组常用表达式（4-1）和矩阵表达式（4-2），现在将介绍另一种表达式，可称为列向量表达式。例如，式（4-1）中的头一个方程组可写成

$$x_1\begin{bmatrix}2\\3\end{bmatrix}+x_2\begin{bmatrix}1\\2\end{bmatrix}=\begin{bmatrix}5\\8\end{bmatrix} \tag{4-4}$$

读者不妨将其余两个方程组的列向量表达式一一写出，看会产生什么联想。

仔细观察式（4-4），不难发现其中有三个列向量

$$b_1=\begin{bmatrix}2\\3\end{bmatrix},\ b_2=\begin{bmatrix}1\\2\end{bmatrix},\ b_3=\begin{bmatrix}5\\8\end{bmatrix} \tag{4-5}$$

和两个未知量x_1，x_2。经过思考，大家就可能产生联想：式（4-4）所表示的是不是用两个列向量$\boldsymbol{b}_1$和$\boldsymbol{b}_2$来合成列向量$\boldsymbol{b}_3$？答案是肯定的，而求解方程组（4-3）就是计算当用向量$\boldsymbol{b}_1$和$\boldsymbol{b}_2$来合成向量$\boldsymbol{b}_3$时相应的比例系数x_1和x_2。这能不能做到呢？就是说，用向量$\boldsymbol{b}_1$和$\boldsymbol{b}_2$一定能合成向量$\boldsymbol{b}_3$吗？存在两种情况，有时候能，而有时候不能。而下面的定理正好回答了我们的问题。

定理4.1 方程组（4-2）有解的充要条件是其系数矩阵$\boldsymbol{A}$与增广矩阵$[\boldsymbol{A}\ \ \boldsymbol{b}]$有相同的秩。

这个定理的证明在此就不引述了，但从下面的例子不难窥见其含义和正确性。就方程（4-4）而论，其系数矩阵$\boldsymbol{A}$和增广矩阵$[\boldsymbol{A}\ \ \boldsymbol{b}]$分别为

$$A=\begin{bmatrix}2&1\\3&2\end{bmatrix}\quad [A\ \ b]=\begin{bmatrix}2&1&5\\3&2&8\end{bmatrix}$$

显然，两者的秩相等，都是2。因此方程组有解，其解为$x_1=2$，$x_2=1$。

需要指出，上述定理只是回答了解的存在性问题，而未能解决解的唯一性问题。为加深印象，先来看一个例子。

例4.1 试求解下列方程组

$$\begin{cases}x_1+2x_2=3\\2x_1+4x_2=6\end{cases} \tag{4-6}$$

解 容易看出，此方程组满足定理4.1的条件，因此有解。同样容易看出，解不是唯一的，像$x_1=0$，$x_2=\dfrac{3}{2}$；$x_1=1$，$x_2=1$都是解。实际上它有无穷多个解。读者不妨自己判断一下。

为了彻底讲清楚上述问题，以下分三种情况进行。

4.2　三种情况

4.2.1　$m=n$

这时方程与变量的个数相同，存在如下的定理。

定理4.2　若行列式 $D[A]\neq 0$，则方程组有唯一解。

顺便说一下，矩阵$\boldsymbol{A}$的行列式不等于零，矩阵$\boldsymbol{A}$是非奇异的，矩阵$\boldsymbol{A}$为满秩的，三种说法意义相同，用哪一种都可以。

例4.2　方程组

$$\begin{cases}3x_1+x_2=7\\x_1-x_2=1\end{cases}\tag{4-7}$$

的系数行列式

$$D[\boldsymbol{A}]=\begin{vmatrix}3 & 1\\1 & -1\end{vmatrix}=-4$$

不等于零，有唯一解，其解为

$$x_1=2,\ x_2=1$$

需要指出，定理4.2的逆定理也是成立的：若方程组有唯一解，则行列式$D[\boldsymbol{A}]\neq 0$。因此存在如下更全面的结论。

定理4.3　方程组

$$\boldsymbol{AX}=\boldsymbol{b}\tag{4-8}$$

有唯一解的充要条件是其行列式 $D[\boldsymbol{A}]\neq 0$。

应该说明，这里有个特殊情况，即 $D[\boldsymbol{A}]=0$ 的时候。此时方程组是否有解？读者须知：只要满足定理4.1的条件，方程组一定有解；而根据定理4.3，在此情况下，方程组的解必然是非唯一的。为加深印象，请看上面的例4.2。

例4.3　求解下列方程组

$$\begin{cases}x_1+x_2+2x_3=5\\2x_1-x_2-2x_3=1\\3x_1+2x_2+4x_3=12\end{cases}\tag{4-9}$$

解　不难判定，此时的系数矩阵$\boldsymbol{A}$与增广矩阵$[\boldsymbol{A}\ \ \boldsymbol{b}]$的秩都是2，两者相等，因此有解。但是，矩阵$\boldsymbol{A}$并非满秩，相应的行列式

$$D[\boldsymbol{A}]=\begin{vmatrix}1 & 1 & 2\\2 & -1 & -2\\3 & 2 & 4\end{vmatrix}=0\tag{4-10}$$

所以，解是非唯一的。

为便于理解在此情况下解的非唯一性，下面从两种角度来加以分析。首先，将方程组（4–9）改写成列向量表达式

$$\begin{bmatrix}1\\2\\3\end{bmatrix}x_1+\begin{bmatrix}1\\-1\\2\end{bmatrix}x_2+\begin{bmatrix}2\\-2\\4\end{bmatrix}x_3=\begin{bmatrix}5\\1\\12\end{bmatrix} \tag{4–11}$$

上式表明，求解方程组（4–11）就是要用下列的四个列向量中的前三个$\boldsymbol{b}_1$、$\boldsymbol{b}_2$和$\boldsymbol{b}_3$去合成$\boldsymbol{b}_4$：

$$\boldsymbol{b}_1=\begin{bmatrix}1\\2\\3\end{bmatrix},\ \boldsymbol{b}_2=\begin{bmatrix}1\\-1\\2\end{bmatrix},\ \boldsymbol{b}_3=\begin{bmatrix}2\\-2\\4\end{bmatrix},\ \boldsymbol{b}_4=\begin{bmatrix}5\\1\\12\end{bmatrix}$$

前面讲过，增广矩阵的秩为2，所以上列四个列向量是线性相关的，也就是只有两个是独立的列向量，比如$\boldsymbol{b}_1$和$\boldsymbol{b}_2$就是。因此，仅用这两者便能合成$\boldsymbol{b}_4$，即

$$2\begin{bmatrix}1\\2\\3\end{bmatrix}+3\begin{bmatrix}1\\-1\\2\end{bmatrix}=\begin{bmatrix}5\\1\\12\end{bmatrix}$$

此时，方程组的解为

$$x_1=2,\ x_2=3,\ x_3=0$$

再者，$\boldsymbol{b}_1$和$\boldsymbol{b}_3$是独立的。因此又有

$$2\begin{bmatrix}1\\2\\3\end{bmatrix}+\frac{3}{2}\begin{bmatrix}2\\-2\\4\end{bmatrix}=\begin{bmatrix}5\\1\\12\end{bmatrix}$$

此时，方程组的解为

$$x_1=2,\ x_2=0,\ x_3=\frac{3}{2}$$

上面已经得到了方程组的两个解。如果将$\boldsymbol{b}_1$，$\boldsymbol{b}_2$，$\boldsymbol{b}_3$同时使用，那便会得到无穷多个解。略加思索就能发现，先设定x_2为任意值，方程组都有解。先设定x_3为任意值也是一样。但在此例中，x_1的值是不能任意设定的，原因何在，请读者考虑。实际上，存在这样的方程组，其中任一变量乃至多个变量都可任意设定，而它仍然有解。

现在从另外一个角度再来分析同样的问题。已知增广矩阵

$$[\boldsymbol{A}\quad \boldsymbol{b}]=\begin{bmatrix}1&1&2&5\\2&-1&-2&1\\3&2&4&12\end{bmatrix}$$

的秩为2，这表明其中的三个行矩阵

$$\boldsymbol{a}_1=[1\ \ 1\ \ 2\ \ 5],\ \boldsymbol{a}_2=[2\ \ -1\ \ -2\ \ 1],\ \boldsymbol{a}_3=[3\ \ 2\ \ 4\ \ 12]$$

只有两个是独立的。或者说，在方程组（4–9）中的三个方程只有两个是独立的。例如，用 $\frac{7}{3}$ 和 $\frac{1}{3}$ 分别乘其中的第一和第二方程，然后相加减去第三方程，最后只剩下头两个方程

$$\begin{cases}x_1+x_2+2x_3=5\\2x_1-x_2-2x_3=1\end{cases}\tag{4–12}$$

由此看到，两个方程含有三个变量，显然其解不唯一。这正是在下一节还要着重论述的。

4.2.2　$m<n$

这时方程数少于变量的个数，如上节中方程组（4–12）就属于这种情况。再简单一点，方程

$$x_1+x_2=4\tag{4–13}$$

也属于这种情况。显然，它们的解是无穷的。在这无穷多的解中，有一个解很重要，称为最小范数解，含意如下。

定义 4.1　设有方程组

$$\boldsymbol{AX}=\boldsymbol{b}\tag{4–14}$$

其中，$\boldsymbol{A}$ 是 $m\times n$ 矩阵，$\boldsymbol{X}$ 和 $\boldsymbol{b}$ 分别为 n 维和 m 维向量，且 $m<n$。称既满足方程组而 $\sum_1^n x_i^2$ 又最小的解为方程组的最小范数解。

最小范数解有重要的实际意思。就方程（4–13）而言，如果 x_1 和 x_2 代表电流值的话，则其最小范数解是能耗最小的解；如果 x_1 和 x_2 代表坐标量的话，则最小范数解是距坐标原点最近的解。

读者不难看出，求方程组（4–14）的最小范数解实际就是求 n 元函数

$$f(x_1,\ x_2,\ \cdots,\ x_n)=x_1^2+x_2^2+\cdots+x_n^2$$

在满足条件（4–14）的情况下的条件极值。这有两种解法，一是代入法，一是拉格朗日乘子法。

情况简单，宜用代入法。例如，求方程（4–13）的最小范数解就可从方程（4–13）解出

$$x_2=4-x_1$$

代入函数 $f(x_1,\ x_2)$ 中，由此得

$$f(x_1,\ x_2)=x_1^2+(4-x_1)^2$$

再求极值便可知

$$x_1=2,\ x_2=2$$

是方程（4–13）的最小范数解。

情况复杂，代入法不方便，宜用拉格朗日法。具体地说，求方程（4–14）的最小范数解代换为求下面函数

$$F(\boldsymbol{X},\ \boldsymbol{\lambda})=\boldsymbol{X}^{\mathrm{T}}\boldsymbol{X}+\boldsymbol{\lambda}(\boldsymbol{A}\boldsymbol{X}-\boldsymbol{b})$$

的极小值。其中，$\boldsymbol{\lambda}$ 是个 m 维行向量，称为拉格朗日乘子。对此，存在如下的定理。

定理4.4 若方程（4–14）中矩阵 $\boldsymbol{A}$ 的秩等于 m，则方程有无穷多个解，其最小范数解

$$\boldsymbol{X}=\boldsymbol{A}^{\mathrm{T}}(\boldsymbol{A}\boldsymbol{A}^{T})^{-1}\boldsymbol{b} \tag{4–15}$$

定理的证明将在附录C中给出。至于上式的应用请看下面的例子。

例4.4 求方程组

$$\begin{cases}x_1+x_2+x_3=4\\2x_1-x_2+2x_3=2\end{cases} \tag{4–16}$$

的最小范数解。

解 将方程组（4–16）写成矩阵表达式

$$\begin{bmatrix}1&1&1\\2&-1&2\end{bmatrix}\begin{bmatrix}x_1\\x_2\\x_3\end{bmatrix}=\begin{bmatrix}4\\2\end{bmatrix}$$

可见其系数矩阵的秩与方程的个数相同，都是2，满足上述定理的条件。因此，其最小范数解根据式（4–15）为

$$\begin{aligned}\begin{bmatrix}x_1\\x_2\\x_3\end{bmatrix}&=\begin{bmatrix}1&2\\1&-1\\1&2\end{bmatrix}\left(\begin{bmatrix}1&1&1\\2&-1&2\end{bmatrix}\begin{bmatrix}1&2\\1&-1\\1&2\end{bmatrix}\right)^{-1}\begin{bmatrix}4\\2\end{bmatrix}\\&=\begin{bmatrix}1&2\\1&-1\\1&2\end{bmatrix}\begin{bmatrix}3&3\\3&9\end{bmatrix}^{-1}\begin{bmatrix}4\\2\end{bmatrix}\\&=\frac{1}{6}\begin{bmatrix}1&1\\4&-2\\1&1\end{bmatrix}\begin{bmatrix}4\\2\end{bmatrix}\\&=\begin{bmatrix}1\\2\\1\end{bmatrix}\end{aligned}$$

看到这个答案，首先问一下，它是否合理？借此培养自己的判断能力，也就是判断一个说法或者命题是或非的能力。拿本例来说，答案为

$$x_1^2+x_2^2+x_3^2=1^2+2^2+1^2=6$$

还有没有更好的答案？单就方程组（4-16）的第一个方程

$$x_1+x_2+x_3=4$$

而论，最好的答案是3个变量相等 $x_1=x_2=x_3=\frac{4}{3}$，这时

$$x_1^2+x_2^2+x_3^2=3\times\left(\frac{4}{3}\right)^2$$

$$=5\frac{1}{3}$$

它比6小一些，但将此解代入方程组（4-16）的第二个方程时，得到

$$4=2$$

这表明它不是方程组的解。因此，所求出的最小范数解有可能是对的。进一步，设 $x_1=0$，得到方程（4-16）的解为

$$x_1=0，x_2=2，x_3=2$$

其范数为

$$x_1^2+x_2^2+x_3^2=8$$

此数大于6。至此，可以判定：所求出的最小范数解基本上是对的。为什么说基本上是对的而不是完全对？因为，这样的判断主要在于看是否有矛盾，一有矛盾，答案就被否定了。越找不出矛盾，只能说明答案越来越合理而已。但就本例而言，是能作出准确判断的，请看下面的论述。

第一，方程组（4-16）共有两个方程，其中每一个方程，就几何意义来说，都各自代表三维空间中的一个平面。求方程组的解就是求两个平面的交线。交线上任何一个点的坐标都是方程组的解。

第二，最小范数解就是交线上距原点最近的点的坐标，简称该点为最小范数点。不难知道，最小范数点与原点的连线必然同上述交线相互垂直。

第三，利用上述两直线相互垂直的特性就能准确判断最小范数解。具体做法如下：

首先，在交线上选择两个比较特殊的点，即其坐标比较容易计算的点。在本例中，一是最小范数点[1　2　1]，另一是设定 $x_1=0$ 的点[0　2　2]。过两点相连而成的直线就是交线。这里不会利用交线的方程，但其方向数是必要的。将上述两点的坐标相减，即

$$[1\ \ 2\ \ 1]-[0\ \ 2\ \ 2]=[1\ \ 0\ \ -1]$$

就是交线的方向数。

其次，计算将原点[0 0 0]与最小范数点[1 2 1]相连而成的直线的方向数，它自然就是

$$[1\ \ 2\ \ 1]-[0\ \ 0\ \ 0]=[1\ \ 2\ \ 1]$$

最后，判定已有的两条直线，一条是交线，一条是原点与最小范数点的连线，两者是否相互垂直。为此，将两条直线的方向数分别视作两个向量，即

$$\boldsymbol{V}_1=[1\ \ 0\ \ -1],\ \boldsymbol{V}_2=[1\ \ 2\ \ 1]$$

然后求两者的数量积

$$\begin{aligned}\boldsymbol{V}_1\cdot\boldsymbol{V}_2&=[1\ \ 0\ \ -1]\cdot[1\ \ 2\ \ 1]\\&=0\end{aligned}$$

据此可以判定，两条直线相互垂直，而所求的最小范数解[1 2 1]是对的。

读者可能已经想到，用上述方法便能直接求出最小范数解，而无须公式(4-15)。这是个值得一试的练习，留给读者。

上面提到，要培养自己的判断力。另外，希望我们同时养成“学而存疑”的习惯，即培养自己的反问力。举例来说，定理4.4中有个条件：若矩阵$\boldsymbol{A}$的秩等于m。读到这里就应该反问一下，它是必要条件，充分条件，还是充要条件？起什么作用？答案是，它是充分条件，保证方程组有最小范数解。为什么不是必要条件，请读者自己思考。顺便说一下，凡是用“若”字引出的条件，一般都是充分条件。

在结束本节之前，还有一个特殊情况

$$\boldsymbol{AX}=\boldsymbol{0} \tag{4-17}$$

即方程组的常数项b为零的情况，它用途广泛，又常被忽视，因此必须研究。

例4.5 求解下列方程组

$$\begin{bmatrix}a_1\\a_2\end{bmatrix}x_1+\begin{bmatrix}b_1\\b_2\end{bmatrix}x_2+\begin{bmatrix}c_1\\c_2\end{bmatrix}x_3=\boldsymbol{0} \tag{4-18}$$

其中a_i，b_i，$c_i(i=1，2)$都是常数。

解 此方程组不一定满足定理4.4的条件，但存在最小范数解，极简单，它就是原点的坐标[0 0 0]。既然如此，还有什么值得研究？看过以下的论述，疑问自己就消失了。

现在来求解方程（4-18），为了消去x_2，用行向量$[b_2\ \ -b_1]$乘方程两边，得

$$(a_1b_2-a_2b_1)x_1+(b_2c_1-b_1c_2)x_3=0 \tag{4-19}$$

由上式又有

$$\frac{x_1}{b_1c_2-b_2c_1}=\frac{x_3}{a_1b_2-a_2b_1} \tag{4-20}$$

为了消去 x_3，用行向量 $[c_2 \quad -c_1]$ 乘方程两边，得

$$(a_1c_2-a_2c_1)x_1+(b_1c_2-b_2c_1)x_2=0 \tag{4-21}$$

由上式又有

$$\frac{x_1}{b_1c_2-b_2c_1}=\frac{x_2}{a_2c_1-a_1c_2} \tag{4-22}$$

将式（4-20）和式（4-22）合并，便出现如下的等式，即方程（4-18）的解：

$$\frac{x_1}{b_1c_2-b_2c_1}=\frac{x_2}{a_2c_1-a_1c_2}=\frac{x_3}{a_1b_2-a_2b_1} \tag{4-23}$$

引用行列式，又可得出此解的另一表达式：

$$\frac{x_1}{\begin{vmatrix} b_1 & c_1 \\ b_2 & c_2 \end{vmatrix}}=\frac{x_2}{\begin{vmatrix} c_1 & a_1 \\ c_2 & a_2 \end{vmatrix}}=\frac{x_3}{\begin{vmatrix} a_1 & b_1 \\ a_2 & b_2 \end{vmatrix}} \tag{4-24}$$

引用参数 t，又可得出此解的第三个表达式：

$$\begin{cases} x_1=(b_1c_2-b_2c_1)t \\ x_2=(a_2c_1-a_1c_2)t \\ x_3=(a_1b_2-a_2b_1)t \end{cases} \tag{4-25}$$

不难看出，随着参数 t 的变化，上式的轨迹是一条直线，也就是方程（4-18）中两个方程所代表的两个平面的交线，而其方向数正是式（4-25）中参数 t 的三个系数 $(b_1c_2-b_2c_1)$，$(a_2c_1-a_1c_2)$，$(a_1b_2-a_2b_1)$。

方程（4-18）已经解出来了，解的三种表达式也逐一推导出来了，似乎该到此为止了。其实绝非如此，还有两个问题必须交代。

1. 将方程组（4-18）中的系数同其解式（4-24）中分母上的行列式两相对比，便会发现其间存在固有的联系。具体地说，方程组的两个系数向量

$$\boldsymbol{A}=[a_1 \quad b_1 \quad c_1],\ \boldsymbol{B}=[a_2 \quad b_2 \quad c_2] \tag{4-26}$$

与其解中的三个行列式

$$\begin{vmatrix} b_1 & c_1 \\ b_2 & c_2 \end{vmatrix},\ \begin{vmatrix} c_1 & a_1 \\ c_2 & a_2 \end{vmatrix},\ \begin{vmatrix} a_1 & b_1 \\ a_2 & b_2 \end{vmatrix} \tag{4-27}$$

在学习向量积时不但见过，而且用过。现在，就来回忆一下有关向量积的一些基本知识。

向量 $\boldsymbol{A}=[a_1 \quad b_1 \quad c_1]$ 同向量 $\boldsymbol{B}=[a_2 \quad b_2 \quad c_2]$ 的向量积是一个新向量 $\boldsymbol{C}$，其表达式为

$$\boldsymbol{C}=\begin{vmatrix} b_1 & c_1 \\ b_2 & c_2 \end{vmatrix}\boldsymbol{i}+\begin{vmatrix} c_1 & a_1 \\ c_2 & a_2 \end{vmatrix}\boldsymbol{j}+\begin{vmatrix} a_1 & b_1 \\ a_2 & b_2 \end{vmatrix}\boldsymbol{k} \tag{4-28}$$

可见，上式同式（4-27）是一致的。因此，求解方程组（4-18）的问题与求它的两个系数向量**A**，**B**的向量积**C**的问题是完全等同的。此外，由于向量**C**既与向量**A**垂直，又与向量**B**垂直，据此还可用来判断解的正确性。真正的解视作向量必定同向量**A**或向量**B**的数量积为零，否则就是错误的。下面再给出两个等式

$$\begin{vmatrix} a_1 & b_1 & c_1 \\ a_1 & b_1 & c_1 \\ a_2 & b_2 & c_2 \end{vmatrix}=0, \quad \begin{vmatrix} a_2 & b_2 & c_2 \\ a_1 & b_1 & c_1 \\ a_2 & b_2 & c_2 \end{vmatrix}=0$$

希望读者联系上文，进行思考。

2. 在引进方程组（4-18）时，往往限定其中的系数是常数。不过，在求解的过程中容易发现，这种限定常可取消，照样能够套用其解的表达式，得到所需要的结果，而且简单快捷。现举例说明如下。

给定如下两个方程

$$F(x,\ y,\ z)=0$$

$$G(x,\ y,\ z)=0$$

其几何图形分别为光滑曲面$\sum_1$和$\sum_2$。两者相交，交线记为L，M（x_0，y_0，z_0）是交线L上的一点。要求依此写出交线在点M（x_0，y_0，z_0）处的切线方程和法平面方程。

将多元函数微分法用于空间解析几何，已经得知曲面$\sum_1$和$\sum_2$在点$M(x_0,\ y_0,\ z_0)$的切平面方程分别是

$$F_x'(x-x_0)+F_y'(y-y_0)+F_z'(z-z_0)=0 \tag{4-29}$$

和

$$G_x'(x-x_0)+G_y'(y-y_0)+G_z'(z-z_0)=0 \tag{4-30}$$

将上列两式联立起来和方程组（4-18）对比，可见它们在形式上完全一样。因此，借用方程组（4-18）的解式（4-24）直接写出将上列两方程联立后的解为

$$\frac{x-x_0}{\begin{vmatrix} F_y' & F_z' \\ G_y' & G_z' \end{vmatrix}}=\frac{y-y_0}{\begin{vmatrix} F_z' & F_x' \\ G_z' & G_x' \end{vmatrix}}=\frac{z-z_0}{\begin{vmatrix} F_x' & F_y' \\ G_x' & G_y' \end{vmatrix}} \tag{4-31}$$

式（4-31）代表一条直线，是由方程（4-29）和方程（4-30）所各自代表的两个切平面的交线，所以它正是曲线L在点$M(x_0,\ y_0,\ z_0)$处的切线方程。显然，过点$M(x_0,\ y_0,\ z_0)$且同此切线垂直的法平面的方程为

$$\begin{vmatrix} F_y' & F_z' \\ G_y' & G_z' \end{vmatrix}(x-x_0)+\begin{vmatrix} F_z' & F_x' \\ G_z' & G_x' \end{vmatrix}(y-y_0)+\begin{vmatrix} F_x' & F_y' \\ G_x' & G_y' \end{vmatrix}(z-z_0)=0 \qquad (4-32)$$

不言而喻，以上所有的偏导数都在点$M(x_0, y_0, z_0)$处取值。

4.2.3 $m>n$

此时方程数多于变量的个数，迄今为止，这种情况尚未见过，特举例如下。试求解方程组

$$\begin{cases} x=300 \\ x=310 \end{cases} \qquad (4-33)$$

乍一看来，觉得奇怪，一个变量，两个方程，既然x已经等于300，为何又变成了310？严格地说，纯数学不会产生这样的方程组，但实际中却会，为了解决实际问题，就必须面对并克服诸如此类的困难。

设有甲乙两人，同时测量一座山峰的高度h。甲的结果是$h=300$米，乙是$h=310$米。如此一来，方程组（4–33）就产生了。结果不一致，再请一位技术更精的人丙来测量？仔细一想就会明白，困难依然存在，可能更复杂了。因此，凡是遇到实际中的新问题，必须扫除陈规，创新理论，方能走出一条新路。

现在，再来处理方程组（4–33）的问题。结合实际并根据测量结果，山峰的高度似应高于300米，低于310米，一般以为，设定其高度等于两者的平均值较为合理，即

$$h=\frac{300+310}{2}$$
$$=305$$

读者可能会问，这样设定的合理性在哪？答案是：误差可能最小。此话如何理解？一种观点认为，305比300大5，正误差为5，305比310小5，负误差为5，两项误差之和等于零，所以正确。这种观点确实有理，但误差有正有负，计算困难。另一种观点是对上述的改进，它将误差平方后求和，再取最小值。困难迎刃而解，因此得到广泛的应用。现举例如下。

例4.6 求解方程组

$$\begin{cases} x_1=2 \\ x_2=5 \\ x_1+x_2=6 \end{cases} \qquad (4-34)$$

解 设真正的解就是x_1和x_2，并用E代表误差的平方和，即

$$E=(x_1-2)^2+(x_2-5)^2+(x_1+x_2-6)^2 \qquad (4-35)$$

为求最小值，分别计算上式对 x_1 和 x_2 的偏导数，得

$$\frac{\partial E}{\partial x_1}=2(x_1-2)+2(x_1+x_2-6) \tag{4-36}$$

$$\frac{\partial E}{\partial x_2}=2(x_2-5)+2(x_1+x_2-6) \tag{4-37}$$

令以上两个偏导数等于零，并联立求解，得

$$x_1=\frac{5}{3},\ x_2=\frac{14}{3}$$

不难验证，它们是E的极值点，也就是方程组（4–34）的解。

综上所述，读者可能已经看出，对于变量少于方程个数的情况，定理4.1不能满足，方程组根本无解。但为了解决实际问题又必须求解，于是只好先定下一个准则，符合准则的就承认它是解。准则可能因人而异，但对解线性方程组

$$\begin{cases}a_{11}x_1+a_{12}x_2+\cdots+a_{1n}x_n=b_1\\ a_{21}x_1+a_{22}x_2+\cdots+a_{2n}x_n=b_2\\ \qquad\qquad\qquad\vdots\\ a_{m1}x_1+a_{m2}x_2+\cdots+a_{mn}x_n=b_m\end{cases} \tag{4-38}$$

而论，公认的准则是：能令误差平方和

$$E=\sum_{i=1}^{m}\left(\sum_{j=1}^{n}a_{ij}x_j-b_i\right)^2 \tag{4-39}$$

取最小值的变量就是方程组的解。

定义4.2 设有方程组

$$\boldsymbol{AX}=\boldsymbol{b} \tag{4-40}$$

其中，$\boldsymbol{A}$是$m\times n$矩阵，$\boldsymbol{X}$和$\boldsymbol{b}$分别是n维和m维向量，且$m>n$。称令误差平方和$[\boldsymbol{AX}-\boldsymbol{b}]^{\mathrm{T}}\cdot[\boldsymbol{AX}-\boldsymbol{b}]$取最小值的变量$\boldsymbol{X}$为方程组的最小二乘解。

应该明白，定义中的$\boldsymbol{AX}=\boldsymbol{b}$和$[\boldsymbol{AX}-\boldsymbol{b}]^{\mathrm{T}}[\boldsymbol{AX}-\boldsymbol{b}]$分别是式（4–38）和式（4–39）的矩阵表达式。至于最小二乘解则存在如下的定理。

定理4.5 若方程（4–40）中矩阵$\boldsymbol{A}$的秩等n，则方程存在唯一的最小二乘解（见附录C）

$$\boldsymbol{X}=(\boldsymbol{A}^{\mathrm{T}}\boldsymbol{A})^{-1}\boldsymbol{A}^{\mathrm{T}}\boldsymbol{b} \tag{4-41}$$

在求解前面的例4.6时，已经用最小二乘法求出了最小二乘解。现在正好可以借助定理4.5再来验算一次。先将方程组（4–34）改写成矩阵表达式

$$\begin{bmatrix}1&0\\0&1\\1&1\end{bmatrix}\begin{bmatrix}x_1\\x_2\end{bmatrix}=\begin{bmatrix}2\\5\\6\end{bmatrix}$$

由此可知这时的$\boldsymbol{A}$和$\boldsymbol{A}^{\mathrm{T}}$分别为

$$\boldsymbol{A}=\begin{bmatrix}1&0\\0&1\\1&1\end{bmatrix}\quad \boldsymbol{A}^{\mathrm{T}}=\begin{bmatrix}1&0&1\\0&1&1\end{bmatrix}$$

然后利用最小二乘解公式（4–41），得

$$\begin{bmatrix}x_1\\x_2\end{bmatrix}=\left(\begin{bmatrix}1&0&1\\0&1&1\end{bmatrix}\begin{bmatrix}1&0\\0&1\\1&1\end{bmatrix}\right)^{-1}\begin{bmatrix}1&0&1\\0&1&1\end{bmatrix}\begin{bmatrix}2\\5\\6\end{bmatrix}$$

$$=\frac{1}{3}\begin{bmatrix}2&-1&1\\-1&2&1\end{bmatrix}\begin{bmatrix}2\\5\\6\end{bmatrix}$$

$$=\frac{1}{3}\begin{bmatrix}5\\14\end{bmatrix}$$

同以前得到的解两相对照，完全一样。

在结束本节之前，尚有两个问题需要说明。一是当定理4.5中系数矩阵$\boldsymbol{A}$的秩小于变量$\boldsymbol{X}$的维数n时，是否存在最小二乘解；二是加权平均值。现分别简述如下。

1. 若定理4.5中矩阵$\boldsymbol{A}$的秩小于n，则方程组的最小二乘解由

$$\boldsymbol{A}^{\mathrm{T}}\boldsymbol{A}\boldsymbol{X}=\boldsymbol{A}^{\mathrm{T}}\boldsymbol{b} \tag{4-42}$$

确定，且不唯一。或者说，在此情况下存在非唯一的最小二乘解。

例4.7　试求方程组

$$\begin{cases}x_1+x_2=1\\2x_1+2x_2=3\\3x_1+3x_2=4\end{cases}$$

的最小二乘解。

解　在本例中，矩阵$\boldsymbol{A}$的秩等于1，而变量的数目为2，因此存在非唯一的最小二乘解。具体计算留给读者。看利用式（4–42）后，得到什么结果。细想一下，会得到不少启示。

2. 加权的重要性。权字的原意是秤砣，为什么将它用于数学？在数学上是何含义？希望下面的例子能回答这个问题。

下班回家，小儿子跑来说：“今天家里来过三个人。”旁边的大女儿马上说：“不对，是四个人。”究竟是几个人，求平均值的办法不行了，人不可能出现半个。这时，你或许已经作出判断：是四个人，不是三个。因为，您知道女儿年纪大些，记忆力比儿子强些。如此考虑问题，把砝码放在女儿一边，就叫

加权。再如前面所述测量山峰高度的例子，如果甲的技术水平比乙高明，则可在甲的测量结果300米前加个权数a，$a>1$，然后求加权平均值，即

$$h=\frac{a\cdot 300+310}{a+1}$$

显然，这样得到的加权平均值更近乎真实。至于如何加权却绝非易事，但养成这种思维方法将是有益的。

4.3 几何解释

线性方程组与空间几何存在本质的联系，可谓互为表里，相得益彰。如何兼顾两者，融会贯通，达到知其一则知其二的境地便是本书的目的。

4.3.1 平面情况

先研究平面情况。下面是一个二元一次方程

$$2x_1+x_2=d \tag{4-43}$$

易知，其几何图形是平面 x_1Ox_2 上的一条直线，如图4-1所示。直线上每一点的坐标都是方程的解，但现在并非要求解方程，而是研究方程（4-43）与其图形4-1之间的关系。

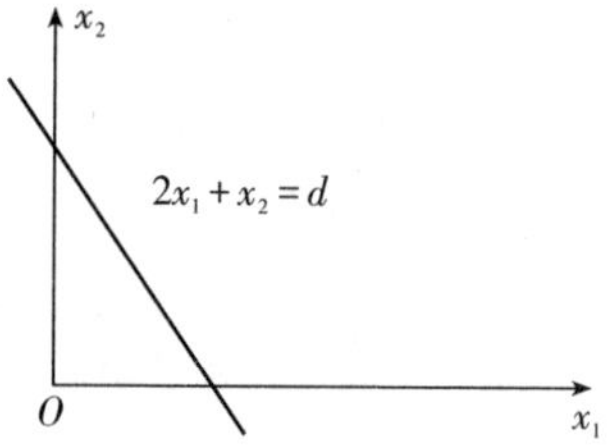

图4-1

4.3.1.1 常数

从图4-1中看到，当$d=0$时，直线通过原点，d增大，直线上移，d减小，直线下移。希望知道，d的值与直线向其垂直方向移动距离之间的关系。先设$d=1$，这时直线在 x_1 和 x_2 轴上的截距分别为 $\frac{1}{2}$ 和1，利用图4-2容易算出直线上的点 $D\left(\frac{2}{5},\frac{1}{5}\right)$ 距原点最近，两者的距离

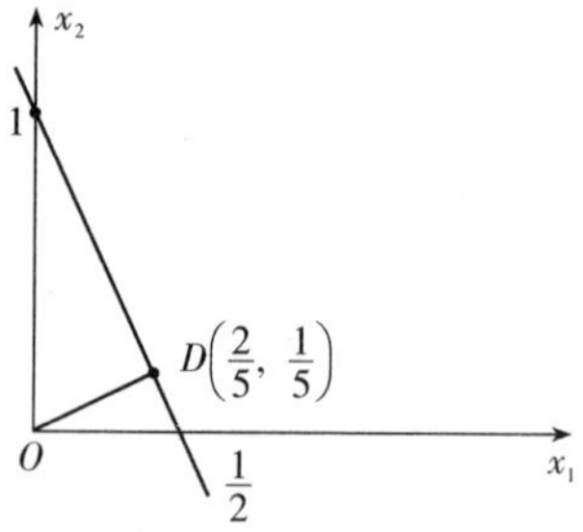

图4-2

$$OD=\sqrt{\left(\frac{2}{5}\right)^2+\left(\frac{1}{5}\right)^2}=\frac{1}{\sqrt{5}}$$

不难验证，连线OD同直线垂直，因此上式就是直线$d=0$时到$d=1$时沿垂直方向所移动的距离。据此，容易推出直线（4-43）到原点的距离。留给读者，当作练习。

同理，对于一般情况

$$a_1x_1 + a_2x_2 = d$$

也可得到直线与原点的距离为

$$OD = \frac{d}{\sqrt{a_1^2 + a_2^2}} \tag{4-44}$$

至此，读者会问：有点到直线距离的现成公式却为何不用？可以这样想，不必记公式，又能简捷解决问题的方法，值得借鉴。

4.3.1.2　系数

在上节的讨论中，已经指出，方程

$$a_1x_1 + a_2x_2 = d \tag{4-45}$$

中的常数d，它的变化只影响其图形，即直线的位置，而与直线的方向无关。本节重点研究方程中系数a_1和a_2与直线方向的关系，因此可设$d = 0$，于是方程（4-45）化为

$$a_1x_1 + a_2x_2 = 0 \tag{4-46}$$

大家知道，直线的方向可由其斜率确定，不应再有问题。就平面情况而论，此言有理。但是，一遇到空间的情况，用斜率确定直线方向的方法，实施起来非常困难，必须改进。这就是眼下要重点研究的。

首先，将式（4-46）改写成

$$\frac{x_1}{a_2} = -\frac{x_2}{a_1} \tag{4-47}$$

再引入参数t，得

$$\begin{cases} x_1 = a_2t \\ x_2 = -a_1t \end{cases} \tag{4-48}$$

尽管上面三个方程表示同一条直线，但从后一个更能清楚地看到，当参数t连续变化时，就可以在平面上描出该直线的轨迹。图4-3所示是当t从-1变化至1时的轨迹。它虽然只是直线上的一个线段，但却包含了直线的全部特征。

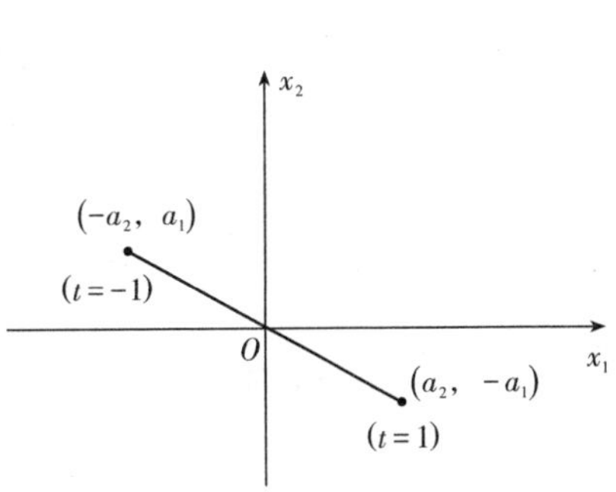

图4-3

其次，将根据图4-3来具体研究直线的特征。从图中不难发现，每当参数t增大1时，变量x_1增大a_2，而变量x_2减小a_1。这就是所论直线的一个本质特征，因为它决定了直线的方向，或者斜率，在此情况下，它等于$\left(-\frac{a_1}{a_2}\right)$。设想一下，存在

两个数 a_1 和 a_2，除了用其比值来刻画一直线的方向外，还有无另外的选择？干脆就用这两个数行不行？结论是，不但行，而且非常理想。今后，在平面情况下，一般是用两个数刻画一直线方向的。不难看出，这两个数间存在关系，下面分两方面予以说明。

其一，就图4–3而言，设想有一小蚂蚁沿直线爬行。如果它在直线上爬行的距离对应于 x_1 轴的长度为 a_2 的话，则对应于 x_2 轴的长度必为 $-a_1$，并以此类推。这同上述参数 t 增大1的说法是一致的。

其二，直线与坐标轴相交，记与 x_1 轴的夹角为 α_1，x_2 轴的为 α_2，它们的余弦 $\cos\alpha_1$ 和 $\cos\alpha_2$ 称为直线的方向余弦。有了以上理解，稍加分析就不难推出下面的关系式

$$a_2:(-a_1)=\cos\alpha_1:\cos\alpha_2$$

就是说，两个数 a_2 和 $-a_1$ 是和直线的方向余弦成比例的。这种与直线的方向余弦成比例的一组数称为直线的方向数。可知，方向数不是唯一的。比如，ka_2 和 $-ka_1$ 都是直线（4–46）的方向数，其中 k 可以是非零的任何实数。

综上所述，以下的问题已经解决。

第一，不用斜率，改用方向数，照样能够确定直线的方向。今后还会发现，在空间几何中，方向数最为实用。

第二，直线的方向数与其方程中的系数存在固有的关系。如本例中方程（4–46）中的系数是 a_1 和 a_2，而方向数是 a_2 和 $-a_1$，或 ka_2 和 $-ka_1$。这是理所当然的，也是应该强调的。因此，接下来还将进一步讨论方程中的系数与方程所代表的直线两者之间的关系。

上面介绍了方向数，直接用来确定一条直线的方向。下面还要介绍一组数，直接用来确定所论法线的方向。或者说，间接地确定了直线的方向。读者可能会想，知道了直线的斜率或方向数，计算其法线的斜率或方向数是轻而易举的事，无须再议。可是，仍希浏览下文，看有无新意。

现在将方程（4–46）重写如下

$$a_1x_1+a_2x_2=0$$

仍以它为例。它代表一条直线，眼下的问题是如何确定其法线的方向，或求出方向数。

首先，请仔细观察上式的结构，左边是两两相乘之和，右边是零。见到左边的数学形式常令人浮想联翩，是两角和的三角函数，或者两个向量的数量积。因为是求法线的方向数，将其视作向量的数量积较为合理。

其次，构建两个向量，其数量积跟上式左边相等。这并不难，设

$$V_1 = a_1\boldsymbol{i} + a_2\boldsymbol{j}, \ V_2 = x_1\boldsymbol{i} + x_2\boldsymbol{j} \tag{4-49}$$

就正好符合要求，但如何解释这两个向量，需要思考。头一个向量V_1不言自明，而第二个向量V_2就一言难尽了。先来看其中的变量x_1和x_2，从方程（4-46）可知，它们是所论直线上任意一点$M(x_1, x_2)$的坐标。因为所论直线通过原点O，依此，向量V_2便是原点O与点$M(x_1, x_2)$相连而成的向量。

综上所述，方程（4-46）在此便有了新意，即

$$\begin{aligned} V_1 \cdot V_2 &= (a_1\boldsymbol{i} + a_2\boldsymbol{j}) \cdot (x_1\boldsymbol{i} + x_2\boldsymbol{j}) \\ &= a_1x_1 + a_2x_2 = 0 \end{aligned}$$

上式表明，向量V_1同V_2相互垂直，又因$M(x_1, x_2)$为所论直线上的任意一点，换句话说，就是两条直线相互垂直。一是所论直线，一是方向数为（a_1，a_2）的直线。显然，后者正是所论直线的法线。

行文至此，问题已经解决。为了全面，下面再作些补充。

（1）上面是就直线（4-46）得到的结果，此直线通过原点，情况特殊。对于一般情况

$$a_1x_1 + a_2x_2 = d$$

能否得到相同的结果？答案是肯定的，因为前文曾经讲过，直线方程中的常数d只影响直线的位置，不改变直线的方向，此是其一。另外，任何直线方程都可改写为与式（4-46）类似的形式，如上式则可改写为

$$a_1(x_1 - b_1) + a_2(x_2 - b_2) = 0$$

其中

$$a_1b_1 + a_2b_2 = d$$

（2）大家会问，已经知道直线的方向数（a_2，$-a_1$），求其法线的方向数乃举手之劳，为何如此大费周折？单就平面情况而言，此问有理，但遇到空间情况，如

$$a_1x_1 + a_2x_2 + a_3x_3 = b$$

便一筹莫展了。借此，需要强调：一个多元一次方程，无论它所代表的是直线、平面或更高维的流形，其系数都是其所代表的图形的法线方向数。读者不妨以上式为例，作为练习，并同本章第2节最小范数解的后半部分相互对比，以加深理解。

4.3.1.3 相交

上面讲述了直线方程中常数和系数两者同直线的位置和方向之间的关联。下面将研究在平面上多条直线相互之间的关系。

（1）两条直线。给定如下两个方程：

$$\begin{cases}a_1x_1+a_2x_2=\mathrm{d}_1\\b_1x_1+b_2x_2=\mathrm{d}_2\end{cases}\tag{4-50}$$

它们在平面上的图形都是直线。不难判定，上述两条直线共存在三种关系：相交，平行，垂直，如图4–4所示。

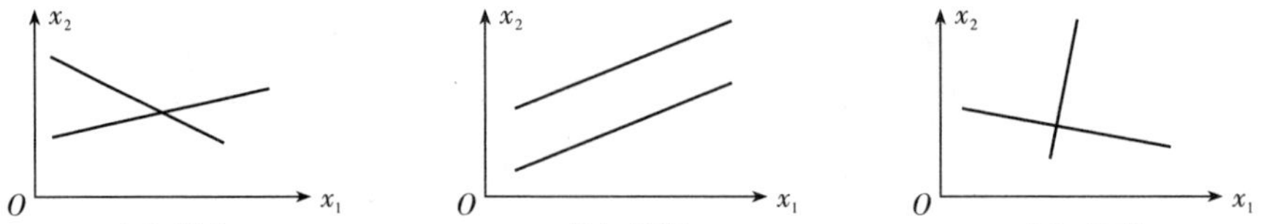

（a）相交　　（b）平行　　（c）垂直

图4–4

相交，两条直线的方向不同必然相交。这时，两者的方向数就不一致，即

$$a_2:(-a_1)\neq b_2:(-b_1)$$

显然，上式跟方程组（4–50）的系数行列式

$$\begin{vmatrix}a_1 & a_2\\b_1 & b_2\end{vmatrix}\neq 0$$

是等价的，而根据定理4.3，这正是方程组有唯一解的充要条件。

平行，两直线不相交，方向数必然一致，即

$$a_2:(-a_1)=b_2:(-b_1)$$

上式跟方程组（4–50）的系数行列式

$$\begin{vmatrix}a_1 & a_2\\b_1 & b_2\end{vmatrix}=0$$

是等价的，而根据定理4.2，这正是方程组不存在唯一解的充分条件。

需要说明，这时有一个特殊情况。两条直线在平面上完全重合，因而方程组（4–50）存在无穷多个解。试问，这种特殊情况在什么条件下才会发生？请读者回答。

垂直，两条直线所夹的角为直角。判定这种情况有三种方法：用两条直线的方向数；用两条直线的法线方向数；用一条直线的方向数和另一条直线的法线方向数。读者不妨一试，看是否得到同样的结果。

（2）三条直线。给定如下三个方程：

$$\begin{cases}a_1x_1+a_2x_2=\mathrm{d}_1\\b_1x_1+b_2x_2=\mathrm{d}_2\\c_1x_1+c_2x_2=\mathrm{d}_3\end{cases}\tag{4-51}$$

在平面上它们共代表三条直线，前面已经对两条直线的情况介绍过了，眼下只需再作一些补充，即存在三个交点、两个交点、一个交点以及没有交点的说明。

三个交点，没有平行线，或者说其中任意两条直线都没有互成比例的方向数，一般会出现三个交点，如图4-5（a）所示。看图之后，不难想到，在由交点所围成的三角形内，其中任何一点的坐标设定为方程组（4-51）的解都是可行的。特别是，将三个交点的坐标取平均值作为方程组的解更为合理，只是计算不如现有的最小二乘解方便。

两个交点，存在一对平行线，或者说其中有两条直线的方向数互成比例就会出现两个交点，如图4-5（b）所示。看图之后，可以判定：方程组（4-51）

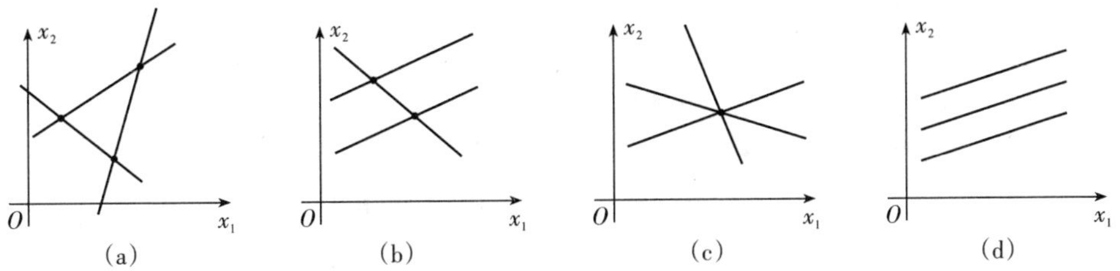

图4-5

的最小二乘解必然是两交点间线段上某点的坐标。为加深理解，试求解方程组

$$\begin{cases} x_1+x_2=1 \\ 2x_1+2x_2=3 \\ ax_1+x_2=2 \end{cases}$$

其中a为不等于1的任何实数，并验证所求出的最小二乘解满足方程组的最后一个方程。

一个交点，满足存在三个交点的条件，又满足解的判别定理，即方程组系数矩阵的秩等于增广矩阵的秩。这时，三个交点汇成一个，最小二乘解就是方程组的解，即三条直线交点的坐标，如图4-5（c）所示，读者可以举个例子，三条直线交于一点，分析方程组所应具有的条件，作为练习。

没有交点，三条直线的方向数都互成比例，即

$$a_2:(-a_1)=b_2:(-b_1)=c_2:(-c_1)$$

这时三条直线相互平行，如图4-5（d）所示。看图之后，经过思考便可断言，方程组的最小二乘解非唯一，其图形是一条直线，介于两侧直线之间。读者不妨举个例子，加以检验。

应该注意，三条直线完全重合，或其中两条重合属于此时的特殊情况。其最小二乘解变化，请读者分析。

有了以上的理解，处理空间直线可能出现的问题自会驾轻就熟，举一反三。因此，不再赘述。下面将要探讨的空间平面的情况就较为复杂，需要思量。

4.3.2 空间情况

设有下面的方程组

$$\begin{cases}a_1x_1+a_2x_2+a_3x_3=d_1\\b_1x_1+b_2x_2+b_3x_3=d_2\\c_1x_1+c_2x_2+c_3x_3=d_3\end{cases}\qquad(4\text{-}52)$$

其中每一个方程在空间的图像都是平面，共计代表三个平面。这三个平面间的相互关系研究清楚了，方程组的解也就确定了。现在分如下几种情况分别讨论。为书写方便起见，简计上面的方程组为

$$\boldsymbol{AX}=\boldsymbol{D}$$

4.3.2.1　系数矩阵$\boldsymbol{A}$与增广矩阵$[\boldsymbol{A}\ \ \boldsymbol{D}]$的秩相等

（1）$\mathrm{rank}[\boldsymbol{A}]=\mathrm{rank}[\boldsymbol{A}\ \ \boldsymbol{D}]=3$

此时，三个平面交于一点，交点的坐标就是方程组（4–52）的解，且解唯一。

（2）$\mathrm{rank}[\boldsymbol{A}]=\mathrm{rank}[\boldsymbol{A}\ \ \boldsymbol{D}]=2$

此时，三个平面交于一线，线上任一点的坐标都是方程组（4–52）的解，方程组有无穷多个解，解不唯一。

此时又可分为两种情况：三个平面中有两个重合；没有平面重合。下列的两个方程组分别就是上述两个情况的例子。

$$\begin{cases}x_1+x_2+x_3=1\\2x_1+2x_2+2x_3=2\\x_1-x_2+x_3=3\end{cases}$$

和

$$\begin{cases}x_1+x_2+x_3=3\\x_1-x_2+2x_3=2\\2x_1+3x_3=5\end{cases}$$

两者的几何图像分别如图4–6（a）和（b）所示。

（3）$\mathrm{rank}[\boldsymbol{A}]=\mathrm{rank}[\boldsymbol{A}\ \ \boldsymbol{D}]=1$

此时，三个平面重合，平面上任一点的坐标都是方程组（4–52）的解，方程组有无穷多个解，解不唯一，例如，下面的方程组

$$\begin{cases}x_1+x_2+x_3=1\\2x_1+2x_2+2x_3=2\\3x_1+3x_2+3x_3=3\end{cases}$$

就属于这种情况。

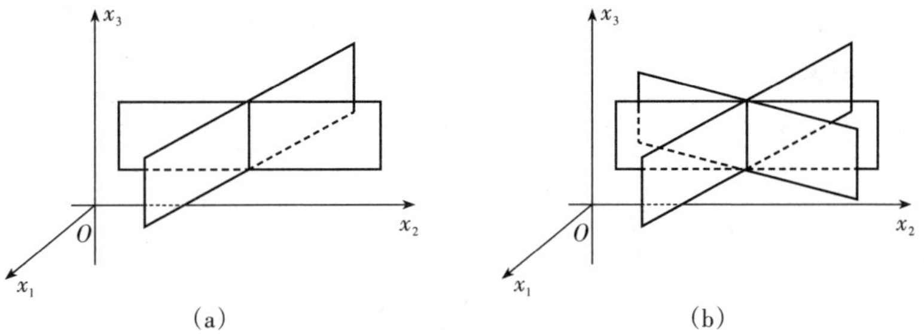

图4–6

4.3.2.2　系数矩阵与增广矩阵的秩不等

此时，存在两种情况，即 rank[$\boldsymbol{A}$]=2 和 rank[$\boldsymbol{A}$]=1。无论哪种情况，方程组（4–52）都无解，但存在最小二乘解。

例如，rank[$\boldsymbol{A}$]=2，rank[$\boldsymbol{A}$　$\boldsymbol{D}$]=3。

这有两种情况，如方程组

$$\begin{cases} x_1 + x_2 + x_3 = 1 \\ x_1 + 2x_2 - x_3 = 2 \\ 3x_1 + 5x_2 - x_3 = 3 \end{cases}$$

其中三个方程所代表的三个平面其中没有平行的，但两两相交，共有三条交线，如图4–7（a）所示。

此时方程组没有解，只能求最小二乘解。如三条交线相距较近，则视具体情况可取交线间的某点坐标（x，y，z）作为方程组的近似值。

另一种情况，如方程组

$$\begin{cases} x_1 + x_2 + x_3 = 1 \\ 2x_1 + 2x_2 + 2x_3 = 3 \\ 4x_1 - 3x_2 + 2x_3 = 5 \end{cases}$$

其中三个方程所代表的三个平面有两个是相互平行的，如图4–7（b）所示。

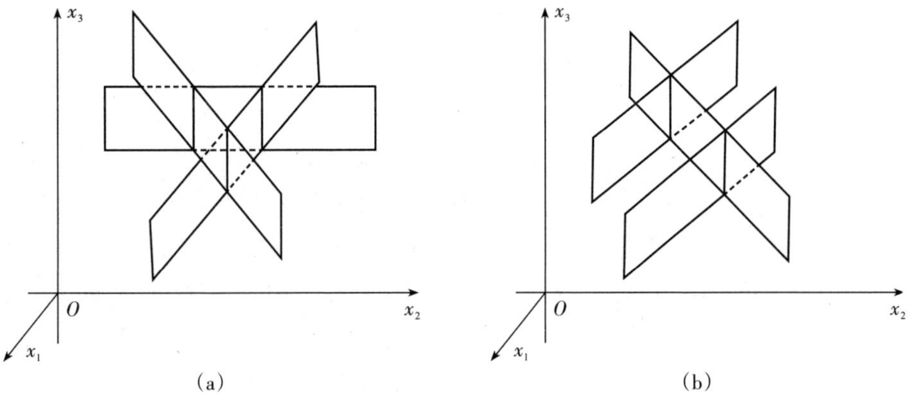

图4–7

此时方程组无解，只能求最小二乘解。从图4-7（b）可见，方程 $4x_1-3x_2+2x_3=5$ 与其他两个平面各有一条交线，这两条交线之间、平面 $4x_1-3x_2+2x_3=5$ 上某点的坐标就将是方程组的最小二乘解。

4.4 齐次方程组

一个常数项全为零的线性方程组

$$\begin{cases} a_{11}x_1+a_{12}x_2+\cdots+a_{1n}x_n=0 \\ a_{21}x_1+a_{22}x_2+\cdots+a_{2n}x_n=0 \\ \qquad\qquad\qquad\vdots \\ a_{m1}x_1+a_{m2}x_2+\cdots+a_{mn}x_n=0 \end{cases} \tag{4-53}$$

称为齐次线性方程组。它必然有解，$x_1=x_2=\cdots=x_n=0$ 就是一个，未知量全等于零的解，叫作平凡解。除平凡解外，齐次方程组还有无其余的解，这是应该研究的，兹分项阐述如下。

4.4.1 $m<n$

为具体起见，设有方程

$$x_1+x_2=0$$

式中，方程数 $m=1$，未知量数 $n=2$，属于 $m<n$ 的情况。

显然，除平凡解 $x_1=x_2=0$ 外，方程尚有无穷多的解。例如，从上式有

$$x_1=-x_2$$

令 $x_2=-1$，得解 $x_1=1$，$x_2=-1$；令 $x_2=1$，得解 $x_1=-1$，$x_2=1$。再如

$$\begin{cases} 2x_1-x_2-x_3+2x_4=0 \\ x_1+2x_2-3x_3+6x_4=0 \end{cases}$$

从上式有

$$\begin{cases} 2x_1-x_2=x_3-2x_4 \\ x_1+2x_2=3x_3-6x_4 \end{cases}$$

令 $x_3=1$，$x_4=0$，得解 $x_1=1$，$x_2=1$，$x_3=1$，$x_4=0$；令 $x_3=0$，$x_4=1$，得解 $x_1=-2$，$x_2=-2$，$x_3=0$，$x_4=1$。不言而喻，这样的解是无穷尽的。

由上述两例已经可见，对于 $m<n$ 的情况，其中 $n-m$ 个未知量可以任意选取，其值可任意指定，然后求解余下的 m 个未知量。但要注意，余下的 m 个未知量必须有解，否则不行。例如，上例中若选取 x_1 和 x_2，则方程组变为

$$\begin{cases} -x_3+2x_4=-2x_1+x_2 \\ -3x_3+6x_4=-x_1-2x_2 \end{cases}$$

指定 x_1 和 x_2 的值后，方程组是无解的。理由很简单，请读者回忆一下。

4.4.2　$m=n$

为具体起见，设有方程组

$$\begin{cases}a_{11}x_1+a_{12}x_2=0\\a_{21}x_1+a_{22}x_2=0\end{cases}$$

式中，方程数 $m=2$，未知量数 $n=2$，$m=n$。在此情况下，已经证明：若方程组的系数矩阵 $\boldsymbol{A}$ 满秩，则它只有平凡解，即零解。若矩阵 $\boldsymbol{A}$ 非满秩，例如方程组

$$\begin{cases}x_1+2x_2-3x_3=0\\2x_1-x_2+2x_3=0\\3x_1+x_2-x_3=0\end{cases}$$

其系数矩阵的行列式

$$\begin{vmatrix}1&2&-3\\2&-1&2\\3&1&-1\end{vmatrix}=0$$

而其秩为2，则可从中任选2个存在非平凡解的方程

$$\begin{cases}x_1+2x_2-3x_3=0\\2x_1-x_2+2x_3=0\end{cases}$$

再参照 $m<n$ 的情况求解。具体计算，留给读者。

4.4.3　$m>n$

为具体起见，设有方程组

$$\begin{cases}a_{11}x_1+a_{12}x_2=0\\a_{21}x_1+a_{22}x_2=0\\a_{31}x_1+a_{32}x_2=0\end{cases}$$

式中，$m=3$，$n=2$，属于 $m>n$ 的情况。已经证明：若方程组的系数矩阵 $\boldsymbol{A}$ 的秩等于 n，则方程组只有平凡解，即零解。若矩阵 $\boldsymbol{A}$ 的秩小于 n，例如方程组

$$\begin{cases}x_1+x_2=0\\2x_1+2x_2=0\\3x_1+3x_2=0\end{cases}$$

其系数矩阵 $\boldsymbol{A}$ 的秩等于1，小于2。这时，就可从中任选一个方程

$$x_1+x_2=0$$

参照 $m<n$ 的情况求解。

4.5 解的结构

现在研究线性方程组，有必要说明一下“线性”的含义。设有函数

$$y=f(x)=cx \tag{4-54}$$

式中，c是常数，称这样的函数为线性函数。它具有如下的性质

$$f(cx)=cf(x);\ f(x_1+x_2)=f(x_1)+f(x_2)$$

上述性质常合并为

$$f(c_1x_1+c_2x_2)=c_1f(x_1)+c_2f(x_2) \tag{4-55}$$

容易验证，函数（4–54）具有上述性质。反过来，若函数$f(x_1, x_2, \cdots, x_n)$具有性质（4–55），则称为线性函数。式（4–55）也可认为是判定一个函数是否为线性函数的条件。

下面就用条件（4–55）来探究函数

$$f(x_1,\ x_2,\ \cdots,\ x_n)=a_1x_1+a_2x_2+\cdots+a_nx_n$$

是否线性函数。为简便起见，引入向量

$$\boldsymbol{a}=(a_1,\ a_2,\ \cdots,\ a_n),\ \boldsymbol{X}=(x_1,\ x_2,\ \cdots,\ x_n)$$

则有

$$y=f(x_1,\ x_2,\ \cdots,\ x_n)=f(\boldsymbol{X})=\boldsymbol{a}\cdot\boldsymbol{X} \tag{4-56}$$

将上式同式（4–54）对比，除未知量个数外，形式完全一样。因此，不难判定函数$y=f(\boldsymbol{X})$满足条件（4–54），是线性的。为加深印象，建议读者用具体数字验算一遍。

从几何上看，函数（4–54）是直线，函数（4–56）是平面。从物理上看，线性函数满足正比性与叠加原理。

4.5.1 基础解系

设有线性方程组（4–53），记为$\boldsymbol{AX}=\boldsymbol{0}$，其中$\boldsymbol{A}$是$m\times n$的系数矩阵，$\boldsymbol{X}$是$n$维的未知量列矩阵。已知：若$m=n$，且矩阵$\boldsymbol{A}$满秩，则方程组只有平凡解。因此，在以下的讨论中，设$m<n$，且$\operatorname{rank}[\boldsymbol{A}]=m$。

为具体起见，现在来研究如下的方程组

$$\begin{cases}x_1+2x_2-3x_3=0\\2x_1-x_2+2x_3=0\end{cases} \tag{4-57}$$

此方程组含两个方程，三个未知量，除具有平凡解外，尚有非平凡解，且数量无穷，并满足下述条件：

（1）若 $\boldsymbol{X}_1$ 和 $\boldsymbol{X}_2$ 都是方程组（4–57）的解，则两者的线性组合 $c_1\boldsymbol{X}_1+c_2\boldsymbol{X}_2$ 也是方程组的解。这实际是方程组线性性质（4–55）的直接推论，证明也不难。将方程组写成矩阵形式，立即可得

$$\boldsymbol{A}(c_1\boldsymbol{X}_1+c_2\boldsymbol{X}_2)=c_1\boldsymbol{A}\boldsymbol{X}_1+c_2\boldsymbol{A}\boldsymbol{X}_2=\boldsymbol{0}$$

（2）在无穷多个解中，只能选出 $n-m$ 个解是独立的。例如，就本例而言，$n-m=1$，方程组（4–57）只存在一个独立解，$\boldsymbol{X}_1=\left(-\frac{1}{5},\frac{8}{5},1\right)$是解，$\boldsymbol{X}_2=$（1，–8，–5）也是解，但两者显然是线性相关的。

从几何上看，方程组（4–57）代表两个平面的交线，其方程为

$$\frac{x_1}{1}=\frac{x_2}{-8}=\frac{x_3}{-5}$$

交线上任意一点的坐标都是方程组的解，从上式可见，交线的方向数等于（1，–8，–5），而交线上任意一点的坐标（x_1，x_2，x_3）都是与方向数成比例的，且点（1，–8，–5）就位于交线上。因此，求出了解 $\boldsymbol{X}_2=$（1，–8，–5）便等同于求出了方程组（4–57）全部的非平凡解。这就是上面的解 $\boldsymbol{X}_2=$（1，–8，–5）的重要意义。

下面再看一个例子，求方程

$$x_1+2x_2+2x_3=0 \tag{4–58}$$

的非平凡解。此时，方程数 $m=1$，未知量数 $n=3$，$n-m=2$，上述方程存在两个独立的非平凡解。

在方程（4–58）中

① 令 $x_2=0$，$x_3=1$，得解 $\boldsymbol{X}_1=$（–2，0，1）；

② 令 $x_2=1$，$x_3=0$，得解 $\boldsymbol{X}_2=$（–2，1，0）；

③ 令 $x_1=0$，$x_3=1$，得解 $\boldsymbol{X}_3=$（0，–1，1）；

④ 令 $x_1=2$，$x_3=0$，得解 $\boldsymbol{X}_4=$（2，–1，0）。

读者或已看出：如此可以求出方程（4–58）的无穷多个解；另外，无论求出多少个解，其中也只有两个是独立的。显然可见

① $\boldsymbol{X}_1-\boldsymbol{X}_2=(0,\ -1,\ 1)=\boldsymbol{X}_3$；

② $\boldsymbol{X}_3-\boldsymbol{X}_1=(2,\ -1,\ 0)=\boldsymbol{X}_4$；

③ $\boldsymbol{X}_2=(-2,\ 1,\ 0)=-\boldsymbol{X}_4$。

这就是说，从 $\boldsymbol{X}_1$，$\boldsymbol{X}_2$，$\boldsymbol{X}_3$ 和 $\boldsymbol{X}_4$ 中任选三个，三者必然是线性相关的。

从几何上说，方程（4–58）代表过原点的一个平面。所以，只要再知道平面上另外两个点，对应于方程（4–58）的两个解，加上原点，该平面就被

唯一地确定了，没有必要知道更多的点。

如上所述，不难得出下面的结论：一个齐次线性方程组$\boldsymbol{AX}=\boldsymbol{0}$，式中$\boldsymbol{A}$是$m\times n$矩阵，$\boldsymbol{X}$是$n$维未知量，虽然存在无穷多的非平凡解，但其中仅有$n-m$个独立的解$\boldsymbol{X}_1$，$\boldsymbol{X}_2$，…，$\boldsymbol{X}_{n-m}$，且其余的解$\boldsymbol{X}$都可表示成

$$\boldsymbol{X}=c_1\boldsymbol{X}_1+c_2\boldsymbol{X}_2+\cdots+c_{n-m}\boldsymbol{X}_{n-m}$$

即上述$n-m$个独立解的线性组合，式中c_1，c_2，…，c_{n-m}均为常数。

从上述结论很自然地又引申出了关于齐次线性方程组的基础解系的概念。其具体含义有如下述。

定义 4.3 设有齐次线性方程组$\boldsymbol{AX}=\boldsymbol{0}$，式中$\boldsymbol{A}$是$m\times n$矩阵，$\boldsymbol{X}$是$n$维未知量，其中任一组$n-m$个独立的解$\boldsymbol{X}_1$，$\boldsymbol{X}_2$，…，$\boldsymbol{X}_{n-m}$都称为方程组的基础解系。

在以上的例子中，比如可取$\boldsymbol{X}_1=\left(-\frac{1}{5},\frac{8}{5},1\right)$，或者$\boldsymbol{X}_2=(1,\ -8,\ -5)$作为方程组（4–57）的基础解系；可取$\boldsymbol{X}_1=(-2,\ 0,\ 1)$和$\boldsymbol{X}_2=(-2,\ 1,\ 0)$，或者$\boldsymbol{X}_3=(0,\ -1,\ 1)$和$\boldsymbol{X}_4=(2,\ -1,\ 0)$作为方程（4–58）的基础解系。总之，基础解系不是唯一的。

4.5.2 特 解

现在要讨论的是如下的方程组

$$\begin{cases}a_{11}x_1+a_{12}x_2+\cdots+a_{1n}x_n=b_1\\a_{21}x_1+a_{22}x_2+\cdots+a_{2n}x_n=b_2\\\quad\vdots\qquad\qquad\qquad\qquad\quad\vdots\\a_{m1}x_1+a_{m2}x_2+\cdots+a_{mn}x_n=b_m\end{cases}\tag{4–59}$$

其矩阵形式为$\boldsymbol{AX}=\boldsymbol{B}$，式中$\boldsymbol{A}$是$m\times n$矩阵，$\boldsymbol{X}$是$n$维未知量，$\boldsymbol{B}$是$m$维常数。

为明确起见，设方程组（4–59）中系数矩阵$\boldsymbol{A}$的秩等于m，且$m<n$，则此时存在如下的结论。

定理 4.6 若方程组（4–59）有解$\boldsymbol{X}_0$，其对应的齐次方程组$\boldsymbol{AX}=\boldsymbol{0}$有解$\boldsymbol{X}_1$，则$\boldsymbol{X}_0+c\boldsymbol{X}_1$是方程组的解。

证明 将$\boldsymbol{X}_0+c\boldsymbol{X}_1$直接代入方程组（4–59），得

$$\boldsymbol{A}(\boldsymbol{X}_0+c\boldsymbol{X}_1)=\boldsymbol{AX}_0+c\boldsymbol{AX}_1=\boldsymbol{B}+\boldsymbol{0}=\boldsymbol{B}$$

表明$\boldsymbol{X}_0+c\boldsymbol{X}_1$是方程组的解。证完。

例如，方程组

$$\begin{cases}x_1+2x_2-3x_3=4\\2x_1-x_2-2x_3=2\end{cases}$$

有解 $X_0=(3,\ 2,\ 1)$，则（3，2，1）$+c(1,\ -8,\ -5)=(3+c,\ 2-8c,\ 1-5c)$ 是方程组的解，式中（1，-8，-5）是齐次方程组的解，c是常数。

定理4.7　若方程组$\boldsymbol{AX}=\boldsymbol{B}$有解$\boldsymbol{X}_0$，则其任何的解$\boldsymbol{X}$都可表示成

$$\boldsymbol{X}=\boldsymbol{X}_0+\sum_{i=1}^{n-m}c_i\boldsymbol{X}_i$$

式中，c_i是常数，$\boldsymbol{X}_i$是齐次方程组$\boldsymbol{AX}=\boldsymbol{0}$的基础解系，$i=1,\ 2,\ \cdots,\ n-m$。

证明　设$\overline{\boldsymbol{X}}$是方程组另外的一个解，则有

$$\boldsymbol{A}(\overline{\boldsymbol{X}}-\boldsymbol{X})=\boldsymbol{A}\overline{\boldsymbol{X}}-\boldsymbol{AX}=\boldsymbol{B}-\boldsymbol{B}=\boldsymbol{0}$$

上式表明，$(\overline{\boldsymbol{X}}-\boldsymbol{X})$是$\boldsymbol{AX}=\boldsymbol{0}$的解，因此，它应等于基础解系的线性组合，即

$$\overline{\boldsymbol{X}}-\boldsymbol{X}=\sum_{i=1}^{n-m}\overline{c}_i\boldsymbol{X}_i$$

式中，$\overline{c}_i$，$i=1,\ 2,\ \cdots,\ n-m$ 为常数。据此，最后得

$$\overline{\boldsymbol{X}}=\boldsymbol{X}+\sum_{i=1}^{n-m}\overline{c}_i\boldsymbol{X}_i=\boldsymbol{X}_0+\sum_{i=1}^{n-m}\left(c_i+\overline{c}_i\right)\boldsymbol{X}_i$$

显然，$\left(c_i+\overline{c}_i\right)$是常数，$i=1,\ 2,\ \cdots,\ n-m$。证完。

例如，方程

$$x_1+2x_2+2x_3=5$$

有解 $\boldsymbol{X}_0=(1,\ -2,\ 4)$，则其任何的解都可表示为

$$\boldsymbol{X}=(1,\ -2,\ 4)+c_1(-2,\ 0,\ 1)+c_2(-2,\ 1,\ 0)$$

式中，c_1 和 c_2 是常数，$\boldsymbol{X}_1=(-2,\ 0,\ 1)$ 和 $\boldsymbol{X}_2=(-2,\ 1,\ 0)$ 是齐次方程 $x_1+2x_2+2x_3=0$ 的一个基础解系。

最后需要说明，为了区分齐次方程组$\boldsymbol{AX}=\boldsymbol{0}$的解，称为基础解系，方程组$\boldsymbol{AX}=\boldsymbol{B}$的解就称为特解。基础解系是非唯一的，特解也是非唯一的。对此，希读者自行验证。

4.6　习　题

1. 将下列方程组改写成矩阵形式

（1）$\begin{cases}2x_1+3x_3=5\\x_1-2x_2=4;\end{cases}$

（2）$\begin{cases}3x_1-x_2+4x_3=1\\2x_1+x_2+2x_3=4\\x_1+2x_2-x_3=0;\end{cases}$

（3） $\begin{cases}4x_1-2x_2-x_3=2\\2x_1+x_2+3x_3=1\\6x_1-x_2+2x_3=3\end{cases}$。

2. 将上题中的方程组改写成列向量形式，并判断其解是否存在，是否唯一。

3. 下列方程组是否有解？若有，则求其解。

（1） $\begin{cases}x_1+x_2+x_3=-2\\-2x_1-2x_2=-12\\3x_1-x_2+x_3=-4\end{cases}$；

（2） $\begin{cases}2x_1-x_2=4\\4x_1-2x_2=3\end{cases}$。

4. 有一条直线，长度为1，将它弯成夹角为90°的折线，如图4-8（a）所示。试回答折线弯到什么程度直线的两个端点a和b相距最近。

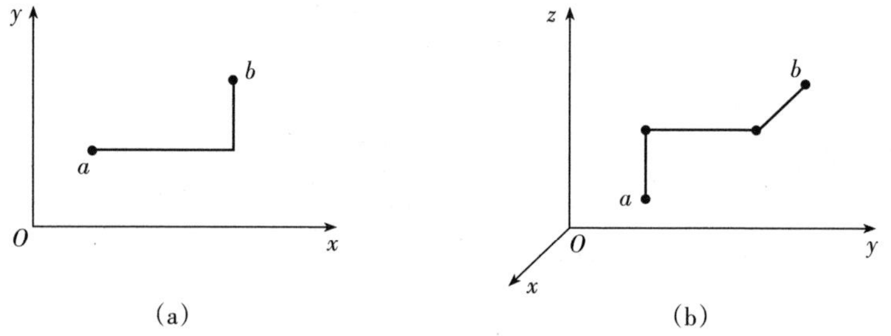

图4-8

5. 同上题，现将它弯成三段，每段分别与三个坐标轴平行，如图4-8（b）所示。试回答，在什么条件下直线的两个端点a和b相距最近。

6. 求下列方程的最小范数解，并设法验证所得的结果，再看同上面的题4和题5有无联系。

（1） $x_1+x_2=1$；　　（2） $x_1+x_2+x_3=1$。

7. 求上题中方程的全部解。

8. 求下列方程（组）的最小范数解，并说明其几何意义：

（1） $x_1+2x_2+3x_3=1$；

（2） $\begin{cases}x_1+x_2+x_3=3\\2x_1-x_2+3x_3=4\end{cases}$。

9. 求下列方程组的最小二乘解，并说明其几何意义：

（1） $\begin{cases}x=1\\x=0\\x=3\end{cases}$；　　（2） $\begin{cases}x_1+2x_2=0\\x_1-x_2=-1\\-x_1+2x_2=1\end{cases}$。

10. 设方程

$$a_1x_1+a_2x_2=3$$

的最小范数解为 $X=(2,\ -1)$，求 a_1、a_2 和此方程的全部解。

11. 已知方程

$$a_1x_1+a_2x_2+a_3x_3=1$$

的最小范数解 $X=\frac{1}{14}(1,\ 2,\ 3)$，求方程中的系数和方程的全部解。

12. 已知方程组

$$\begin{cases}a_{11}x_1+a_{12}x_2+a_{13}x_3=3\\a_{21}x_1+a_{22}x_2+a_{23}x_3=4\end{cases}$$

的最小范数解 $X=(1,\ 1,\ 1)$，求方程组中的系数和方程组的全部解。

13. 已知方程组

$$\begin{cases}a_1x=1\\a_2x=3\end{cases}$$

的最小二乘解 $x=2$，求方程组中的系数 a_1 和 a_2，并回答解是否唯一。

14. 在方程组

$$\begin{cases}x_1-x_2+2x_3=-3\\2x_1+ax_2+x_3=b\\3x_1+x_2-2x_3=7\end{cases}$$

中，a 和 b 都是常数，试问 a、b 取何值时，方程组有唯一解？无解？有无穷多个解？若有解，则求出其解。

15. 在方程组

$$\begin{cases}ax_1+x_2=0\\x_1+ax_2=0\\2x_1+2x_2+(a+1)x_3=0\end{cases}$$

中，a 是常数，试问 a 取何值时，方程组有非零解，并求此时方程组的全部解。

第5章　空间几何

空间几何是用代数研究几何问题，用几何解决代数问题。17世纪的数学家天才地将数与形有机地结合了起来，是数学发展过程中的一个里程碑。其中，法国数学家笛卡儿等人居功至伟。

事实上，我们在前几章的内容中已经涉及了空间几何，这一章将对其进行较为系统性的论述，难免重复。好在讲解的要点与角度不同，同时还能达到温故知新的目的。

5.1　数量积

数量积又称点积或者内积，源于空间角度的计算问题。就我们熟知的例子常力F推动质点m沿一直线移动来说，力F所做的功W为

$$W=|F|d\cos\theta$$

其中，d是质点m沿直线l移动的距离，θ是力F与直线l间的夹角，如图5-1(a)所示。

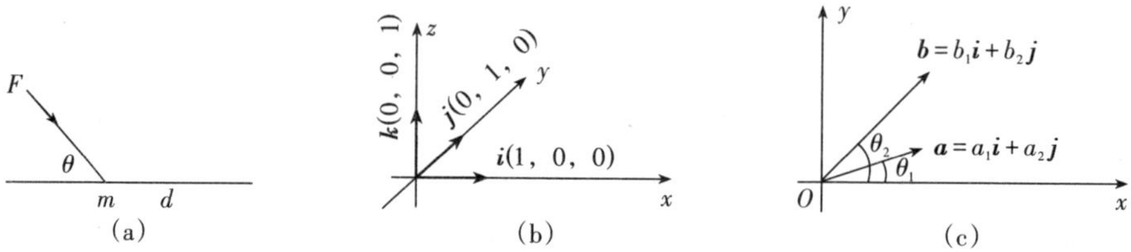

图5-1

容易看出，在上式中，$\cos\theta$的计算是最难的。但是，如果角度θ特殊，比如为0°或90°，则$\cos\theta=1$或$\cos\theta=0$，困难自然就消失了。因此，设法将$\cos\theta$换算成$\cos 0°$和$\cos 90°$的组合，就成了当务之急，数量积由此出现。

5.1.1　数量积的定义

定义5.1　向量$\boldsymbol{a}=a_1\boldsymbol{i}+a_2\boldsymbol{j}+a_3\boldsymbol{k}$和向量$\boldsymbol{b}=b_1\boldsymbol{i}+b_2\boldsymbol{j}+b_3\boldsymbol{k}$的数量积记作$\boldsymbol{a}\cdot\boldsymbol{b}$，等于

$$\boldsymbol{a}\cdot\boldsymbol{b}=a_1b_1+a_2b_2+a_3b_3$$

其中，向量$\boldsymbol{i}$，$\boldsymbol{j}$和$\boldsymbol{k}$分别是同三维空间坐标系的x轴，y轴和z轴方向一致的单位向量，如图5-1（b）所示。

当$\boldsymbol{a}=a_1\boldsymbol{i}+a_2\boldsymbol{j}$，$\boldsymbol{b}=b_1\boldsymbol{i}+b_2\boldsymbol{j}$都是平面上的向量时，根据上述定义，可知这时其数量积

$$\boldsymbol{a}\cdot\boldsymbol{b}=a_1b_1+a_2b_2$$

例5.1 向量$\boldsymbol{a}=2\boldsymbol{i}+3\boldsymbol{j}-4\boldsymbol{k}$和向量$\boldsymbol{b}=\boldsymbol{i}-2\boldsymbol{j}+3\boldsymbol{k}$的数量积

$$\boldsymbol{a}\cdot\boldsymbol{b}=2\cdot1+3\cdot(-2)+(-4)\cdot3=-16$$

设$\boldsymbol{a}$，$\boldsymbol{b}$和$\boldsymbol{c}$都是向量，m是实数，则根据定义，数量积具有下列性质

（1） $\boldsymbol{a}\cdot\boldsymbol{b}=\boldsymbol{b}\cdot\boldsymbol{a}$

（2） $\boldsymbol{a}\cdot(\boldsymbol{b}+\boldsymbol{c})=\boldsymbol{a}\cdot\boldsymbol{b}+\boldsymbol{a}\cdot\boldsymbol{c}$

（3） $(m\boldsymbol{a})\cdot\boldsymbol{b}=\boldsymbol{a}\cdot(m\boldsymbol{b})=m(\boldsymbol{a}\cdot\boldsymbol{b})$

（4） $\boldsymbol{a}\cdot\boldsymbol{a}=|\boldsymbol{a}|^2$

读者可以自己举例子验证上列性质的正确性。加深印象。

5.1.2 夹角余弦定理

定理5.1 设$\boldsymbol{a}=a_1\boldsymbol{i}+a_2\boldsymbol{j}+a_3\boldsymbol{k}$和$\boldsymbol{b}=b_1\boldsymbol{i}+b_2\boldsymbol{j}+b_3\boldsymbol{k}$是两个非零向量，则其间夹角$\theta$的余弦

$$\cos\theta=\frac{a_1b_1+a_2b_2+a_3b_3}{|\boldsymbol{a}||\boldsymbol{b}|}$$

证明 设$\boldsymbol{a}=a_1\boldsymbol{i}+a_2\boldsymbol{j}$和$\boldsymbol{b}=b_1\boldsymbol{i}+b_2\boldsymbol{j}$都是平面向量，如图5-1（c）所示。从图中可以看出，向量$\boldsymbol{a}$与x轴夹角θ_1的余弦和向量$\boldsymbol{b}$与x轴夹角θ_2的余弦和正弦分别为

$$\cos\theta_1=\frac{a_1}{|\boldsymbol{a}|},\quad \cos\theta_2=\frac{b_1}{|\boldsymbol{b}|},\quad \sin\theta_1=\frac{a_2}{|\boldsymbol{a}|},\quad \sin\theta_2=\frac{b_2}{|\boldsymbol{b}|}$$

根据两角差（$\theta_2-\theta_1$）的余弦公式，有

$$\begin{aligned}\cos(\theta_2-\theta_1)&=\cos\theta_2\cos\theta_1+\sin\theta_2\sin\theta_1\\&=\frac{a_1b_1}{|\boldsymbol{a}||\boldsymbol{b}|}+\frac{a_2b_2}{|\boldsymbol{a}||\boldsymbol{b}|}\\&=\frac{a_1b_1+a_2b_2}{|\boldsymbol{a}||\boldsymbol{b}|}\end{aligned}$$

因$\cos(\theta_2-\theta_1)=\cos\theta$，定理证完。

当向量$\boldsymbol{a}$和$\boldsymbol{b}$都是空间向量时，定理的证明可以仿此进行，留给读者，当作练习。

借助上述定理，计算向量间的夹角 θ 或夹角 θ 的余弦就十分容易了，有如下例。

例5.2 设 $\boldsymbol{a}=\boldsymbol{i}+\boldsymbol{j}-4\boldsymbol{k}$，$\boldsymbol{b}=\boldsymbol{i}-2\boldsymbol{j}+2\boldsymbol{k}$，其间的夹角记为 θ，试求 $\cos\theta$ 。

解 根据上述定理，得

$$\cos\theta=\frac{1\cdot 1+1\cdot(-2)+(-4)\cdot 2}{\sqrt{1+1+(-4)^2}\cdot\sqrt{1+(-2)^2+2^2}}=\frac{-9}{\sqrt{18}\cdot 3}$$

$$=-\frac{\sqrt{2}}{2}$$

例5.3 已知平面向量 $\boldsymbol{a}=\frac{\sqrt{3}}{2}\boldsymbol{i}+\frac{1}{2}\boldsymbol{j}$，$\boldsymbol{b}=\frac{1}{2}\boldsymbol{i}+\frac{\sqrt{3}}{2}\boldsymbol{j}$，求其间的夹角 θ_1 的余弦 $\cos\theta_1$，求向量 $\boldsymbol{a}$ 和向量（$\boldsymbol{a}-\boldsymbol{b}$）其间的夹角 θ_2 的余弦 $\cos\theta_2$，求向量 $\boldsymbol{b}$ 和向量（$\boldsymbol{b}-\boldsymbol{a}$）其间的夹角 θ_3 的余弦 $\cos\theta_3$，如图5–2（a）（b）（c）所示。再试问，角 θ_1、θ_2 和 θ_3 之间有何关系？

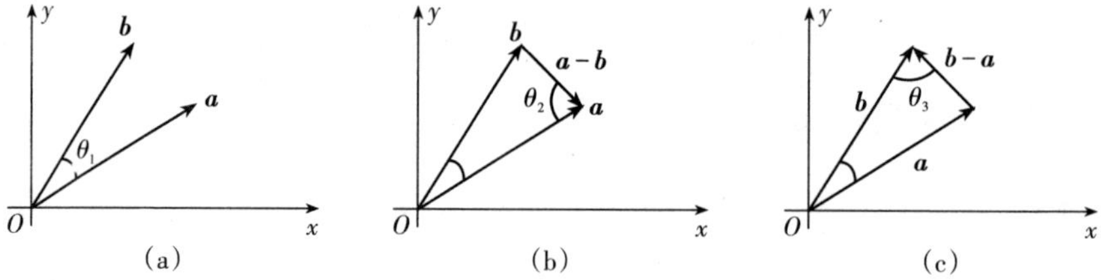

图5–2

解 利用上述定理，直接得

$$\cos\theta_1=\frac{\frac{\sqrt{3}}{2}\cdot\frac{1}{2}+\frac{1}{2}\cdot\frac{\sqrt{3}}{2}}{\sqrt{\left(\frac{\sqrt{3}}{2}\right)^2+\left(\frac{1}{2}\right)^2}\sqrt{\left(\frac{1}{2}\right)^2+\left(\frac{\sqrt{3}}{2}\right)^2}}=\frac{\sqrt{3}}{2}$$

又 $\boldsymbol{a}-\boldsymbol{b}=\frac{1}{2}\left(\sqrt{3}-1\right)\boldsymbol{i}+\frac{1}{2}\left(1-\sqrt{3}\right)\boldsymbol{j}$，得

$$\cos\theta_2=\frac{\frac{1}{4}\left(3-\sqrt{3}\right)+\frac{1}{4}\left(1-\sqrt{3}\right)}{1\cdot\sqrt{\frac{1}{4}\left(4-2\sqrt{3}\right)+\frac{1}{4}\left(4-2\sqrt{3}\right)}}$$

$$=\frac{1-\frac{\sqrt{3}}{2}}{\sqrt{2-\sqrt{3}}}\approx 0.259$$

因为 $|\boldsymbol{a}|=|\boldsymbol{b}|=1$，从图5–2（b）中不难看出 $\theta_2=\theta_3$，由此得

$$\cos\theta_3=\cos\theta_2\approx 0.259$$

从图5-2上直接可知，θ_1，θ_2 和 θ_3 分别是一个三角形的三个内角，因此存在等式

$$\theta_1+\theta_2+\theta_3=180°$$

已知 $\cos\theta_1$、$\cos\theta_2$ 和 $\cos\theta_3$ 自然可以计算出 θ_1、θ_2 和 θ_3，希读者一试，看上述等式是否正确。

从以上两例可知，在实际中会经常遇到角度 θ 或者其余弦 $\cos\theta$ 的计算问题。因此，又有数量积的另一定义。

定义 5.2　设 $\boldsymbol{a}$ 和 $\boldsymbol{b}$ 是两个向量，其夹角为θ，则数量 $|\boldsymbol{a}||\boldsymbol{b}|\cos\theta$ 称为向量 $\boldsymbol{a}$ 和向量 $\boldsymbol{b}$ 的数量积，记作 $\boldsymbol{a}\cdot\boldsymbol{b}$，即

$$\boldsymbol{a}\cdot\boldsymbol{b}=|\boldsymbol{a}||\boldsymbol{b}|\cos\theta$$

记向量 $\boldsymbol{a}=a_1\boldsymbol{i}+a_2\boldsymbol{j}+a_3\boldsymbol{k}$ 和 $\boldsymbol{b}=b_1\boldsymbol{i}+b_2\boldsymbol{j}+b_3\boldsymbol{k}$，则根据本节中的定理，直接有

$$\boldsymbol{a}\cdot\boldsymbol{b}=|\boldsymbol{a}||\boldsymbol{b}|\cos\theta=a_1b_1+a_2b_2+a_3b_3$$

将此式与上节中关于数量积的定义两相对比，就会发现，现在关于数量积的定义与上节的定义是等价的。

根据现在的定义，易知

（1）$\boldsymbol{i}\cdot\boldsymbol{i}=1$，$\boldsymbol{i}\cdot\boldsymbol{j}=0$，$\boldsymbol{i}\cdot\boldsymbol{k}=0$；

（2）$\boldsymbol{j}\cdot\boldsymbol{i}=0$，$\boldsymbol{j}\cdot\boldsymbol{j}=1$，$\boldsymbol{j}\cdot\boldsymbol{k}=0$；

（3）$\boldsymbol{k}\cdot\boldsymbol{i}=0$，$\boldsymbol{k}\cdot\boldsymbol{j}=0$，$\boldsymbol{k}\cdot\boldsymbol{k}=1$。

同时，下列运算照样适用，即

（1）$\boldsymbol{a}\cdot\boldsymbol{b}=\boldsymbol{b}\cdot\boldsymbol{a}$；

（2）$\boldsymbol{a}\cdot(\boldsymbol{b}+\boldsymbol{c})=\boldsymbol{a}\cdot\boldsymbol{b}+\boldsymbol{a}\cdot\boldsymbol{c}$；

（3）$(m\boldsymbol{a})\cdot\boldsymbol{b}=\boldsymbol{a}\cdot(m\boldsymbol{b})=m\boldsymbol{a}\cdot\boldsymbol{b}$。

5.1.3　应用举例

数量积既是个重要的概念，也极富实用性。现择其要者，分述如下。

1. 垂直

$\boldsymbol{a}$ 和 $\boldsymbol{b}$ 是非零向量，若两者相互垂直，记作 $\boldsymbol{a}\perp\boldsymbol{b}$，则其充要条件为

$$\boldsymbol{a}\cdot\boldsymbol{b}=0$$

证明　必要性

如果 $\boldsymbol{a}\perp\boldsymbol{b}$，则其夹角$\theta=90°$，$\cos\theta=0$。因此，必有

$$\boldsymbol{a}\cdot\boldsymbol{b}=|\boldsymbol{a}||\boldsymbol{b}|\cos\theta=0$$

充分性　如果 $\boldsymbol{a}\cdot\boldsymbol{b}=|\boldsymbol{a}||\boldsymbol{b}|\cos\theta=0$，则因 $\boldsymbol{a}$、$\boldsymbol{b}$ 皆非零向量，只能 $\cos\theta=0$，$\theta=90°$，所以向量 $\boldsymbol{a}$ 和 $\boldsymbol{b}$ 相互垂直。证完。

例5.4 求点 $A\left(1,\ \frac{3}{2}\right)$ 到直线 $x-2y=0$ 的距离，如图5-3所示。

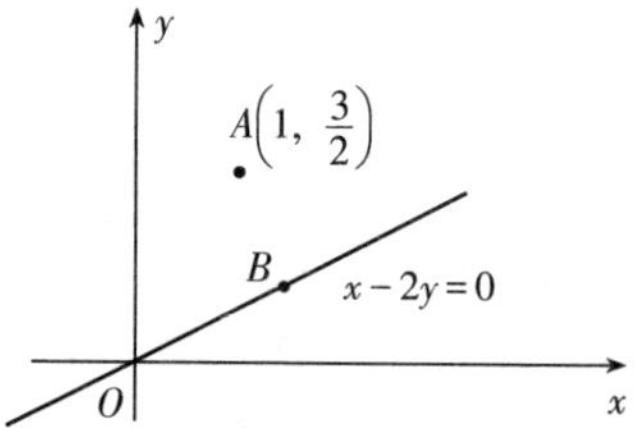

图5-3

解 设点 $B(x,\ y)$ 是位于直线 $x-2y=0$ 上且距点 $A\left(1,\ \frac{3}{2}\right)$ 最近的点，记点 B 至点 A 的连线所表示的向量为 $\boldsymbol{BA}$，原点至点 B 所表示的向量为 $\boldsymbol{OB}$，则有

$$\boldsymbol{BA}=(1-x)\boldsymbol{i}+\left(\frac{3}{2}-y\right)\boldsymbol{j},\quad \boldsymbol{OB}=x\boldsymbol{i}+y\boldsymbol{j}$$

再根据设定条件，又有 $\boldsymbol{BA}\perp\boldsymbol{OB}$，即

$$\boldsymbol{BA}\cdot\boldsymbol{OB}=\left[(1-x)\boldsymbol{i}+\left(\frac{3}{2}-y\right)\boldsymbol{j}\right]\cdot(x\boldsymbol{i}+y\boldsymbol{j})$$
$$=(1-x)x+\left(\frac{3}{2}-y\right)y=0$$

因点 $B(x,\ y)$ 位于直线 $x-2y=0$，满足条件 $x=2y$，代入上式，得

$$x=\frac{7}{5},\quad y=\frac{7}{10}$$

及向量

$$\boldsymbol{OB}=\frac{7}{5}\boldsymbol{i}+\frac{7}{10}\boldsymbol{j},\quad \boldsymbol{BA}=-\frac{2}{5}\boldsymbol{i}+\frac{4}{5}\boldsymbol{j}$$

点 $A\left(1,\ \frac{3}{2}\right)$ 到直线 $x-2y=0$ 的距离为

$$|BA|=\frac{\sqrt{20}}{5}=\frac{2}{\sqrt{5}}$$

上面得到的解是否正确，有许多方法可以用来验证。

（1）直线方程有许多标准型，其中之一称为正态式，即将方程中系数的平方和归化为1的标准式，一般地说，直线方程

$$ax+by+c=0$$

的正态式就是

$$\frac{1}{\sqrt{a^2+b^2}}(ax+by+c)=0$$

而本例中直线方程 $x-2y=0$ 的正态式就是

$$\frac{1}{\sqrt{5}}(x-2y)=0$$

有了直线的正态式之后，求点到直线的距离便十分简单了。将点的坐标代入直线的正态式就立即得到所要的答案。如将点 $A\left(1,\ \frac{3}{2}\right)$ 代入上式，则得点 A

到直线 $x-2y=0$ 的距离

$$|AB|=\left|\frac{1}{\sqrt{5}}\left(1-2\cdot\frac{3}{2}\right)\right|=\frac{2}{\sqrt{5}}$$

这同前面的答案完全一样。

行文至此，希望读者思考一下：为何将点的坐标代入直线方程不行，非要代入正态式才能得到点到直线的距离？

（2）求点到直线的距离事实上也是个条件极值问题。拿本例来说，在直线 $x-2y=0$ 上任取一点 $B(x,\ y)$，则点 $A\left(1,\ \frac{3}{2}\right)$ 到点 B 的距离为

$$|BA|=\sqrt{(1-x)^2+\left(\frac{3}{2}-y\right)^2}$$

求上式在约束条件 $x-2y=0$ 下的极小值，其解便是点 $A\left(1,\ \frac{3}{2}\right)$ 到直线的距离。

顺便说一下，就本例而论，求 BA 的极小值同求 $|BA|^2$ 的极小值是等价的，这样可以省去计算根式求导的麻烦。如果再利用约束条件

$$x-2y=0$$

即 $x=2y$ 的关系，问题就变成一个简单的极值问题了。读者不妨一试，看会得到什么样的结果。

其实，除以上两种方法外，验证上例的正确性，尚有不少。希读者自己考量，这样学习可使既有的知识融会贯通，逐步达到熟能生巧的程度。下节讲述法线时，还将顺便对此做点补充。

2. 法线

分两种情况讨论，平面和空间。先说前者。

（1）设有直线方程

$$a_1x_1+a_2x_2=b \tag{5-1}$$

在此，不失一般性，取 $b=0$，并令向量 $\boldsymbol{a}=(a_1,\ a_2)=a_1\boldsymbol{i}+a_2\boldsymbol{j}$，向量 $\boldsymbol{X}=(x_1,\ x_2)=x_1\boldsymbol{i}+x_2\boldsymbol{j}$，则上述直线方程可写成数量积形式

$$\boldsymbol{a}\cdot\boldsymbol{X}=0 \tag{5-2}$$

其中，向量 $\boldsymbol{a}$ 意义明确，毋庸多言。向量 $\boldsymbol{X}$ 究竟是什么？需要解释一下。

方程 $a_1x_1+a_2x_2=0$ 在平面上代表一条直线，记为 l，如图5-4所示。直线 l 通过原点，其上的任何一点，设为 $B=(x_{10},\ x_{20})$，都满足方程 $\boldsymbol{a}\cdot\boldsymbol{X}=0$。这就是说，向量

$$\boldsymbol{X}_0=x_{10}\boldsymbol{i}+x_{20}\boldsymbol{j}$$

与向量 $\boldsymbol{a}$ 垂直，而点 $B=(x_{10},\ x_{20})$ 是直线（5-1）上的任何一点，于是问题便迎

刃而解了，向量$\boldsymbol{a}$就是直线的法向量，如图5-4所示。

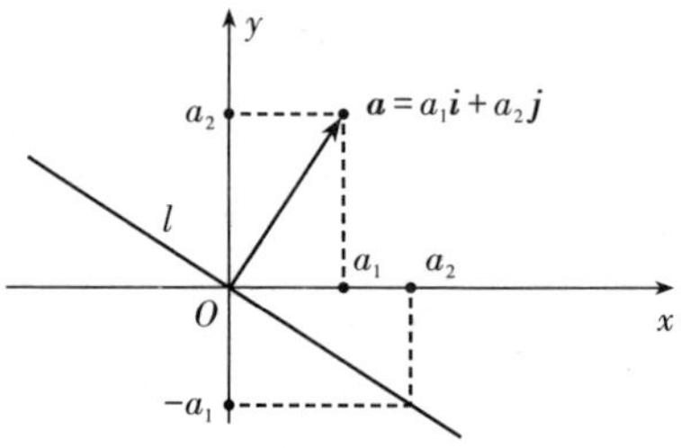

图5-4

现在知道了直线的法向量，那该如何求出直线的法线呢？为具体起见，设直线方程为

$$x_1+2x_2=0$$

则其法向量 $\boldsymbol{a}=(1,\ 2)=\boldsymbol{i}+2\boldsymbol{j}$，如图5-4所示。显然，法线是同法向量同向的，或者说，两者是重合的。记住这一点很重要，试设想，沿法向量方向若 x_1 的增量为1，则 x_2 的增量必为2，并以此类推，如图5-4所示。这就是说，法线上的任意一点 $(x_1,\ x_2)$ 都满足条件

$$\frac{x_1}{1}=\frac{x_2}{2}$$

或者说满足方程 $2x_1-x_2=0$，它便是直线 $x_1+2x_2=0$ 的法线方程。

一般地说，若直线方程为

$$ax+by=c \tag{5-3}$$

则其法线方程为

$$bx-ay=0 \tag{5-4}$$

从上述两个方程不难看出，若视两者的系数各为一向量，即 $(a,\ b)=a\boldsymbol{i}+b\boldsymbol{j}$ 和 $(b,\ -a)=b\boldsymbol{i}-a\boldsymbol{j}$，则其数量积

$$(a\boldsymbol{i}+b\boldsymbol{j})\cdot(b\boldsymbol{i}-a\boldsymbol{j})=0$$

这表明：直线（5-3）和直线（5-4）是相互垂直的。换言之，两者互为法线。

需要说明，以上求出的法线都通过原点。事实上，如将方程（5-4）右边的零改成某一常数，则它仍是原直线（5-3）的法线，且可通过平面上的任意一点。

具体地说，在上节结尾时尚留下一个话题，谈到其中例5.4的验证还存在不少方法。现在有了法线方程，由此容易想到，通过点 $A\left(1,\ \frac{3}{2}\right)$ 的法线同原来的直线 $x_1-2x_2=0$ 的交点B就是所求的解。而过点 $A\left(1,\ \frac{3}{2}\right)$ 的法线方程为

$$2x_1+x_2=2\cdot 1+\frac{3}{2}=3\frac{1}{2}$$

余下的留给读者，当作练习。

（2）设有空间的平面方程

$$a_1x_1+a_2x_2+a_3x_3=0 \tag{5-5}$$

和上节的论述同理，此式可用数量积写成

$$\boldsymbol{A}\cdot\boldsymbol{X}=0$$

其中向量 $\boldsymbol{A}=(a_1, a_2, a_3)=a_1\boldsymbol{i}+a_2\boldsymbol{j}+a_3\boldsymbol{k}$，$\boldsymbol{X}=(x_1, x_2, x_3)=x_1\boldsymbol{i}+x_2\boldsymbol{j}+x_3\boldsymbol{k}$。显然，除向量的维数不同外，上述方程和方程（5-2）完全一样。据此可以判定，向量 $\boldsymbol{A}$ 就是平面（5-5）的法向量，而通过原点的法线为

$$\frac{x_1}{a_1}=\frac{x_2}{a_2}=\frac{x_3}{a_3} \tag{5-6}$$

通过某定点 $X_0(x_{10}, x_{20}, x_{30})$ 的法线为

$$\frac{x_1-x_{10}}{a_1}=\frac{x_2-x_{20}}{a_2}=\frac{x_3-x_{30}}{a_3} \tag{5-7}$$

设 t 为参数，上式又可改写成参数式

$$x_1=x_{10}+a_1t，\ x_2=x_{20}+a_2t，\ x_3=x_{30}+a_3t$$

例5.5　求过点 $A(2, -1, 3)$ 且与平面 $3x+y-2z=4$ 相平行的平面方程。

解　两平面平行，则两者有相同的法向量，依题意直接得所求的平面为

$$3(x-2)+\big(y-(-1)\big)-2(z-3)=0$$

即

$$3x+y-2z=-1$$

例5.6　求点 $A(2, 1, 4)$ 到平面 $2x-y+3z-1=0$ 的距离，如图5-5所示。

解　有多种解法，已如上所述。现在学过了法线，用来求解此题，正当其时。从图5-5上显然可见，若能求出过点 $A(2, 1, 4)$ 的法线与所论平面的交点，记为 B，则点 B 至点 A 的距离 BA 就是问题的解。众所周知，求点 B 并非难事，但现在我们有更好的解法。

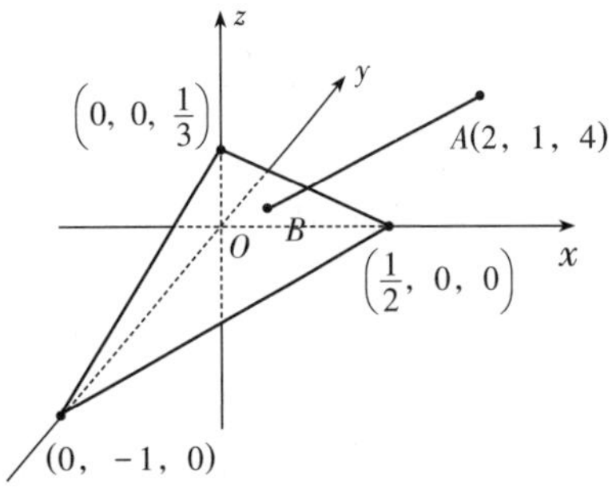

图5-5

一边查看图5-5，一边思考，再联想到数量积，就会发现：距离 $|BA|$ 正好等于两个向量的数量积，一是平面的单位法向量 $\boldsymbol{n}$，一是在平面上任选一点 $C(x_0, y_0, z_0)$，由点 C 同点 A 相连所成的向量。两者分别为

$$\boldsymbol{n}=\frac{2\boldsymbol{i}-\boldsymbol{j}+3\boldsymbol{k}}{\sqrt{2^2+(-1)^2+3^2}}，\ \boldsymbol{CA}=(2-x_0)\boldsymbol{i}+(1-y_0)\boldsymbol{j}+(4-z_0)\boldsymbol{k}$$

由此得

$$\boldsymbol{n}\cdot\boldsymbol{CA}=\frac{2(2-x_0)-(1-y_0)+3(4-z_0)}{\sqrt{2^2+(-1)^2+3^2}}=\frac{2\cdot 2-1+3\cdot 4-(2x_0-y_0+3z_0)}{\sqrt{14}}$$

因点 $C(x_0, y_0, z_0)$ 在平面 $2x-y+3z-1=0$ 上，上式化为

$$\boldsymbol{n}\cdot\boldsymbol{CA}=|BA|=\frac{1}{\sqrt{14}}(15-1)=\sqrt{14}$$

答：点A(2，1，4）到平面 $2x-y+3z-1=0$ 的距离等于 $\sqrt{14}$ 。

读者可能已经看出，用这种方法求解点 $A(x_0, y_0, z_0)$ 到平面 $ax+by+cz+d=0$ 的距离，记为D，就会得到一个常见的公式

$$D=\frac{|ax_0+by_0+cz_0+d|}{\sqrt{a^2+b^2+c^2}}$$

上面的公式在前节讲过，可供参考。而下面的问题却值得思考：为什么将点 $A(x_0, y_0, z_0)$ 的坐标代入平面的正态式就能求出点A到平面的距离，非正态式便不行？

3. 切线

有了研究法线的基础，解决切线问题就方便了。仍分两种情况讨论，平面与空间，先说前者。

（1）设有函数 $f(x, y)=0$，其图形是平面上的一条曲线，如图5-6（a）所示。点 $A(x_0, y_0)$ 位于曲线上，试求曲线过点A处的切线。

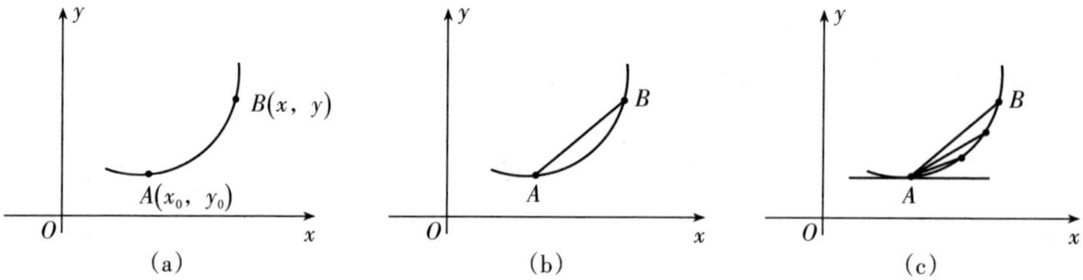

图5-6

此题的解法不少，现在仍沿用求法线的方法，借助数量积。首先，求函数 $f(x, y)$ 在点 $A(x_0, y_0)$ 处的全微分，并写成数量积的形式，即

$$\begin{aligned}\mathrm{d}f&=f_x'(x_0, y_0)\Delta x+f_y'(x_0, y_0)\Delta y\\&=\left(f_x'\boldsymbol{i}+f_y'\boldsymbol{j}\right)\cdot(\Delta x\boldsymbol{i}+\Delta y\boldsymbol{j})\end{aligned}$$

其次，在曲线 $f(x, y)=0$ 上任选一点$B(x, y)$，连接点A和点B，如图5-6（b）所示。最后，记 $\Delta x=x-x_0$，$\Delta y=y-x_0$，并令点B沿曲线趋近于点A，则从图5-6（c）上显然可见，割线AB的极限位置就是曲线在点A处的切线，而切线方程为

$$\mathrm{d}f=\left(f_x'(x_0, y_0)\boldsymbol{i}+f_y'(x_0, y_0)\boldsymbol{j}\right)\cdot\left((x-x_0)\boldsymbol{i}+(y-y_0)\boldsymbol{j}\right)=0$$

即

$$f_x'(x-x_0)+f_y'(y-y_0)=0 \tag{5-8}$$

其实，不用数量积照样可以得到同样的结果。但是，根据前文中对法线的论述，这样还能求出曲线在点 $A(x_0,\ y_0)$ 处的法向量 $\boldsymbol{a}$ 和法线方程分别是

$$\boldsymbol{a}=f_x'(x_0,\ y_0)\boldsymbol{i}+f_y'(x_0,\ y_0)\boldsymbol{j}$$

和

$$\frac{x-x_0}{f_x'(x_0,\ y_0)}=\frac{y-y_0}{f_y'(x_0,\ y_0)}$$

例5.7　求抛物线 $f(x,\ y)=y-x^2-1=0$ 在点$A(2,\ 5)$ 处的切线，如图5-7所示。

解　求函数 $f(x,\ y)$ 在点$A(2,\ 5)$ 处的全微分，得

$$\begin{aligned}\mathrm{d}f&=f_x'(2,\ 5)\Delta x+f_y'(2,\ 5)\Delta y\\&=-2x|_{x=2}\cdot\Delta x+1\cdot\Delta y\\&=-4\Delta x+\Delta y\end{aligned}$$

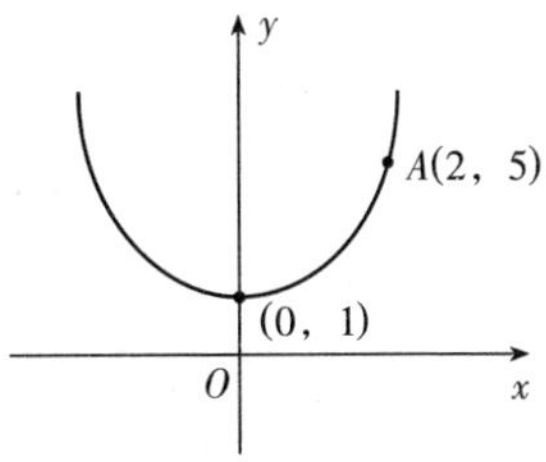

图5-7

记 $\Delta x=x-2$，$\Delta y=y-5$，由上式得曲线在点A处的切线方程为

$$-4(x-2)+y-5=0$$

这里需要复习一下，有一种常用的求曲线 $f(x,\ y)=0$ 在点 $A(x_0,\ y_0)$ 处的切线的方法：从函数 $f(x,\ y)=0$ 求出在点 $A(x_0,\ y_0)$ 处切线的斜率，即 $\left.\dfrac{\mathrm{d}y}{\mathrm{d}x}\right|_{(x_0,\ y_0)}$，再利用公式

$$y-y_0=\frac{\mathrm{d}y}{\mathrm{d}x}(x-x_0) \tag{5-9}$$

就得到了曲线 $f(x,\ y)=0$ 在点 $A(x_0,\ y_0)$ 的切线方程。又因

$$f_x'\Delta x+f_y'\Delta y=0,\quad \frac{\mathrm{d}y}{\mathrm{d}x}=-\frac{f_x'}{f_y'}$$

将以上结果代入式（5-9），便是前述的切线方程（5-8）。显然，两者是一致的。

（2）平面曲线的切线已如上述，现在来研究空间的情况。空间曲线的表达形式常用的有两种：参数式和两个曲面的交线式。先讨论前者。

空间曲线的参数式是将坐标量x、y和z表示为参数t的函数，即

$$x=f(t),\ y=g(t),\ z=h(t),\ a\leqslant t\leqslant b \tag{5-10}$$

当参数t从 $t=a$ 连续地增加至b时，在空间便由上列表达式描出一条曲线，如图5-8所示。

设 $t=t_0$ 时，对应于曲线（5-10）上的点为 $A(x_0, y_0, z_0)$，$t=t_1$ 时，为点 $B(x, y, z)$，AB 是曲线上的一条割线，如图5-8所示。割线 AB 的表达式，根据拉格朗日中值定理可写成

$$\begin{cases} x-x_0=f'(\xi_1)(t-t_0), \\ y-y_0=g'(\xi_2)(t-t_0), \\ z-z_0=h'(\xi_3)(t-t_0), \end{cases} \tag{5-11}$$

$$t_0<t<t_1,\ t_0<\xi_1,\ \xi_2,\ \xi_3<t_1$$

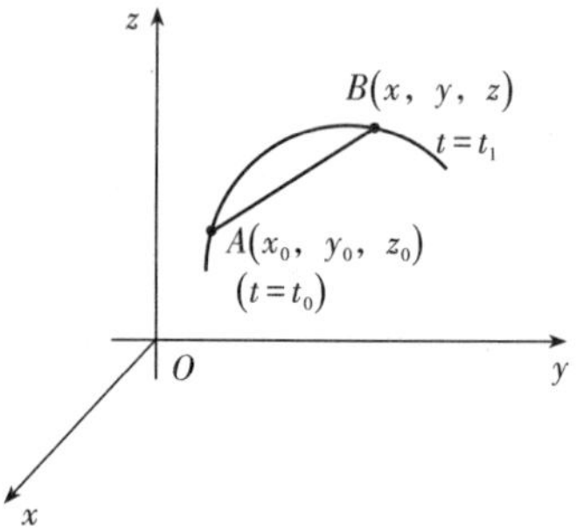

图5-8

上列表达式又可改写为

$$\frac{x-x_0}{f'(\xi_1)}=\frac{y-y_0}{g'(\xi_2)}=\frac{z-z_0}{h'(\xi_3)},\ t_0<\xi_1,\ \xi_2,\ \xi_3<t_1 \tag{5-12}$$

显然，上列两个表达式（5-11）和（5-12）实际上就是割线方程，其具体含义是：在割线 AB 上，若参数 t 的增值 $t-t_0=1$，则相应变量 x、y 和 z 的增值分别为

$$x-x_0=f'(\xi_1),\ y-y_0=g'(\xi_2),\ z-z_0=h'(\xi_3)$$

这就表明，$(f'(\xi_1), g'(\xi_2), h'(\xi_3))$ 是割线 AB 的方向数。当点 B 趋近于点 A，在极限情况下，割线 AB 便成为曲线在点 A 处的切线，由于这时 $(\xi_1, \xi_2, \xi_3)\to(t_0, t_0, t_0)$，从式（5-12）则得曲线在点 $A(x_0, y_0, z_0)$ 处的切线方程

$$\frac{x-x_0}{f'(t_0)}=\frac{y-y_0}{g'(t_0)}=\frac{z-z_0}{h'(t_0)} \tag{5-13}$$

例5.8 求曲线 $x=t$，$y=t^2$，$z=t^3$ 在点 $A(-1, 1, -1)$ 处的切线方程。

解 由给定的曲线方程可知，点 $A(-1, 1, -1)$ 对应的参数 $t=-1$，据此可得

$$\left.\frac{\mathrm{d}x}{\mathrm{d}t}\right|_{t=-1}=1,\ \left.\frac{\mathrm{d}y}{\mathrm{d}t}\right|_{t=-1}=-2,\ \left.\frac{\mathrm{d}z}{\mathrm{d}t}\right|_{t=-1}=3$$

因此曲线在点 $A(-1, 1, -1)$ 处的切线方程为

$$\frac{x+1}{1}=\frac{y-1}{-2}=\frac{z+1}{3}$$

上面解答了由参数式表达的空间曲线求切线的问题。现在问题不变，但曲线的表达形式变了，是由两个联立的空间曲面方程

$$\begin{cases} F(x, y, z)=0 \\ G(x, y, z)=0 \end{cases} \tag{5-14}$$

表示的。上述两个曲面的交线，记为 L，就是行将研究的对象。

其实，同样的问题本书在第4章已经讨论过了。鉴于这是个难点，从不同

角度再说一遍，既可温故知新，又能加深理解。为此，有必要复习一下三元一次联立方程组的解法。

设有如下的一次方程组：

$$\begin{cases} a_1x + a_2y + a_3z = 0 \\ b_1x + b_2y + b_3z = 0 \end{cases} \tag{5-15}$$

其直观意义是，空间两个平面的交线，交线上每一点的坐标（x，y，z）都是方程组的解。可见，变量数大于方程数，解不唯一。

上列方程组其解不唯一，解法也多种多样。其中之一较为简单，在三个变量中任选一个，视为已知，求解余下的两个。现在视变量z为已知，求解变量x和y。例如，先要求解变量x，则可按下列步骤进行。

第一，消去变量y。为此，用行矩阵$[b_2, \ -a_2]$乘方程组（5-15），得

$$(b_2a_1 - a_2b_1)x + (b_2a_3 - a_2b_3)z = 0$$

再消去变量x。用行矩阵$[\,b_1, \ -a_1\,]$乘方程组（5-15）得

$$(b_1a_2 - a_1b_2)y + (b_1a_3 - a_1b_3)z = 0$$

第二，仔细查看上述两式，并加以整理，则得

$$\frac{x}{\begin{vmatrix} a_2 & a_3 \\ b_2 & b_3 \end{vmatrix}} = \frac{y}{\begin{vmatrix} a_3 & a_1 \\ b_3 & b_1 \end{vmatrix}} = \frac{z}{\begin{vmatrix} a_1 & a_2 \\ b_1 & b_2 \end{vmatrix}} \tag{5-16}$$

第三，上式在前一章讲过，鉴于其重要性，再重复两点：式（5-16）就是方程组（5-15）的解，其几何图像为过原点的一条直线；式（5-16）分式中的三个分母就是上述直线的方向数。

例5.9　求下列方程组的解

$$\begin{cases} (x-1) + 2(y-1) - 3(z+2) = 0 \\ 2(x-1) + 3(y-1) - (z+2) = 0 \end{cases}$$

解　根据式（5-16）直接得方程组的解为

$$\frac{x-1}{7} = \frac{y-1}{-5} = \frac{z+2}{-1}$$

解完之后，如何验证解的正确性？建议令解中的三个分式都等于t，即

$$x-1 = 7t, \ y-1 = -5t, \ z+2 = -t$$

代入方程组中，看是否满足。具体运算，希读者自己完成。待算完之后，就会发现，实际上是在验证

$$\begin{vmatrix} a_1 & a_2 & a_3 \\ a_1 & a_2 & a_3 \\ b_1 & b_2 & b_3 \end{vmatrix} = 0, \quad \begin{vmatrix} b_1 & b_2 & b_3 \\ a_1 & a_2 & a_3 \\ b_1 & b_2 & b_3 \end{vmatrix} = 0$$

关于这个问题，在下一节还会有进一步的说明。

再者，如果将本例中的方程组改写为

$$\begin{cases}x+2y-3z=9\\2x+3y-z=7\end{cases}$$

那该如何求解？这值得思考。

作了以上的准备，对原有的问题，即求由方程组

$$\begin{cases}F(x,\ y,\ z)=0\\G(x,\ y,\ z)=0\end{cases} \tag{5-17}$$

表示的曲线L其上某点$A(x_0,\ y_0,\ z_0)$的切线，就不难解决了。

第一，设想已将方程组（5-17）中的x、y和z表示成参数t的函数

$$x=f(t),\ y=g(t),\ z=h(t)$$

而上式的图形就是曲线L。

第二，对方程组（5-17）中的两个等式分别求t的导数，得

$$\begin{cases}F_x'f'(t)+F_y'g'(t)+F_z'h'(t)=0\\G_x'f'(t)+G_y'g'(t)+G_z'h'(t)=0\end{cases} \tag{5-18}$$

显然，方程组（5-18）和方程组（5-15）两者的形式完全一样，因此有

$$\frac{f'(t)}{\begin{vmatrix}F_y' & F_z'\\G_y' & G_z'\end{vmatrix}}=\frac{g'(t)}{\begin{vmatrix}F_z' & F_x'\\G_z' & G_x'\end{vmatrix}}=\frac{h'(t)}{\begin{vmatrix}F_x' & F_y'\\G_x' & G_y'\end{vmatrix}} \tag{5-19}$$

第三，设$t=t_0$时，对应于曲线L上的点为$A(x_0,\ y_0,\ z_0)$，并将上式与式（5-13）对比，再略加整理，则得

$$\frac{x-x_0}{\begin{vmatrix}F_y' & F_z'\\G_y' & G_z'\end{vmatrix}}=\frac{y-y_0}{\begin{vmatrix}F_z' & F_x'\\G_z' & G_x'\end{vmatrix}}=\frac{z-z_0}{\begin{vmatrix}F_x' & F_y'\\G_x' & G_y'\end{vmatrix}} \tag{5-20}$$

可见，式（5-20）就是曲线L过点$A(x_0,\ y_0,\ z_0)$的切线方程。

例5.10 求曲线

$$\begin{cases}x+y+z=1\\x^2+y^2+z^2=9\end{cases} \tag{5-21}$$

在点$A(2,\ 1,\ -2)$处的切线方程。

解 借助公式（5-20）直接就可以得到答案，但为巩固所学，特此再从头开始。

（1）将变量x，y，z都视作参数t的函数，对方程组（5-21）中的两个等式分别求t的导数，得

$$\begin{cases}x'(t)+y'(t)+z'(t)=0\\2x\cdot x'(t)+2y\cdot y'(t)+2z\cdot z'(t)=0\end{cases}$$

利用公式（5-16），知上面方程组的解为

$$\frac{x'(t)}{\begin{vmatrix}1 & 1\\2y & 2z\end{vmatrix}}=\frac{y'(t)}{\begin{vmatrix}1 & 1\\2z & 2x\end{vmatrix}}=\frac{z'(t)}{\begin{vmatrix}1 & 1\\2x & 2y\end{vmatrix}}$$

（2）在点$A(2,1,-2)$处，$x=2$，$y=1$，$z=-2$，代入上式，有

$$\frac{x'(t)}{-6}=\frac{y'(t)}{8}=\frac{z'(t)}{-2}$$

（3）设上面方程中的三个等式都等于参数α，则

$$x'(t)=-6\alpha,\ y'(t)=8\alpha,\ z'(t)=-2\alpha$$

根据公式（5-13），并化简，直接得所论曲线在点$A(2,1,-2)$处的切线方程

$$\frac{x-2}{-3}=\frac{y-1}{4}=\frac{z+2}{-1}$$

得到解后，最好验证一番，看是否合理。就本例而言，两个曲面的交线其切线必然要同其中每个曲面的法线垂直。方程组（5-21）的头一个曲面是平面$x+y+z=1$，法线的方向数为（1，1，1），而所论切线的方向数从它的方程可知为（-3，4，-1）。两个方向数的数量积等于

$$(1,1,1)\cdot(-3,4,-1)=0$$

上式表明，答案合理，尚未出现矛盾。方程组（5-21）的后一个曲面是球面$x^2+y^2+z^2=9$，它的法线还没讲过，验证只好暂停，转而讨论曲面的法线。

4. 曲面的法线和切平面

在讨论法线时，已经讲过平面的法线，这大有助于现在的研究，因为求曲面的法线与求平面的法线雷同，并可由此求出切平面方程。

设有函数

$$f(x,y,z)=0 \tag{5-22}$$

其空间图形是一个曲面，如图5-9所示。记此曲面为S，试求S上通过点$A(x_0,y_0,z_0)$的法线。

第一，求函数$f(x,y,z)=0$的全微分，得

$$\mathrm{d}f=f_x'\Delta x+f_y'\Delta y+f_z'\Delta z=0 \tag{5-23}$$

临近点A，在S上任选一点$B(x,y,z)$。

第二，连接点A和点B，直线AB是S上的一条割线，并记$\Delta x=x-x_0$，

$\Delta y=y-y_0$，$\Delta z=z-z_0$。

第三，令点B沿曲面趋近点A，其极限位置便是曲面上过点$A(x_0, y_0, z_0)$处的一条切线，如图5-9所示，并据式（5-23）得此切线的方程为

$$f_x'(x_0, y_0, z_0)(x-x_0)+f_y'(x_0, y_0, z_0)(y-y_0)+f_z'(x_0, y_0, z_0)(z-z_0)=0 \quad (5\text{-}24)$$

第四，点B是在曲面上任选的，就是说，过点$A(x_0, y_0, z_0)$的曲面的每条切线都满足上面的方程。因此，方程（5-24）是曲面$f(x, y, z)=0$过点$A(x_0, y_0, z_0)$的切平面方面。

由切平面方程（5-24），马上便得到曲面过点$A(x_0, y_0, z_0)$处的法线方程

$$\frac{x-x_0}{f_x'(x_0, y_0, z_0)}=\frac{y-y_0}{f_y'(x_0, y_0, z_0)}=\frac{z-z_0}{f_z'(x_0, y_0, z_0)} \quad (5\text{-}25)$$

而曲面过点$A(x_0, y_0, z_0)$处的法向量为

$$\boldsymbol{a}=f_x'(x_0, y_0, z_0)\boldsymbol{i}+f_y'(x_0, y_0, z_0)\boldsymbol{j}+f_z'(x_0, y_0, z_0)\boldsymbol{k} \quad (5\text{-}26)$$

会计算曲面的法向量，可以对例5.10的验证工作继续了。在该例中，曲面是$x^2+y^2+z^2=9$，一个球心在原点、半径为3的球面，根据式（5-26），在点$A(2, 1, -2)$处的法向量为

$$\boldsymbol{a}=4\boldsymbol{i}+2\boldsymbol{j}-4\boldsymbol{k}$$

而例5.10中切线的方向数为（-3，4，-1），和$\boldsymbol{a}$的数量积

$$(4\boldsymbol{i}+2\boldsymbol{j}-4\boldsymbol{k})\cdot(-3\boldsymbol{i}+4\boldsymbol{j}-\boldsymbol{k})=0$$

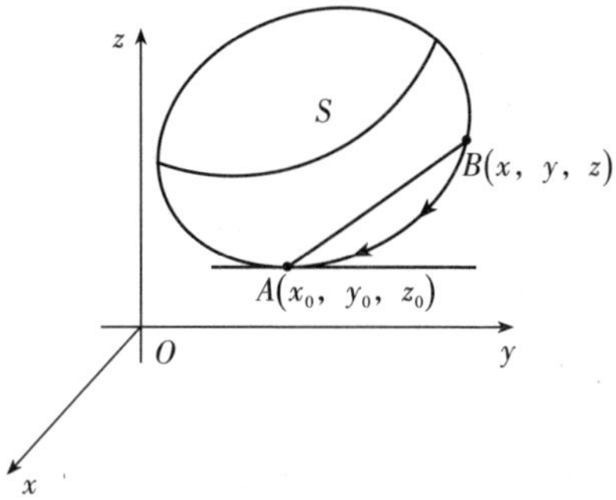

图5-9

由此表明，例5.10的答案是正确的。一条直线与两个曲面过同一点各自的法线垂直，必然是两曲面的交线在该点的切线。

例5.11 求抛物面$f(x, y, z)=x^2+y^2+z-9=0$在点$A(1, 2, 4)$处的切平面和法线，如图5-10所示。

解 求函数$f(x, y, z)=x^2+y^2+z-9=0$在点$A(1, 2, 4)$处的全微分，并写成数量积形式

$$\begin{aligned}df&=2\Delta x+4\Delta y+\Delta z\\&=(2\boldsymbol{i}+4\boldsymbol{j}+\boldsymbol{k})\cdot(\Delta x\boldsymbol{i}+\Delta y\boldsymbol{j}+\Delta z\boldsymbol{k})=0\end{aligned}$$

在上式中，令$\Delta x=x-1$，$\Delta y=y-2$，$\Delta z=z-4$，则得曲面$x^2+y^2+z-9=0$在点$A(1, 2, 4)$处的切平

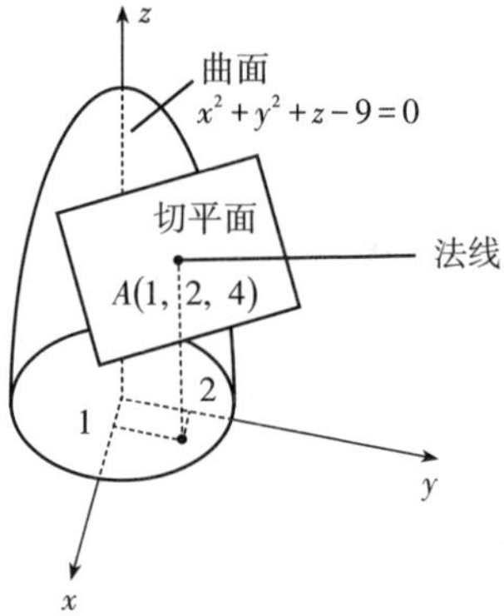

图5-10

面方程

$$2(x-1)+4(y-2)+(z-4)=0$$

和法线方程

$$\frac{x-1}{2}=\frac{y-2}{4}=\frac{z-4}{1}$$

或改写成参数式

$$x=1+2t,\ y=2+4t,\ z=4+t$$

大家可能已经看出，本书在解决关于法线、切线和切平面等类似问题时，其基本思路是：求所论函数的全微分，将它写成数量积形式，令全微分等于零。这样做为什么正确？对工科读者而言，请注意下述的直观说明：设所讨论的对象是一条平面曲线，方程为 $f(x,\ y)=0$，其在某定点 $A(x_0,\ y_0)$ 处的全微分等于零：

$$\mathrm{d}f=f_x'(x-x_0)+f_y'(y-y_0)=0$$

这表明点 $B(x,\ y)$ 在曲线 $f(x,\ y)$ 上，如图5–11（a）所示。当点 $B(x,\ y)$ 趋近于点 $A(x_0,\ y_0)$ 时，割线 AB 的极限位置就是曲线在点 A 处的切线，如图5–11（b）所示。而在此过程中，偏导数 f_x' 和 f_y' 也同时趋于极限值 $f_x'(x_0,\ y_0)$ 和 $f_y'(x_0,\ y_0)$。因此，上式 $\mathrm{d}f=0$ 就变成了曲线在点 $A(x_0,\ y_0)$ 处的切线方程

$$f_x'(x_0,\ y_0)(x-x_0)+f_y'(x_0,\ y_0)(y-y_0)=0$$

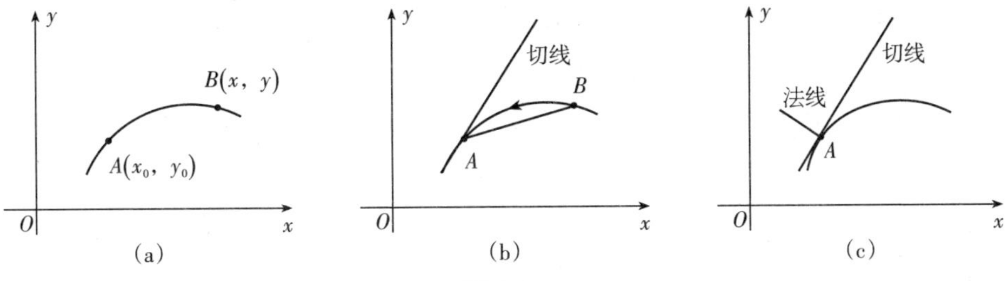

图5–11

将上式改写成数量积形式，有

$$\left(f_x'(x_0,\ y_0)\boldsymbol{i}+f_y'(x_0,\ y_0)\boldsymbol{j}\right)\cdot\left[(x-x_0)\boldsymbol{i}+(y-y_0)\boldsymbol{j}\right]=0$$

由此看出，向量 $\boldsymbol{a}=f_x'(x_0,\ y_0)\boldsymbol{i}+f_y'(x_0,\ y_0)\boldsymbol{j}$ 同向量 $\boldsymbol{X}=(x-x_0)\boldsymbol{i}+(y-y_0)\boldsymbol{j}$ 相互垂直，如图5–11（c）所示。大家知道，向量 $\boldsymbol{X}$ 与切线同向。因此，向量 $\boldsymbol{a}$ 便是曲线在点 $A(x_0,\ y_0)$ 处的法向量，而过点 $A(x_0,\ y_0)$ 的法线方程为

$$\frac{x-x_0}{f_x'(x_0,\ y_0)}=\frac{y-y_0}{f_y'(x_0,\ y_0)}$$

上式的含义是，沿法线方向，横坐标x增加 $f'_x(x_0, y_0)$ 个单位，竖坐标y就增加 $f'_y(x_0, y_0)$ 个单位，这也是方向数的具体意义。

以上所述，不止一次讲过，若能融通，则解决这类问题将会得心应手，游刃有余。读者不妨一试，直观说明如何求曲面的法线和切平面方程。

5. 空间曲线的法平面

空间曲线的切线与法平面乃是同一事实的正反两面，犹如空间曲面的法线与切平面。既然空间曲线的切线方程在上面已经求出来了，那么导出其法平面方程当然易如反掌。有意留到现在，希望读者牛刀一试，查看一番自己的理解程度。下面举个例子，以供对照。

例5.12 求曲线

$$\begin{cases} x+y+z=1 \\ x^2+y^2+z^2=9 \end{cases} \tag{5-27}$$

在点$A(2,1,-2)$处的法平面方程。

解 在前面已经求出了曲线（5-27）在点A处的切线方程为

$$\frac{x-2}{-3}=\frac{y-1}{4}=\frac{z+2}{-1}$$

上式表明，曲线过点A处的切线其方向数为（−3，4，−1）。

现在要求曲线的法平面方程，从图5-12不难看出，曲线的切线是垂直于法平面的，因此切线的方向数就是法向量的方向数。从而，曲线（5-27）在点（2，1，−2）处的法平面方程为

$$-3(x-2)+4(y-1)-(z+2)=0$$

或

$$3x-4y+z=0$$

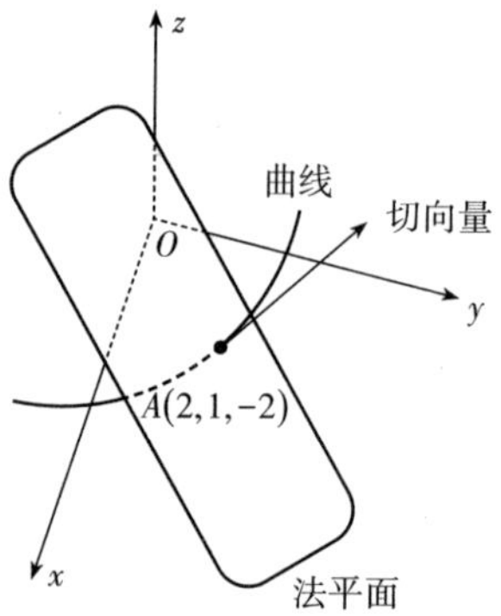

图5-12

上式右边等于零，意为法平面通过原点，情况特殊，值得思考。原因在于，点$A(2,1,-2)$的坐标特殊。将点$A(2,1,-2)$与原点相连，得向量$\boldsymbol{OA}=2\boldsymbol{i}+\boldsymbol{j}-2\boldsymbol{k}$，而切线的方向数为（−3，4，−1），把它视作向量，两者的数量积

$$(2\boldsymbol{i}+\boldsymbol{j}-2\boldsymbol{k})\cdot(-3\boldsymbol{i}+4\boldsymbol{j}-\boldsymbol{k})=0$$

上式证实，两个向量是相互垂直的，这属于特例，也是法平面包含原点的道理。反之，如果两个向量，一是原点与点A相连的向量，一是过点A的切线向量，相互垂直的话，则法平面必然包含原点。初学者宜重视数学结果间的内在

联系，有助于提高自己的创新思维。

6. 其他

数量积是个创新的概念，善于利用，会有意想不到的收获。特举例说明如下。

例5.13　试用数量积证明三角公式

（1）$\cos 2\theta = \cos^2\theta - \sin^2\theta$

（2）$\sin 2\theta = 2\sin\theta\cos\theta$

证明1　设 $\boldsymbol{A} = a\boldsymbol{i} + b\boldsymbol{j}$ 和 $\boldsymbol{B} = a\boldsymbol{i} - b\boldsymbol{j}$ 都是单位向量，如图5-13（a）所示。两者和 x 轴的夹角都是 θ，其数量积

$$\boldsymbol{A}\cdot\boldsymbol{B} = \cos 2\theta = a^2 - b^2$$

从图5-13（a）可知，$a = \cos\theta$，$b = \sin\theta$，代入上式，则得证

$$\cos 2\theta = \cos^2\theta - \sin^2\theta$$

证明2　上面借助图5-13（a）求证了关于 $\cos 2\theta$ 的三角公式，自然会想到利用 $\sin 2\theta = \cos(90° - 2\theta)$ 这个公式来求证了。为此，引入另一单位向量 $\boldsymbol{C} = c_1\boldsymbol{i} + c_2\boldsymbol{j}$，它同向量 $\boldsymbol{B}$ 垂直，如图5-13（b）所示。两向量相互垂直，其数量积必为零，因此

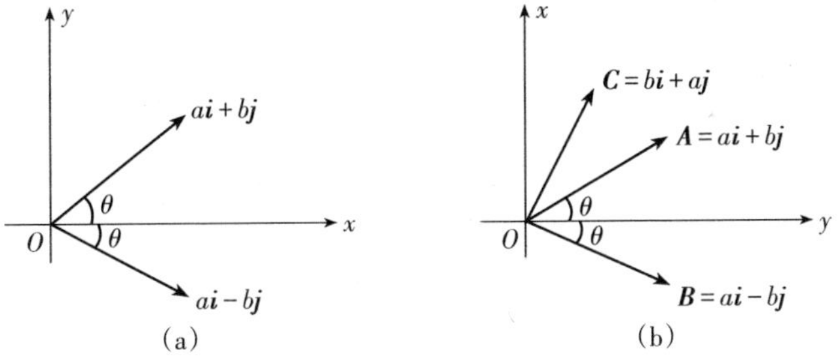

图5-13

$$\begin{aligned}\boldsymbol{C}\cdot\boldsymbol{B} &= (c_1\boldsymbol{i} + c_2\boldsymbol{j})\cdot(a\boldsymbol{i} - b\boldsymbol{j})\\ &= c_1 a - c_2 b = 0\end{aligned}$$

由上式可解得 $c_1 = b$，$c_2 = a$，所以 $\boldsymbol{C} = b\boldsymbol{i} + a\boldsymbol{j}$。

从图5-13（b）上不难看出，向量 $\boldsymbol{C}$ 与 $\boldsymbol{A}$ 之间的夹角 $\beta = 90° - 2\theta$。据此，两向量的数量积

$$\begin{aligned}\boldsymbol{A}\cdot\boldsymbol{C} &= \cos(90° - 2\theta) = \sin 2\theta\\ &= (a\boldsymbol{i} + b\boldsymbol{j})\cdot(b\boldsymbol{i} + a\boldsymbol{j}) = 2ab\end{aligned}$$

在证明1中已知 $a = \cos\theta$，$b = \sin\theta$，代入上式，得证

$$\sin 2\theta = 2\sin\theta\cos\theta$$

证完之后，意犹未尽。为什么非要绕个弯子把正弦 $\sin 2\theta$ 变成余弦

$\cos(90°-2\theta)$? 难道不能直接用正弦 $\sin\theta$ 来定义另外一个数量积？想法很好，但现在还有困难，下一节将会有所交代。

例 5.14 设有两向量 $\boldsymbol{a}=a_1\boldsymbol{i}+a_2\boldsymbol{j}=[a_1, a_2]$，$\boldsymbol{b}=b_1\boldsymbol{i}+b_2\boldsymbol{j}=[b_1, b_2]$。若以其为相邻两条边，可构成一平行四边形，如图 5-14（a）所示，记此四边形的面积为 A。若以其为上下两行，可构成一二阶行列式

$$B=\begin{vmatrix} a_1 & a_2 \\ b_1 & b_2 \end{vmatrix}$$

试证明：上述四边形的面积 A 等于此行列式的绝对值，即 $A=|B|$。

证明 设所论四边形两邻边的夹角为 θ，则从图 5-14（b）上可见

$$|\boldsymbol{a}|\sin\theta=a_2P$$

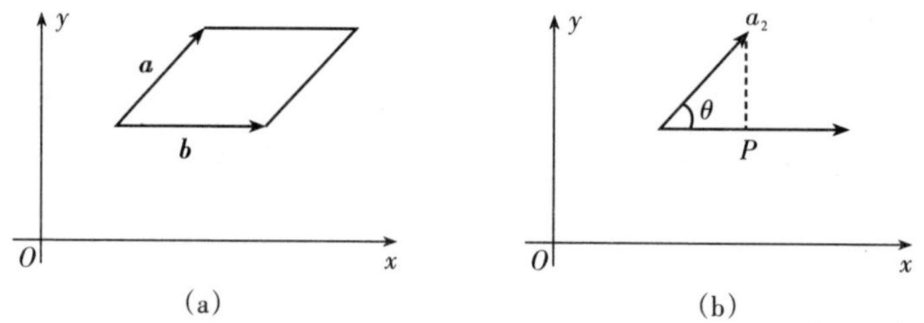

图 5-14

式中，点 P 是垂线 a_2P 在 $\boldsymbol{b}$ 上的垂足。据此可得四边形面积

$$A=a_2P\cdot|\boldsymbol{b}|=|\boldsymbol{a}||\boldsymbol{b}|\sin\theta \tag{5-28}$$

现在只知道

$$\begin{aligned}\boldsymbol{a}\cdot\boldsymbol{b}&=|\boldsymbol{a}||\boldsymbol{b}|\cos\theta\\&=(a_1\boldsymbol{i}+a_2\boldsymbol{j})\cdot(b_1\boldsymbol{i}+b_2\boldsymbol{j})\\&=a_1b_1+a_2b_2\end{aligned} \tag{5-29}$$

有了以上两式（5-28）和（5-29），不难看出

$$\begin{aligned}A^2&=|\boldsymbol{a}|^2|\boldsymbol{b}|^2(1-\cos^2\theta)\\&=|\boldsymbol{a}|^2|\boldsymbol{b}|^2-|\boldsymbol{a}\cdot\boldsymbol{b}|^2\\&=(a_1^2+a_2^2)(b_1^2+b_2^2)-(a_1b_1+a_2b_2)^2\\&=(a_1b_2-a_2b_1)^2\end{aligned} \tag{5-30}$$

从上式显然得证

$$A=|a_1b_2-a_2b_1|=|B|$$

证完之后，一个老问题又涌上心头。在例 5.13 中求证

$$\sin 2\theta=2\sin\theta\cos\theta$$

时，就说为什么非要绕个弯子将 $\sin\theta$ 换算成 $\cos\theta$ 呢？难道不能直接用 $\sin\theta$ 来

解决问题？这种疑问往往是创新的起点，在下一节讨论向量积时便会得到证实。

看完上面的例子，留下两点思考。一是将行向量改成列向量行不行？二是三阶行列式有无相应的几何含义？

从前面各段的论述中，已经见到，数量积非常实用，宜多加重视，但如用来解决涉及正弦 $\sin\theta$ 的问题，像例5.13和例5.14，就有些事倍而功半。因此，寻求一种更好的方法，利于解决在实际中会涉及正弦的问题，正是本书在下节要探索的。

5.2　向量积

在上节的论述中，已经看到，借助数量积不但计算夹角的余弦 $\cos\theta$ 变得容易，而且顺便还解决了不少相关的问题。可是如上所述，尚有许多与夹角正弦 $\sin\theta$ 相关的问题，这该如何处理？能否效法数量积定义一种包含夹角正弦 $\sin\theta$ 的向量积？设想很好，不妨一试。

设 $\boldsymbol{a}$ 和 $\boldsymbol{b}$ 是两个向量，称数量

$$\boldsymbol{a}\times\boldsymbol{b}=|\boldsymbol{a}||\boldsymbol{b}|\sin\theta$$

为向量 $\boldsymbol{a}$ 和 $\boldsymbol{b}$ 的“第二类数量积”。

显然，其所满足的运算规律，如交换律和结合律等，同数量积的完全一样。特别是：

（1）$\boldsymbol{i}\times\boldsymbol{i}=0$，$\boldsymbol{i}\times\boldsymbol{j}=1$，$\boldsymbol{i}\times\boldsymbol{k}=1$；

（2）$\boldsymbol{j}\times\boldsymbol{i}=1$，$\boldsymbol{j}\times\boldsymbol{j}=0$，$\boldsymbol{j}\times\boldsymbol{k}=1$；

（3）$\boldsymbol{k}\times\boldsymbol{i}=1$，$\boldsymbol{k}\times\boldsymbol{j}=1$，$\boldsymbol{k}\times\boldsymbol{k}=0$。

现在举例说明其应用如下。

例5.15　设向量 $\boldsymbol{a}=\boldsymbol{i}+\boldsymbol{j}$，$\boldsymbol{b}=\boldsymbol{i}+\boldsymbol{j}$，求两者间的夹角 θ。

解　根据“第二类数量积”的定义，有

$$\begin{aligned}\sin\theta&=\frac{\boldsymbol{a}\times\boldsymbol{b}}{|\boldsymbol{a}||\boldsymbol{b}|}\\&=\frac{1}{\sqrt{2}\sqrt{2}}(\boldsymbol{i}+\boldsymbol{j})\times(\boldsymbol{i}+\boldsymbol{j})\\&=\frac{2}{2}=1\end{aligned}$$

上式表明，两向量间的夹角为90°。

显然，此例算出的结果是错误的，正确的答案应该是 $\theta=0°$，因为它是两个相同向量间的夹角。现在产生了矛盾，但这并非坏事，回想问题出在哪？猜

想是在运算规律上。前面规定

$$\boldsymbol{i}\times\boldsymbol{j}=\boldsymbol{j}\times\boldsymbol{i}=1$$

如果改成 $\boldsymbol{i}\times\boldsymbol{j}=-\boldsymbol{j}\times\boldsymbol{i}=1$，则在例5.15中就有

$$\boldsymbol{a}\times\boldsymbol{b}=(\boldsymbol{i}+\boldsymbol{j})\times(\boldsymbol{i}+\boldsymbol{j})=\boldsymbol{i}\times\boldsymbol{j}+\boldsymbol{j}\times\boldsymbol{i}=0$$

从而 $\sin\theta=0$，$\theta=0$。这符合实际，矛盾解决了，认识也深化了。

例5.16 试证明 $\sin 2\theta=2\sin\theta\cos\theta$。

证明 设有单位向量 $\boldsymbol{a}=a\boldsymbol{i}-b\boldsymbol{j}$，$\boldsymbol{b}=a\boldsymbol{i}+b\boldsymbol{j}$，它们同 x 轴的夹角都等于 θ，如图5-15所示，则根据"第二类数量积"的定义，有

$$\sin 2\theta=\boldsymbol{a}\times\boldsymbol{b}=(a\boldsymbol{i}-b\boldsymbol{j})\times(a\boldsymbol{i}+b\boldsymbol{j})$$
$$=2ab$$

从图5-15中可见，$a=\cos\theta$，$b=\sin\theta$，代入上式，得证

$$\sin 2\theta=2\sin\theta\cos\theta$$

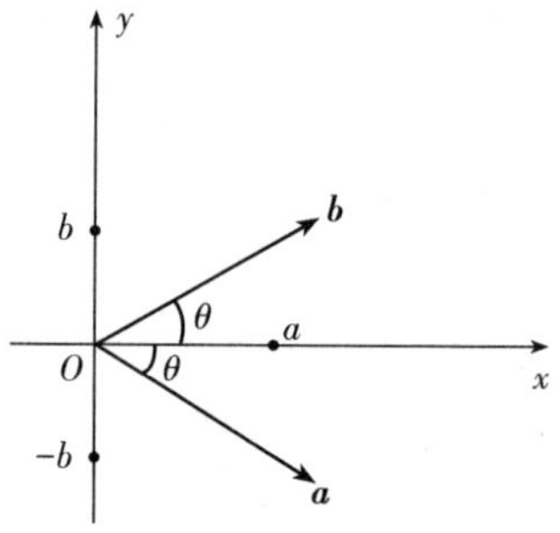

图5-15

至此，细心的读者可能已经发现，如果改用 $\boldsymbol{b}\times\boldsymbol{a}$ 而非 $\boldsymbol{a}\times\boldsymbol{b}$ 的话，就会得到错误的结果

$$\sin 2\theta=-2\sin\theta\cos\theta$$

新的矛盾又产生了，在克服一个又一个的矛盾之后，另一个比肩数量积的概念在实用中便形成了。这就是向量积。

5.2.1 向量积定义

以前曾讲过，人们在生活中离不开旋转。早晨起床，摆动手臂是旋转，开门是旋转，不一而足。现在就以开门为例来说明旋转是如何产生和量化的。

凭经验可知，在开门时，距门的枢轴愈远，用力就愈小；用力的方向愈同门垂直，用力就愈小。将其上升到理论，就产生了力矩的概念。一般地说，力矩是力作用于物体时所产生的旋转效应的物理量，定义为一个向量。要阐明其具体含义，还得先从物体的旋转运动开始。

物体在旋转时，一个特征是转速，一个是转向，一个是转轴。或者说，物体究竟是沿什么轴线以多大速度绕哪个方向旋转。如果物体位于平面，上述问题不难交待。设想如在空间，则很难交代清楚了。因此，公认了一个法则，称为右手螺旋法

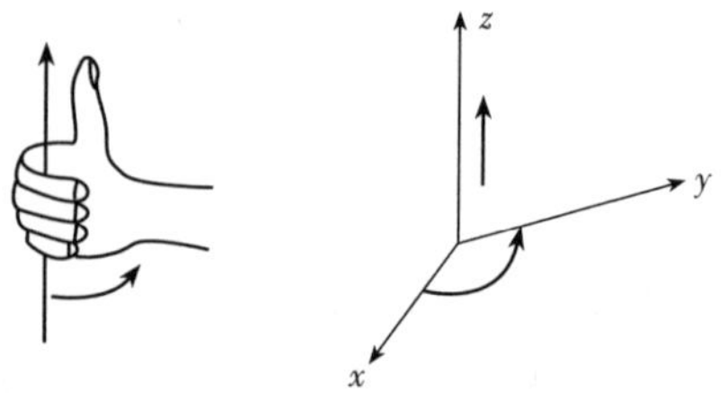

(a) (b)

图5-16

则（非右手法则，即发电机法则）：伸直右手，拇指垂直向上，其余四指顺势绕拇指旋转，如图5-16（a）所示。这时，拇指的指向和其余四指的旋转方向所形成的关系就称为右手螺旋法则。试看一下，当转动一个右手螺旋时，螺旋前进的方向同自身旋转的方向正好符合右手螺旋法则。

了解了右手螺旋法则，当听到一个物体在绕 z 轴旋转时，就会想到实际上该物体是位于 xOy 面上从 x 轴向 y 轴旋转的，相应于逆时针旋转，如图5-16（b）所示。反之，如果物体是位于 xOy 面从 x 轴转向 y 轴旋转时（也可说从 y 轴的负方向转向 x 轴），则说物体是在绕 z 轴旋转。

以上所述，事实上就是向量积，或者力矩的直观意义。为明确起见，现给出向量积的定义如下。

定义5.3　设 $\boldsymbol{a}$ 和 $\boldsymbol{b}$ 是两个向量，则 $\boldsymbol{a}$ 乘 $\boldsymbol{b}$ 的向量积 $\boldsymbol{a}\times\boldsymbol{b}$ 为向量

$$\boldsymbol{a}\times\boldsymbol{b}=(|\boldsymbol{a}||\boldsymbol{b}|\sin\theta)\boldsymbol{n}$$

式中，$\sin\theta$ 是 $\boldsymbol{a}$ 和 $\boldsymbol{b}$ 间夹角 θ 的正弦，规定取正值，$\boldsymbol{n}$ 是 $\boldsymbol{a}$ 绕夹角 θ 向 $\boldsymbol{b}$ 旋转时按右手螺旋法则决定的单位向量。

首先，两个向量的向量积是个向量，如图5-17（a）所示；其次，向量积的一个最好实例就是前面讲过的力矩，设点 O 是一杠杆的支点，力 $\boldsymbol{F}$ 作用在杆上 P 点，视 $\boldsymbol{OP}$ 为向量，则力 $\boldsymbol{F}$ 对支点 O 的力矩为向量

$$\boldsymbol{OP}\times\boldsymbol{F}=(|\boldsymbol{OP}||\boldsymbol{F}|\sin\theta)\boldsymbol{n}$$

式中关于 $\sin\theta$ 和 $\boldsymbol{n}$ 的意义请读者参见图5-17（b）自己说明，并希注意，向量积 $\boldsymbol{a}\times\boldsymbol{b}$ 是与 $\boldsymbol{a}$ 和 $\boldsymbol{b}$ 两者所在的平面垂直的，这实为右手螺旋法则应有之意。

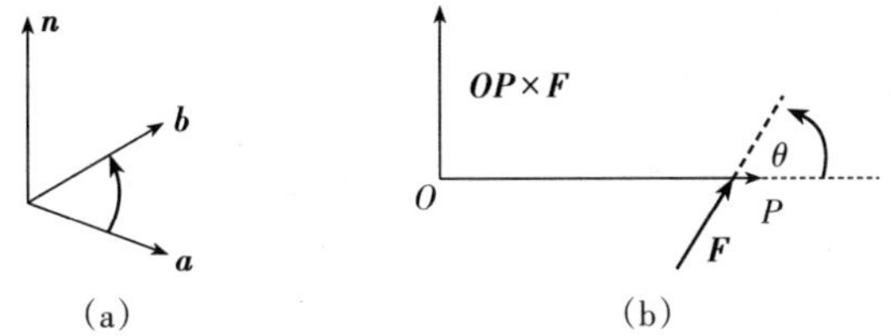

图5-17

回想起来，从“第二类数量积”开始，化解了不少矛盾，改正了许多错误，终于归纳出了有广泛应用的向量积。学术发展往往如斯，大胆假设，小心求证，并非空话。

5.2.2　运算规则

根据向量积的定义，对三个最基本的单位向量直接有

（1）$\boldsymbol{i}\times\boldsymbol{i}=\boldsymbol{0}$，$\boldsymbol{i}\times\boldsymbol{j}=\boldsymbol{k}$，$\boldsymbol{i}\times\boldsymbol{k}=-\boldsymbol{j}$；

（2） $\boldsymbol{j}\times\boldsymbol{i}=-\boldsymbol{k}$，$\boldsymbol{j}\times\boldsymbol{j}=\boldsymbol{0}$，$\boldsymbol{j}\times\boldsymbol{k}=\boldsymbol{i}$； （5–31）

（3） $\boldsymbol{k}\times\boldsymbol{i}=\boldsymbol{j}$，$\boldsymbol{k}\times\boldsymbol{j}=-\boldsymbol{i}$，$\boldsymbol{k}\times\boldsymbol{k}=\boldsymbol{0}$ 。

为便于记忆，可将上列结果绘制成图，如图5–18（a）（b）所示。例如，就图5–18（b）来说，记住了$\boldsymbol{i}\to\boldsymbol{j}\to\boldsymbol{k}\to\boldsymbol{i}$的循环，自然联想起$\boldsymbol{i}\times\boldsymbol{j}=\boldsymbol{k}$，$\boldsymbol{j}\times\boldsymbol{k}=\boldsymbol{i}$，$\boldsymbol{k}\times\boldsymbol{i}=\boldsymbol{j}$，且逆循环相乘便加负号。当然，最好记住根本：右手螺旋法则。

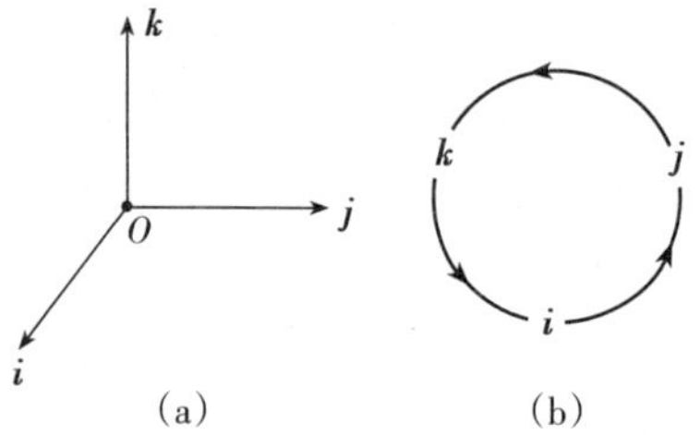

图5–18

下面就举例来说明上述结果的应用。设有两个向量，分别是

$$\boldsymbol{a}=a_1\boldsymbol{i}+a_2\boldsymbol{j}+a_3\boldsymbol{k},\quad \boldsymbol{b}=b_1\boldsymbol{i}+b_2\boldsymbol{j}+b_3\boldsymbol{k}$$

试求其向量积。现在有了式（5–31）的结果，直接得向量积

$$\begin{aligned}\boldsymbol{a}\times\boldsymbol{b}&=(a_1\boldsymbol{i}+a_2\boldsymbol{j}+a_3\boldsymbol{k})\times(b_1\boldsymbol{i}+b_2\boldsymbol{j}\times b_3\boldsymbol{k})\\&=a_1(b_2\boldsymbol{k}-b_3\boldsymbol{j})+a_2(-b_1\boldsymbol{k}+b_3\boldsymbol{i})+a_3(b_1\boldsymbol{j}-b_2\boldsymbol{i})\\&=(a_2b_3-a_3b_2)\boldsymbol{i}+(a_3b_1-a_1b_3)\boldsymbol{j}+(a_1b_2-a_2b_1)\boldsymbol{k}\\&=\begin{vmatrix}a_2&a_3\\b_2&b_3\end{vmatrix}\boldsymbol{i}+\begin{vmatrix}a_3&a_1\\b_3&b_1\end{vmatrix}\boldsymbol{j}+\begin{vmatrix}a_1&a_2\\b_1&b_2\end{vmatrix}\boldsymbol{k}\end{aligned}$$

看到这个等式，时间稍久，就会联想起三阶行列式的展开式。若将（$\boldsymbol{i}$，$\boldsymbol{j}$，$\boldsymbol{k}$）视作三阶行列式的第一行，则上式便是行列式的展开式。因是之故，总结出了关于向量积的行列式公式，如下所述。

5.2.3 行列式公式

若存在两个向量，分别为

$$\boldsymbol{a}=a_1\boldsymbol{i}+a_2\boldsymbol{j}+a_3\boldsymbol{k},\quad \boldsymbol{b}=b_1\boldsymbol{i}+b_2\boldsymbol{j}+b_3\boldsymbol{k}$$

则其向量积

$$\boldsymbol{a}\times\boldsymbol{b}=\begin{vmatrix}\boldsymbol{i}&\boldsymbol{j}&\boldsymbol{k}\\a_1&a_2&a_3\\b_1&b_2&b_3\end{vmatrix}\tag{5–32}$$

例5.17 设$\boldsymbol{a}=2\boldsymbol{i}+\boldsymbol{j}+\boldsymbol{k}$，$\boldsymbol{b}=-4\boldsymbol{i}+3\boldsymbol{j}+\boldsymbol{k}$，试求$\boldsymbol{a}\times\boldsymbol{b}$ 。

解 由上述行列公式，有

$$\begin{aligned}\boldsymbol{a}\times\boldsymbol{b}&=\begin{vmatrix}\boldsymbol{i}&\boldsymbol{j}&\boldsymbol{k}\\2&1&1\\-4&3&1\end{vmatrix}=\begin{vmatrix}1&1\\3&1\end{vmatrix}\boldsymbol{i}+\begin{vmatrix}1&2\\1&-4\end{vmatrix}\boldsymbol{j}+\begin{vmatrix}2&1\\-4&3\end{vmatrix}\boldsymbol{k}\\&=-2\boldsymbol{i}-6\boldsymbol{j}+10\boldsymbol{k}\end{aligned}$$

例 5.18　已知平面S上的三个点，分别是$P_1(1, -1, 0)$，$P_2(2, 1, -1)$和$P_3(-1, 1, 2)$，记其单位法向量为$\boldsymbol{n}$，求$\boldsymbol{n}$的方向数。

解　由给定的三点P_1，P_2和P_3，可以确定出平面S，如图5-24所示。从图上可见，取三角形$\triangle P_1P_2P_3$的任意两边，如P_1P_2和P_1P_3，当作向量，则其向量积就是平面S的法向量。

由给定数据可得

$$\begin{aligned}\boldsymbol{P_1P_2} &= \boldsymbol{OP_2} - \boldsymbol{OP_1} = (2\boldsymbol{i}+\boldsymbol{j}-\boldsymbol{k}) - (\boldsymbol{i}-\boldsymbol{j}) \\ &= \boldsymbol{i}+2\boldsymbol{j}-\boldsymbol{k} \\ \boldsymbol{P_1P_3} &= \boldsymbol{OP_3} - \boldsymbol{OP_1} = (-\boldsymbol{i}+\boldsymbol{j}+2\boldsymbol{k}) - (\boldsymbol{i}-\boldsymbol{j}) \\ &= -2\boldsymbol{i}+2\boldsymbol{j}+2\boldsymbol{k}\end{aligned}$$

据此有

$$\begin{aligned}\boldsymbol{P_1P_2}\times\boldsymbol{P_1P_3} &= \begin{vmatrix} \boldsymbol{i} & \boldsymbol{j} & \boldsymbol{k} \\ 1 & 2 & -1 \\ -2 & 2 & 2 \end{vmatrix} = \begin{vmatrix} 2 & -1 \\ 2 & 2 \end{vmatrix}\boldsymbol{i} + \begin{vmatrix} -1 & 1 \\ 2 & -2 \end{vmatrix}\boldsymbol{j} + \begin{vmatrix} 1 & 2 \\ -2 & 2 \end{vmatrix}\boldsymbol{k} \\ &= 6\boldsymbol{i}+6\boldsymbol{k}\end{aligned} \tag{5-33}$$

从以上结果可知，$(6, 0, 6)$是平面S法线的一组方向数，由此不难得出其单位法向量

$$\boldsymbol{n} = \frac{1}{\sqrt{2}}(\boldsymbol{i}+\boldsymbol{k})$$

答：单位法向量$\boldsymbol{n}$的方向数等于$\left(\frac{1}{\sqrt{2}}, 0, \frac{1}{\sqrt{2}}\right)$。

作为验证，我们可以选$\triangle P_1P_2P_3$的另外两个边，如P_2P_1和P_2P_3，视为向量。此时由给定数据可得

$$\begin{aligned}\boldsymbol{P_2P_1} &= -\boldsymbol{P_1P_2} = -\boldsymbol{i}-2\boldsymbol{j}+\boldsymbol{k} \\ \boldsymbol{P_2P_3} &= \boldsymbol{OP_3} - \boldsymbol{OP_2} = (-\boldsymbol{i}+\boldsymbol{j}+2\boldsymbol{k}) - (2\boldsymbol{i}+\boldsymbol{j}-\boldsymbol{k}) \\ &= -3\boldsymbol{i}+3\boldsymbol{k}\end{aligned}$$

据此有

$$\boldsymbol{P_2P_1}\times\boldsymbol{P_2P_3} = \begin{vmatrix} \boldsymbol{i} & \boldsymbol{j} & \boldsymbol{k} \\ -1 & -2 & 1 \\ -3 & 0 & 3 \end{vmatrix} = -6\boldsymbol{i}-6\boldsymbol{k}$$

将上式的结果同式（5-33）对比，相差一个符号，但两者实际是一致的。方向数取$(6, 0, 6)$或者取$(-6, 0, -6)$，代表的是同一条法线。

有了向量积之后，处理涉及正弦$\sin\theta$的问题就快捷多了。比如，证明

$$\sin 2\theta = 2\sin\theta\cos\theta$$

将不会像例5.16那样费事，出现矛盾；又如，根据向量积的定义，直接可得：以向量 $\boldsymbol{a}=a_1\boldsymbol{i}+a_2\boldsymbol{j}=[a_1,\ a_2]$ 和 $\boldsymbol{b}=b_1\boldsymbol{i}+b_2\boldsymbol{j}=[b_1,\ b_2]$ 为相邻两边所构成的平行四边形，参见图5-14，其面积A为

$$A=\begin{vmatrix} a_1 & a_2 \\ b_1 & b_2 \end{vmatrix}$$

这正是上节例5.14所证明的结论。

5.3 混合积

看到一个数a，可能想到它是某条线段的长度，看到二阶行列式

$$D_1=\begin{vmatrix} a_1 & a_2 \\ b_1 & b_2 \end{vmatrix}$$

可能想到它是向量 $\boldsymbol{a}=a_1\boldsymbol{i}+a_2\boldsymbol{j}$ 和 $\boldsymbol{b}=b_1\boldsymbol{i}+b_2\boldsymbol{j}$ 为邻边所构成的平行四边形的面积。已知，数 a 也是一阶行列式，如此思考下去，当看到三阶行列式

$$D_2=\begin{vmatrix} a_1 & a_2 & a_3 \\ b_1 & b_2 & b_3 \\ c_1 & c_2 & c_3 \end{vmatrix} \tag{5-34}$$

时，自然会想到它能表示什么？为回答这个问题，先要解决一个遗留的问题。

已经清楚，两个平面向量 $\boldsymbol{a}$ 和 $\boldsymbol{b}$ 为邻边所构成的平行四边形，其面积是个二阶行列式。假设向量 $\boldsymbol{a}$ 和 $\boldsymbol{b}$ 都是空间向量，如图5-19所示，那将会是什么结果？从图上不难看出，若从向量 $\boldsymbol{a}$ 的终点向 $\boldsymbol{b}$ 引一条垂线，并记由 $\boldsymbol{a}$ 和 $\boldsymbol{b}$ 所构成的平行四边形的面积为A，则

$$A=|\boldsymbol{b}||\boldsymbol{a}|\sin\theta=|\boldsymbol{a}\times\boldsymbol{b}|$$

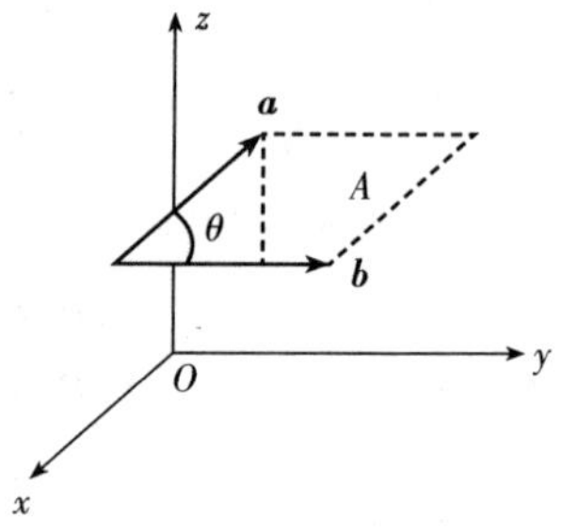

图5-19

事实上，上述结论也适用于平面情况。就是说，向量积 $\boldsymbol{a}\times\boldsymbol{b}$ 的值$|\boldsymbol{a}\times\boldsymbol{b}|$，其几何意义是以两向量为邻边的平行四边形的面积。

现在可以着手研究三阶行列式的问题了。已知一阶行列式能表示线段的长度，二阶行列式能表示四边形的面积，理所当然地会猜想：三阶行列式将可能表示空间六面体的体积。猜得对不对，下面就来回答。

空间存在三个向量，$\boldsymbol{a}=a_1\boldsymbol{i}+a_2\boldsymbol{j}+a_3\boldsymbol{k}=[a_1,\ a_2,\ a_3]$，$\boldsymbol{b}=b_1\boldsymbol{i}+b_2\boldsymbol{j}+b_3\boldsymbol{k}=[b_1,\ b_2,\ b_3]$ 和 $\boldsymbol{c}=c_1\boldsymbol{i}+c_2\boldsymbol{j}+c_3\boldsymbol{k}=[c_1,\ c_2,\ c_3]$，分别是一个六面体的三个邻边，如

图5-20所示。从图上可见，向量积 $\boldsymbol{a}\times\boldsymbol{b}$ 是个向量，方向朝上且垂直于由 $\boldsymbol{a}$ 和 $\boldsymbol{b}$ 构成的平面四边形，其值 $|\boldsymbol{a}\times\boldsymbol{b}|$ 就是四边形的面积 S。同样可见，$|\boldsymbol{c}|\cos\theta=|\boldsymbol{OP}|$，式中 θ 是向量 $\boldsymbol{a}\times\boldsymbol{b}$ 和 $\boldsymbol{c}$ 间的夹角。综上所述，并记图上六面体的体积为 V，则

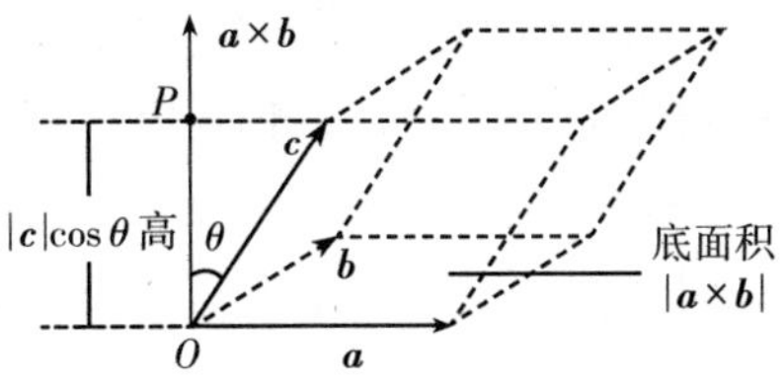

图5-20

$$V=|\boldsymbol{OP}|\cdot S=|\boldsymbol{c}|\cos\theta\cdot|\boldsymbol{a}\times\boldsymbol{b}|$$
$$=\boldsymbol{c}\cdot(\boldsymbol{a}\times\boldsymbol{b})=(\boldsymbol{a}\times\boldsymbol{b})\cdot\boldsymbol{c}$$

在计算六面体的体积时，上面出现了由三个向量 $\boldsymbol{a}$，$\boldsymbol{b}$，$\boldsymbol{c}$ 组成的积 $(\boldsymbol{a}\times\boldsymbol{b})\cdot\boldsymbol{c}$，这是个新概念。对此，首先是明确化，予以定义，然后研究其运算规律。

定义5.4　由三个空间向量 $\boldsymbol{a}$，$\boldsymbol{b}$，$\boldsymbol{c}$ 组成的积 $(\boldsymbol{a}\times\boldsymbol{b})\cdot\boldsymbol{c}$ 称为向量 $\boldsymbol{a}$、$\boldsymbol{b}$ 和 $\boldsymbol{c}$ 的混合积，或三重纯量积。

看完定义之后，可能会问，三个向量究竟能组成多少个不同的混合积？要回答这个问题，还得从头开始。究竟有多少种组合可以算出六面体的体积？三种：$(\boldsymbol{a}\times\boldsymbol{b})\cdot\boldsymbol{c}$，$(\boldsymbol{b}\times\boldsymbol{c})\cdot\boldsymbol{a}$，$(\boldsymbol{c}\times\boldsymbol{a})\cdot\boldsymbol{b}$。据此有

$$(\boldsymbol{a}\times\boldsymbol{b})\cdot\boldsymbol{c}=(\boldsymbol{b}\times\boldsymbol{c})\cdot\boldsymbol{a}=(\boldsymbol{c}\times\boldsymbol{a})\cdot\boldsymbol{b} \tag{5-35}$$

另外还有三种组合

$$(\boldsymbol{b}\times\boldsymbol{a})\cdot\boldsymbol{c}=(\boldsymbol{c}\times\boldsymbol{b})\cdot\boldsymbol{a}=(\boldsymbol{a}\times\boldsymbol{c})\cdot\boldsymbol{b} \tag{5-36}$$

现在得到了两个等式，式（5-35）和（5-36），它们是否相等？答案是：绝对值相等，但差个符号。实际上，三个向量 $\boldsymbol{a}$、$\boldsymbol{b}$ 和 $\boldsymbol{c}$ 的这种组合共有12种，式（5-35）和（5-36）中只有6种。余下还有6种，请读者自己完成，并想明白本书漏写的原因。

下面要完成对三阶行列式（5-34）的思考，必须将混合积 $(\boldsymbol{a}\times\boldsymbol{b})\cdot\boldsymbol{c}$ 展开，借助计算向量积的行列式公式，有

$$(\boldsymbol{a}\times\boldsymbol{b})\cdot\boldsymbol{c}=\begin{vmatrix}\boldsymbol{i}&\boldsymbol{j}&\boldsymbol{k}\\a_1&a_2&a_3\\b_1&b_2&b_3\end{vmatrix}\cdot(c_1\boldsymbol{i}+c_2\boldsymbol{j}+c_3\boldsymbol{k})$$

$$=\left(\begin{vmatrix}a_2&a_3\\b_2&b_3\end{vmatrix}\boldsymbol{i}+\begin{vmatrix}a_3&a_1\\b_3&b_1\end{vmatrix}\boldsymbol{j}+\begin{vmatrix}a_1&a_2\\b_1&b_2\end{vmatrix}\boldsymbol{k}\right)\cdot(c_1\boldsymbol{i}+c_2\boldsymbol{j}+c_3\boldsymbol{k}) \tag{5-37}$$

$$=\begin{vmatrix}c_1&c_2&c_3\\a_1&a_2&a_3\\b_1&b_2&b_3\end{vmatrix}=\begin{vmatrix}a_1&a_2&a_3\\b_1&b_2&b_3\\c_1&c_2&c_3\end{vmatrix}$$

将上式与式（5-34）比较，右边完全一样。这就表明，三阶行列式其几何意义为空间六面体的体积，其另一种表示为混合积。再者，有了上述结果式(5-37)，读者不妨利用行列式性质证明等式（5-35）和（5-36）的正确性。那时我们是根据其几何意义推出这两个等式的。这也表明几何同代数两者相辅相成。

例5.19 求由向量 $\boldsymbol{a}=\boldsymbol{i}+2\boldsymbol{j}-\boldsymbol{k}$，$\boldsymbol{b}=7\boldsymbol{j}-4\boldsymbol{k}$ 和 $\boldsymbol{c}=-2\boldsymbol{i}+3\boldsymbol{k}$ 为邻边构成的平行六面体的体积V。

解 根据公式（5-37），得

$$V=(\boldsymbol{a}\times\boldsymbol{b})\cdot\boldsymbol{c}=\begin{vmatrix}1&2&-1\\0&7&-4\\-2&0&3\end{vmatrix}=23$$

例5.20 同上题，但向量$\boldsymbol{b}$和$\boldsymbol{c}$的位置互换，求$(\boldsymbol{a}\times\boldsymbol{c})\cdot\boldsymbol{b}$。

解 依题意，有

$$(\boldsymbol{a}\times\boldsymbol{c})\cdot\boldsymbol{b}=\begin{vmatrix}1&2&-1\\-2&0&3\\0&7&-4\end{vmatrix}=-23$$
$$=-(\boldsymbol{a}\times\boldsymbol{b})\cdot\boldsymbol{c}$$

如果要用它来求平行六面体的体积V，则必须取绝对值，即$V=|(\boldsymbol{a}\times\boldsymbol{c})\cdot\boldsymbol{b}|$。

混合积的出现，证实了以上对三阶行列式（5-34）的猜想，自然会进一步去问，四阶行列式

$$D_3=\begin{vmatrix}a_1&a_2&a_3&a_4\\b_1&b_2&b_3&b_4\\c_1&c_2&c_3&c_4\\d_1&d_2&d_3&d_4\end{vmatrix}\tag{5-38}$$

会不会是四维空间中某一多面体的体积？请看三阶行列式（5-34）的展开式

$$D_2=\begin{vmatrix}a_1&a_2&a_3\\b_1&b_2&b_3\\c_1&c_2&c_3\end{vmatrix}=a_1\begin{vmatrix}b_2&b_3\\c_2&c_3\end{vmatrix}+a_2\begin{vmatrix}b_3&b_1\\c_3&c_1\end{vmatrix}+a_3\begin{vmatrix}b_1&b_2\\c_1&c_2\end{vmatrix}$$

其右边三个二阶行列式各自都表示平行四边形的面积，再将a_1、a_2和a_3分别视作以这些平行四边形为底的六面体的另一条边，那上式右边的三项全都成了六面体的体积。这就是三阶行列式D_2之所以等于空间六面体体积的一种解释。既然三阶行列式D_2能如此解释，四阶行列式D_3［式（5-38）］当然可以如法炮制，将D_3解释为四维空间中一个多面体的体积，甚至更高阶的行列式。不

过，要想对这种解释予以证明，就需要创立高阶（超过三阶）向量的运算规则，像数量积、向量积以及混合积。可惜，作者对此一无所知，也非本书重点，写出来仅供读者学习时参考。

5.4 空间直线

早在第4章4.3节中就讲过直线，随后又在第5章5.1节中再次有更深入的论述。因此，“直线”已并非新知了。本节的目的在于将其系统化，进行比较全面的分析。

确定一个空间图像，无非是给出其所应满足的条件。直线也不例外，存在如下的三种情况。

（1）给出直线上的两个点，$P_0(x_0, y_0, z_0)$ 和 $P_1(x_1, y_1, z_1)$；

（2）给出直线上一个点 $P(x_0, y_0, z_0)$ 及其方向数（l, m, n）；

（3）给定两个平面的方程，直线是两者的交线。

上述三种情况分别如图5–21（a）（b）（c）所示，并依次论述如下。

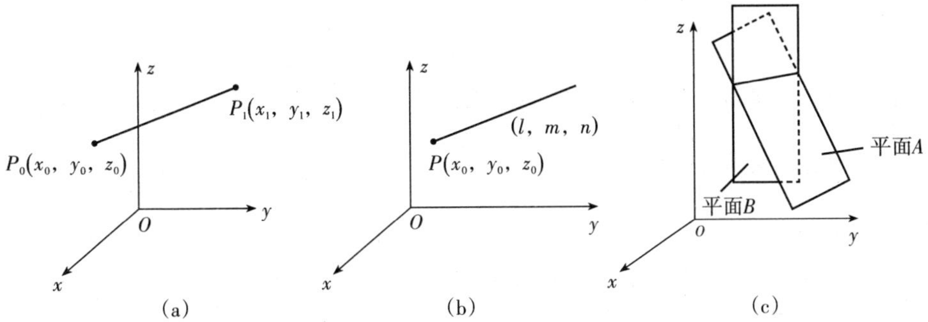

图5–21

5.4.1 点向式

先看平面情况，设直线L包含点 $P_0(x_0, y_0)$ 和 $P_1(x_1, y_1)$，请参见图5–21（a），从图上可以想象，若 $P(x, y)$ 是直线上的另外一点，则存在如下关系

$$\frac{x-x_0}{x_1-x_0}=\frac{y-y_0}{y_1-y_0} \tag{5-39}$$

不难判断，不论点 $P(x, y)$ 位于直线何处，上式总是成立的。换句话说，它就是直线L的方程式。需要强调，此式（5–39）中的两个分母（x_1-x_0）和（y_1-y_0）都是常数，也就是直线L的方向数，因已多次讲过，不再重复。

现在来研究空间的情况。给定两点 $P_0(x_0, y_0, z_0)$ 和 $P_1(x_1, y_1, z_1)$ 如图

5-21（a）所示，试求过此两点的直线L的方程。类比于平面的情况，设$P(x, y, z)$是直线L上的任意一点，同理可得

$$\frac{x-x_0}{x_1-x_0}=\frac{y-y_0}{y_1-y_0}=\frac{z-z_0}{z_1-z_0} \tag{5-40}$$

上式就是过点$P_0(x_0, y_0, z_0)$和$P_1(x_1, y_1, z_1)$两点的直线方程。再次强调，三个分母（x_1-x_0，y_1-y_0，z_1-z_0）就是直线L的一组方向数，式（5-40）称为直线的点向式。

例5.21 求过点$P_0(2, 1, -3)$和$P_1(4, -1, 2)$的直线方程。

解 将给定两点的坐标量代入公式（5-40），则得

$$\frac{x-2}{4-2}=\frac{y-1}{-1-1}=\frac{z+3}{2-(-3)}$$

上式经简化后，得直线方程为

$$\frac{x-2}{2}=\frac{y-1}{-2}=\frac{z+3}{5}$$

补充一点，以上是用点$P_0(x_0, y_0, z_0)$作参考，若改用$P_1(x_1, y_1, z_1)$，则直线方程为

$$\frac{x-x_1}{x_1-x_0}=\frac{y-y_1}{y_1-y_0}=\frac{z-z_1}{z_1-z_0} \tag{5-41}$$

当然，式（5-40）和（5-41）实际代表同一条直线。

5.4.2 参数式

现在的已知条件是：直线L通过点$P_0(x_0, y_0, z_0)$且其方向数等于(l, m, n)，希望求出直线L的表达式。

读者可能已经察觉，上述问题实际上已经不是问题了。在导出直线方程（5-40）时，曾经强调，式中的三个字母（x_1-x_0，y_1-y_0，z_1-z_0）是直线L的一组方向数。大家知道，不同的方向数组只差一个比例常数。因此，将方程（5-40）中的三个分母依次换成（l，m，n），问题就迎刃而解了。这就是说，过点$P_0(x_0, y_0, z_0)$且方向数为（l，m，n）的直线其方程是

$$\frac{x-x_0}{l}=\frac{y-y_0}{m}=\frac{z-z_0}{n} \tag{5-42}$$

问题解决了，但毫无新意，因为上式同等式（5-40）本质上完全一样。但是，如果引入参数t，则从上式可得

$$x=x_0+lt,\ y=y_0+mt,\ z=z_0+nt,\quad -\infty<t<+\infty \tag{5-43}$$

上式称为直线方程的参数式，据此可明显看出：每当参数t增大一个单位，变量x，y，z就相应地增大l，m，n个单位，更突出了方向数（l，m，n）的直观

意义。

例5.22 已知直线L通过点$P(3, -1, -4)$且与直线

$$\frac{x-1}{4}=\frac{y+1}{-2}=\frac{z+3}{3}$$

平行，求直线L的参数式。

解 从上式可知，给定直线的方向数为（4，-2，3），直线L与其平行，表明两者有相同的方向数，又知L通过点$P(3, -1, -4)$。直接利用公式（5-43），则得L的参数式方程为

$$x=3+4t,\ y=-1-2t,\ z=-4+3t$$

5.4.3 交线式

设有如下的方程组

$$\begin{cases}a_1x+a_2y+a_3z=d_1\\ b_1x+b_2y+b_3z=d_2\end{cases} \tag{5-44}$$

其中每个方程都表示空间中的一个平面，共两个平面，若两者互不平行，则必相交，交线是条直线，所以方程组（5-44）是个直线方程，如图5-21（c）所示，并记此直线为L。

方程组（5-44）作为直线方程并不多见，为便于应用，常需将其变换成点向式（5-40）或参数式（5-43），而这个问题实际上已经在4.2节中完全解决，但那时尚不知道有向量积，为展示向量积的优点，让我们从头开始。

首先要指出两点：两个平面的交线必然同时与两个平面的法线垂直；方程组（5-44）中两个平面的法线其方向数是两个方程的系数组（a_1，a_2，a_3）和（b_1，b_2，b_3）。其次，回忆一下向量积$\boldsymbol{a}\times\boldsymbol{b}$，它是同时与向量$\boldsymbol{a}$和$\boldsymbol{b}$垂直的一个向量。

有了以上两点认识，不难想到，若将方向数（a_1，a_2，a_3）和（b_1，b_2，b_3）分别视作两个向量

$$\boldsymbol{a}=a_1\boldsymbol{i}+a_2\boldsymbol{j}+a_3\boldsymbol{k},\ \boldsymbol{b}=b_1\boldsymbol{i}+b_2\boldsymbol{j}+b_3\boldsymbol{k}$$

则其向量积$\boldsymbol{a}\times\boldsymbol{b}$必然与上述两平面的交线$L$取相同的方向，如图5-22所示。

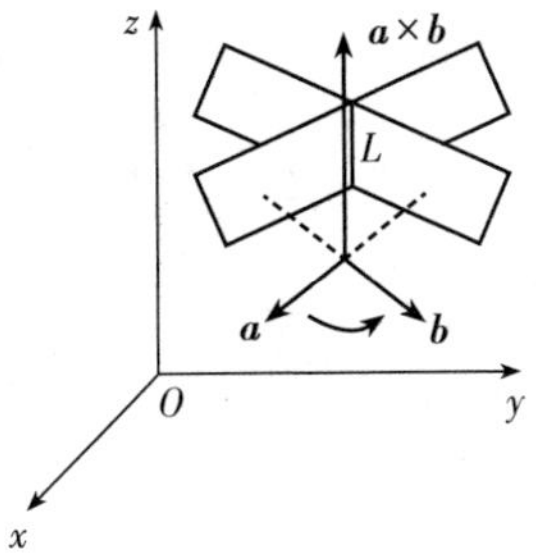

图5-22

计算向量积$\boldsymbol{a}\times\boldsymbol{b}$有现成的行列式公式，即

$$\boldsymbol{a}\times\boldsymbol{b}=\begin{vmatrix}\boldsymbol{i} & \boldsymbol{j} & \boldsymbol{k}\\ a_1 & a_2 & a_3\\ b_1 & b_2 & b_3\end{vmatrix}=\begin{vmatrix}a_2 & a_3\\ b_2 & b_3\end{vmatrix}\boldsymbol{i}+\begin{vmatrix}a_3 & a_1\\ b_3 & b_1\end{vmatrix}\boldsymbol{j}+\begin{vmatrix}a_1 & a_2\\ b_1 & b_2\end{vmatrix}\boldsymbol{k}$$

由上式可知：$\boldsymbol{a}\times\boldsymbol{b}$的方向数也就是交线$L$的方向数

$$\begin{vmatrix}a_2 & a_3\\ b_2 & b_3\end{vmatrix},\quad \begin{vmatrix}a_3 & a_1\\ b_3 & b_1\end{vmatrix},\quad \begin{vmatrix}a_1 & a_2\\ b_1 & b_2\end{vmatrix} \tag{5-45}$$

求出了方向数，再从方程组求出一个点，设为$P(x_0, y_0, z_0)$，则得交线的点向式方程（参见4.2节）

$$\frac{x-x_0}{\begin{vmatrix}a_2 & a_3\\ b_2 & b_3\end{vmatrix}}=\frac{y-y_0}{\begin{vmatrix}a_3 & a_1\\ b_3 & b_1\end{vmatrix}}=\frac{z-z_0}{\begin{vmatrix}a_1 & a_2\\ b_1 & b_2\end{vmatrix}} \tag{5-46}$$

例5.23 试将下面的直线方程

$$\begin{cases}2x+y-3z=5\\ 3x-y+2z=5\end{cases}$$

化为点向式。

解 直接利用公式（5-46）。第一步，从上列方程组求点$P(x_0, y_0, z_0)$的坐标，因变量多于方程数，可设$z=0$，得$x=2$，$y=1$。由此有点$P(2, 1, 0)$；第二步，求直线的方向数，根据式（5-45），方向数为（−1，−13，−5）。将以上结果代入公式（5-46），则得交线的点向式方程为

$$\frac{x-2}{-1}=\frac{y-1}{-13}=\frac{z}{-5}$$

有了直线的点向式，参数式也就呼之而出，如下所示

$$x=2-t,\ y=1-13t,\ z=-5t$$

至于将点向式（5-46）化为直线的参数式，可仿上进行，不再复述。

5.5 平面方程

大家知道，在空间中三元一次方程

$$a_1x+a_2y+a_3z=b \tag{5-47}$$

代表一个平面。为什么它是个平面，有什么特征？说清楚这些问题正是本节的目的。

5.5.1 向量式

一个平面本质上是由其上的一个点$P_0(x_0, y_0, z_0)$及其取向所决定的，而其取向往往是由过点P_0且同平面垂直的向量表示的。

设有平面S，过点$P_0(x_0, y_0, z_0)$，且同向量$\boldsymbol{a}$垂直或者说正交，如图5-23所示。试求平面S的方程。从图中不难看出，在平面S上任取一点$P(x, y, z)$，

向量 $\boldsymbol{P_0P}$ 都会同向量 $\boldsymbol{a}$ 垂直，因而两者的数量积等于零，即

$$\boldsymbol{a}\cdot\boldsymbol{PP_0}=0 \tag{5-48}$$

上式常称为平面的向量方程。

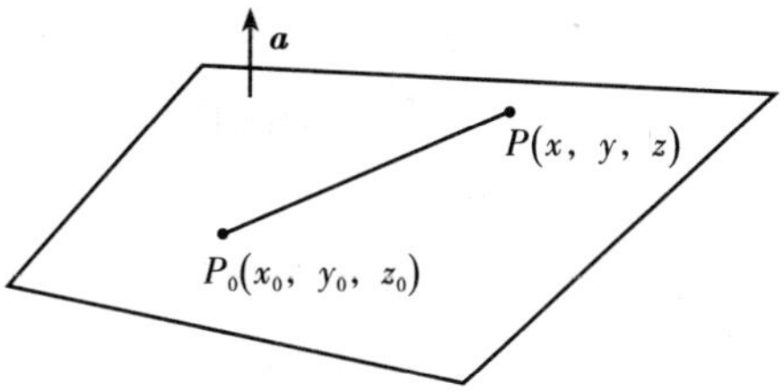

图5-23

例5.24 求过点 $P_0(2, 0, -5)$ 且垂直于向量 $\boldsymbol{a}=2\boldsymbol{i}+3\boldsymbol{j}-6\boldsymbol{k}$ 的平面的方程。

解 利用等式（5-48），直接得平面方程

$$2(x-2)+3(y-0)-6(z+5)=0$$

化简后，得

$$2x+3y-6z=34$$

5.5.2 点法式

在向量方程（5-48）中，设向量 $\boldsymbol{a}=a_1\boldsymbol{i}+a_2\boldsymbol{j}+a_3\boldsymbol{k}$，又已知向量 $\boldsymbol{PP_0}=(x-x_0)\boldsymbol{i}+(y-y_0)\boldsymbol{j}+(z-z_0)\boldsymbol{k}$，代入则得

$$\begin{aligned}&(a_1\boldsymbol{i}+a_2\boldsymbol{j}+a_3\boldsymbol{k})\cdot\left[(x-x_0)\boldsymbol{i}+(y-y_0)\boldsymbol{j}+(z-z_0)\boldsymbol{k}\right]=0\\&a_1(x-x_0)+a_2(y-y_0)+a_3(z-z_0)=0\end{aligned} \tag{5-49}$$

式（5-49）称为平面的点法式方程，因为点 $P_0(x_0, y_0, z_0)$ 位于面上，其系数组（a_1，a_2，a_3）就是平面法线的方向数，或者说向量 $\boldsymbol{a}=a_1\boldsymbol{i}+a_2\boldsymbol{j}+a_3\boldsymbol{k}$ 就是平面的法向量。

例5.25 设有平面 S，通过点 $P_0(2, -2, 5)$，且与平面 Q

$$4(x-1)-6(y+2)+3(z+7)=0$$

平行，求平面 S 的点法式方程。

解 依题意，平面 S 与 Q 平行，故同 Q 有相等的法线方向数，都是（4，−6，3），又通过点 $P_0(2, -2, 5)$，由此得其点法式方程为

$$4(x-2)-6(y+2)+3(z-5)=0$$

5.5.3 一般式

前面刚讲过平面的点法式方程

$$a_1(x-x_0)+a_2(y-y_0)+a_3(z-z_0)=0$$

将其去括号，并记 $a_1x_0+a_2y_0+a_3z_0=b$，则得

$$a_1x+a_2y+a_3z=b \tag{5-50}$$

式（5-50）称为空间平面的一般式方程，为什么称为一般式？一是在于，方程（5-50）的图像是一个平面；二是在于，空间中的任一平面其表达式都是方程（5-50），只是方程中的系数不同而已。其中的头一个“在于”，不言自明；关于后一个，请看下面的例子。

例 5.26 空间存在一个平面，记为 S，此平面与三个坐标轴的交点分别是 $P_1(2,0,0)$、$P_2(0,1,0)$ 和 $P_3(0,0,3)$，如图 5-24 所示，试求平面 S 的表达式。

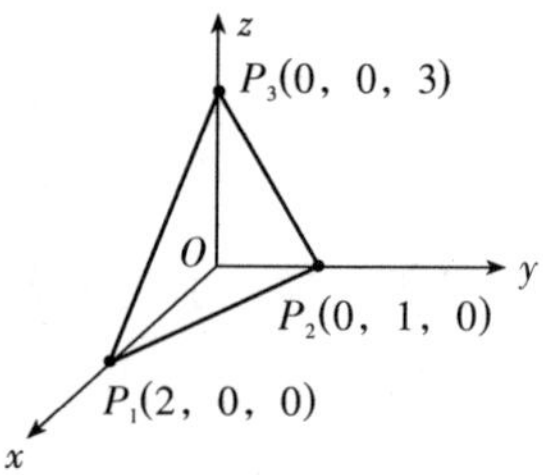

图 5-24

解 此题有多种解法，但用向量最为简捷。从图上可见，向量 $\boldsymbol{P_1P_2}=-2\boldsymbol{i}+\boldsymbol{j}$，$\boldsymbol{P_2P_3}=-\boldsymbol{j}+3\boldsymbol{k}$，$\boldsymbol{P_3P_1}=2\boldsymbol{i}-3\boldsymbol{k}$，三者共面。任取两个向量，比如 $\boldsymbol{P_1P_2}$ 和 $\boldsymbol{P_2P_3}$，作向量积

$$\boldsymbol{P_1P_2}\times\boldsymbol{P_2P_3}=\begin{vmatrix}\boldsymbol{i} & \boldsymbol{j} & \boldsymbol{k}\\ -2 & 1 & 0\\ 0 & -1 & 3\end{vmatrix}=3\boldsymbol{i}+6\boldsymbol{j}+2\boldsymbol{k} \tag{5-51}$$

从上式可知，平面 S 的法线其方向数为（3，6，2），从其上再选一点 $P_1(2,0,0)$，根据点法式，得平面 S 的方程为

$$3(x-2)+6y+2z=0$$

化简后，得平面的一般式方程

$$3x+6y+2z=6$$

从此例不难看出，空间中的任一平面其表达式都是三元一次方程，即平面的一般式方程。这个结论有其重要性，请看下例。

例 5.27 已知平面 S，其上有三个点 $P_1(-3,0,7)$，P_2（1，-5，17）和 P_3（0，-10，2），求 S 的平面方程。

解 已知任何平面的表达式都是等式（5-50），因此可设平面 S 的表达式为

$$a_1x+a_2y+a_3z=b$$

其中，a_1，a_2，a_3 和 b 是待定系数。将点 P_1，P_2 和 P_3 的坐标代入上式，得

$$\begin{cases}-3a_1+7a_3=b\\ a_1-5a_2+17a_3=b\\ -10a_2+2a_3=b\end{cases}$$

联立求解上述方程组，有

$$a_1=5,\ a_2=2,\ a_3=-1,\ b=-22$$

将以上结果代入前式，最后得平面S的一般式方程为

$$5x+2y-z=-22$$

答案出来了，但读者可能会有疑问，在上述方程组中，共有四个待定系数，a_1，a_2，a_3和b，但只有三个方程，这等于是变量数多于方程数，岂不矛盾？为化解矛盾，读者不妨自己一试，则真相可见。

在结束本节之前，有必要强调，平面的点法式方程为其根基，深刻领悟之后，有关平面方面的问题都易于破解。

5.6 距　离

距离问题无法回避，经常遇到，如到办公楼有多远，到火车站有多远等。现在我们就要研究两个几何图像之间的距离，首先是点到直线和点到平面的距离。

5.6.1 点到直线

空间有点$P(x, y, z)$及直线L

$$\frac{x-x_0}{l}=\frac{y-y_0}{m}=\frac{z-z_0}{n} \tag{5-52}$$

如图5-25所示，试求点P到直线L的距离D。

求距离D有多种方法，择要论述如下。

1. 用数量积

在直线L上任选一点$P_1(x_1, y_1, z_1)$，从点P向直线L作垂线，记垂足为点$P_2(x_2, y_2, z_2)$。易知，线段$|PP_2|$就是点到直线的距离D，而依图5-25可见

$$D=|\boldsymbol{PP_2}|=\left(|\boldsymbol{P_1P}|^2-|\boldsymbol{P_1P_2}|^2\right)^{\frac{1}{2}}$$

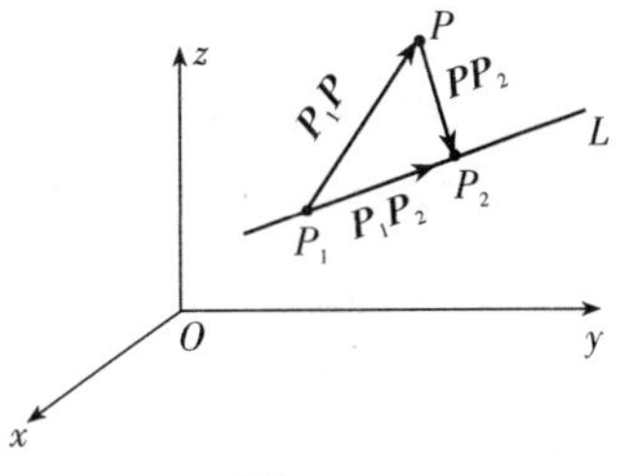

图5-25

视上述线段都是向量，从此式则得计算距离D的公式

$$D=\left[|\boldsymbol{P_1P}|^2-\left(\frac{\boldsymbol{P_1P}\cdot\boldsymbol{P_1P_2}}{|\boldsymbol{P_1P_2}|}\right)^2\right]^{\frac{1}{2}} \tag{5-53}$$

需要说明，式中的向量$\boldsymbol{P_1P_2}$可以代换为与直线L相平行的任何向量$\boldsymbol{L}$，因根据数量积的定义，两者同$\boldsymbol{PP_1}$的数量积是相等的。

例5.28 求点$P(1,1,5)$到直线L

$$x=1+t,\ y=3-t,\ z=2t$$

的距离。

解 从给定条件可知，点$P_1(1,3,0)$在直线L上，又L的方向数为$(1,-1,2)$。因此有

$$\boldsymbol{P_1P}=-2\boldsymbol{j}+5\boldsymbol{k},\ \boldsymbol{L}=\boldsymbol{i}-\boldsymbol{j}+2\boldsymbol{k}$$

及

$$|\boldsymbol{P_1P}|=\sqrt{29},\ \frac{\boldsymbol{P_1P}\cdot\boldsymbol{L}}{|\boldsymbol{L}|}=\frac{12}{\sqrt{6}}$$

将以上结果代入公式（5–53），则得点P到L的距离为

$$D=\sqrt{29-24}=\sqrt{5}$$

2. 求极小值

首先，将式（5–52）改写成参数式

$$x=x_0+lt,\ y=y_0+mt,\ z=z_0+nt$$

其次，在直线上任选一点$P_1(x,y,z)$，连接点P_1和P，由此有

$$|\boldsymbol{P_1P}|=\left[(x-x_0-lt)^2+(y-y_0-mt)^2+(z-z_0-nt)^2\right]^{\frac{1}{2}}$$

显然，上式是参数t的函数。当参数t变化时，对应的点P_1则沿直线L移动，反之亦然。从图5–25可见，当点P_1移动至点P_2与之重合时，上式就是点P到直线L的距离D，因此时P_1P最小。最后，将上式对t求导，解出其最小值，便是答案。

顺便指出，在此例中D和D^2存在相同的极值点，为省去对根式求导，往往是求D^2而非D的极值。现举例说明如下。

例5.29 同例5.28，求点$P(1,1,5)$到直线L的距离。

解 在直线L上任选一点$P_1(x,y,z)$，根据L的参数式方程，此时有

$$\boldsymbol{P_1P}=-t\boldsymbol{i}-(2-t)\boldsymbol{j}+(5-2t)\boldsymbol{k}$$

从而得

$$\begin{aligned}|\boldsymbol{P_1P}|^2&=t^2+4-4t+t^2+25-20t+4t^2\\&=6t^2-24t+29=6(t-2)^2+5\end{aligned}$$

显然，不用求导，直接就可看出，上式当$t=2$时取极小值，等于5。两边开方，得点P到直线L的距离

$$D=\sqrt{5}$$

和例5.28的答案一样。

3. 求交点

这种解法的思路是，以给定直线L为法线，过给定点P作平面S，设直线L与平面S的交点为P_2，则$|\boldsymbol{PP}_2|$就是点P到直线的距离，如图5–26所示。现举例说明如下。

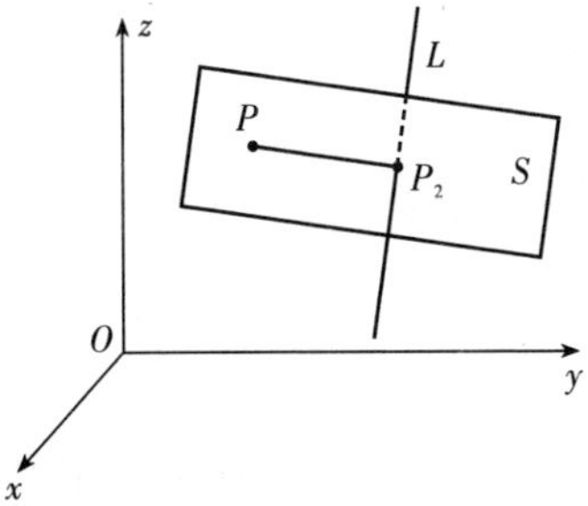

图5–26

例5.30　同例5.28，求点$P(1，1，5)$到直线L的距离D。

解　由给定直线L，知其方向数为（1，−1，2）（参见例5.28），给定点为$P(1，1，5)$，因此过点P且以直线L为法线的平面S，其方程是

$$(x-1)-(y-1)+2(z-5)=0$$

将直线方程

$$x=1+t，\ y=3-t，\ z=2t$$

代入上式，得

$$(1+t-1)-(3-t-1)+2(2t-5)=0 \Rightarrow 6t-12=0$$

故$t=2$，将此结果代入直线方程，则得直线L同平面S的交点$P_2(3，1，4)$。据此，点$P(1，1，5)$到直线L的距离等于

$$D=|\boldsymbol{PP}_2|=\left[(3-1)^2+(1-1)^2+(4-5)^2\right]^{\frac{1}{2}}=\sqrt{5}$$

这同例5.28的结果相同。

4. 向量积法

在用数量积求解例5.28之后，觉得烦琐，可能就会想到，从图5–25上清晰可见，$|\boldsymbol{PP}_2|$正是点P到直线的距离D，何必舍近求远？直接用向量$\boldsymbol{P_1P}\times\boldsymbol{P_1P_2}$便得

$$D=|\boldsymbol{PP}_2|=|\boldsymbol{PP}_1|\sin\theta=\frac{|\boldsymbol{P_1P}\times\boldsymbol{P_1P_2}|}{|\boldsymbol{P_1P_2}|} \tag{5–54}$$

例5.31　同例5.28，求点$P(1，1，5)$到直线L的距离。

解　首先，请复习对公式（5–53）的说明。同理，上式中的向量$\boldsymbol{P_1P_2}$可以同直线L相平行的向量$\boldsymbol{L}$代替。在此例中，$\boldsymbol{L}=\boldsymbol{i}-\boldsymbol{j}+2\boldsymbol{k}$；其次，点（1，3，0）在直线$L$上，选此点为$P_1$，因此$\boldsymbol{P_1P}=(1-1)\boldsymbol{i}+(1-3)\boldsymbol{j}+(5-0)\boldsymbol{k}=-2\boldsymbol{j}+5\boldsymbol{k}$。

最后，将以上的结果代入公式（5–54），则得点P到直线L的距离

$$D=\frac{|\boldsymbol{P_1P}\times\boldsymbol{L}|}{|\boldsymbol{L}|}=\frac{|(-2\boldsymbol{j}+5\boldsymbol{k})\times(\boldsymbol{i}-\boldsymbol{j}+2\boldsymbol{k})|}{|\boldsymbol{i}-\boldsymbol{j}+2\boldsymbol{k}|}$$

上式中的向量积根据行列式公式为

$$(-2\boldsymbol{j}+5\boldsymbol{k})\times(\boldsymbol{i}-\boldsymbol{j}+2\boldsymbol{k})=\begin{vmatrix}\boldsymbol{i} & \boldsymbol{j} & \boldsymbol{k}\\ 0 & -2 & 5\\ 1 & -1 & 2\end{vmatrix}$$

$$=\begin{vmatrix}-2 & 5\\ -1 & 2\end{vmatrix}\boldsymbol{i}+\begin{vmatrix}5 & 0\\ 2 & 1\end{vmatrix}\boldsymbol{j}+\begin{vmatrix}0 & -2\\ 1 & -1\end{vmatrix}\boldsymbol{k}$$

$$=\boldsymbol{i}+5\boldsymbol{j}+2\boldsymbol{k}$$

据此，得

$$D=\left(\frac{1^2+5^2+2^2}{1^2+(-1)^2+2^2}\right)^{\frac{1}{2}}=\sqrt{5}$$

以上四种解法得到了相同的答案，理所当然。一题多解，既可加强基础训练，又能开拓思维视野，是值得推荐的学习方法。就本例而言，最后用的向量积法是必须重视的。

5.6.2 点到平面

点到平面的距离已经讲过，作为复习，再扼要说明如下。

设空间存在点$P(x_0,\ y_0,\ z_0)$，及平面S

$$ax+by+cz+d=0 \tag{5-55}$$

试求点P到平面S的距离D，如图5-27所示。

在平面S上任取一点$P_1(x_1,\ y_1,\ z_1)$，并记过点P的平面法线与平面S的交点为$\boldsymbol{P}_2(x_2,\ y_2,\ z_2)$，则从图5-27中不难看出，$|\boldsymbol{P}_2\boldsymbol{P}|$正是点$P$到平面$S$的距离$D$，且

$$|\boldsymbol{P}_2\boldsymbol{P}|=|\boldsymbol{P}_1\boldsymbol{P}|\cos\theta$$

式中，$\cos\theta$是向量$\boldsymbol{P}_2\boldsymbol{P}$和向量$\boldsymbol{P}_1\boldsymbol{P}$间夹角$\theta$的余弦，又向量

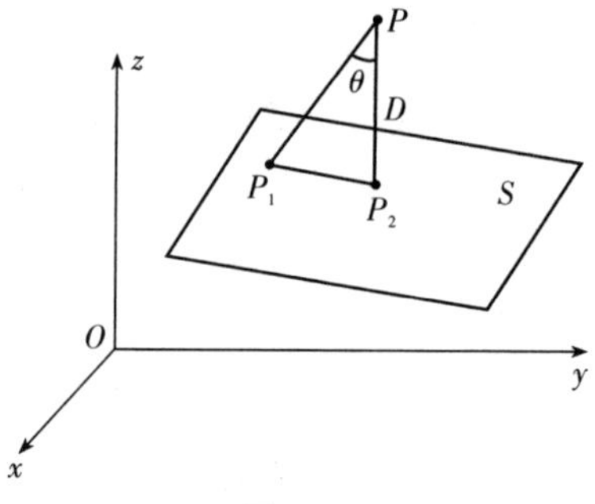

图5-27

$$\boldsymbol{P}_1\boldsymbol{P}=(x_0-x_1)\boldsymbol{i}+(y_0-y_1)\boldsymbol{j}+(z_0-z_1)\boldsymbol{k}$$

再由平面方程（5-55），并根据上段例5.28的说明，此时向量$\boldsymbol{P}_2\boldsymbol{P}$可代换为

$$\boldsymbol{L}=a\boldsymbol{i}+b\boldsymbol{j}+c\boldsymbol{k}$$

综上所述，直接便得

$$D=\frac{\boldsymbol{P}_1\boldsymbol{P}\cdot\boldsymbol{L}}{|\boldsymbol{L}|}=\frac{\left[(x_0-x_1)\boldsymbol{i}+(y_0-y_1)\boldsymbol{j}+(z_0-z_1)\boldsymbol{k}\right]\cdot(a\boldsymbol{i}+b\boldsymbol{j}+c\boldsymbol{k})}{(a^2+b^2+c^2)^{\frac{1}{2}}}$$

$$=\frac{a(x_0-x_1)+b(y_0-y_1)+c(z_0-z_1)}{(a^2+b^2+c^2)^{\frac{1}{2}}}$$

因点$P_1(x_1, y_1, z_1)$在平面S上，$ax_1+by_1+cz_1+d=0$，上式经化简后，得计算点P到平面S距离的典型公式

$$D=\frac{ax_0+by_0+cz_0+d}{(a^2+b^2+c^2)^{\frac{1}{2}}} \tag{5-56}$$

例5.32　求点$P(2, -1, 4)$到平面

$$2x+6y+3z-5=0$$

的距离D。

解　将给定条件代入公式（5-56），则得

$$D=\frac{2\times2+6\times(-1)+3\times4-5}{(2^2+6^2+3^2)^{\frac{1}{2}}}=\frac{5}{7}$$

在结束本节之前，总觉留下一个问题：试想，在平面上有一条直线L及一点$P(2, 0)$，如图5-28所示。须知，直线L的表达式有无穷多。如以下都是：

$$\frac{1}{\sqrt{2}}(x+y-1)=0,\quad x+y-1=0,\quad 2(x+y-1)=0$$

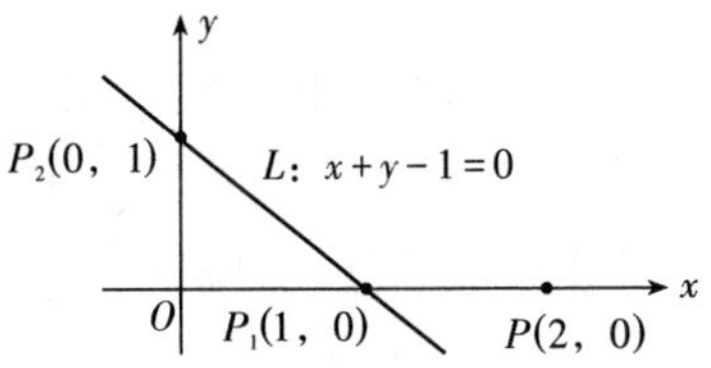

图5-28

但把点$P(2, 0)$的坐标代入以上各方程时，其中只有一个给出的是点P到直线L的距离。这是个值得思考的问题，供读者参考。

5.7　夹　角

1. 两条直线

空间中存在两条直线L_1和L_2，其间的夹角θ定义为，将两直线视作向量时两向量之间所夹的锐角。

设直线L_1的方向数为（l_1，m_1，n_1），L_2的为（l_2，m_2，n_2），作向量

$$\boldsymbol{L}_1=l_1\boldsymbol{i}+m_1\boldsymbol{j}+n_1\boldsymbol{k},\quad \boldsymbol{L}_2=l_2\boldsymbol{i}+m_2\boldsymbol{j}+n_2\boldsymbol{k}$$

则得两直线L_1和L_2之间夹角θ的余弦

$$\cos\theta=\frac{\boldsymbol{L}_1\cdot\boldsymbol{L}_2}{|\boldsymbol{L}_1||\boldsymbol{L}_2|}=\frac{|l_1l_2+m_1m_2+n_1n_2|}{\sqrt{(l_1^2+m_1^2+n_1^2)(l_2^2+m_2^2+n_2^2)}} \tag{5-57}$$

例5.33　求直线L_1：$x=2+t$，$y=1-4t$，$z=t$和L_2：$x=-1+2t$，$y=2-2t$，$z=3-t$之间夹角的余弦$\cos\theta$。

解 从给定条件知，直线L_1的方向数为（1，-4，1），L_2的为（2，-2，-1），将其代入公式（5-57），则得

$$\cos\theta=\frac{|1\times2+(-4)\times(-2)+1\times(-1)|}{\sqrt{(1^2+(-4)^2+1^2)(2^2+(-2)^2+(-1)^2)}}=\frac{1}{\sqrt{2}}$$

此外，从公式（5-57）显然存在下列结论：

（1）直线L_1和L_2两者相互垂直的充要条件是$l_1l_2+m_1m_2+n_1n_2=0$；

（2）直线L_1和L_2两者平行或重合的充要条件是$l_1=cl_2$，$m_1=cm_2$，$n_1=cn_2$，其中c是比例常数，或$\frac{l_1}{l_2}=\frac{m_1}{m_2}=\frac{n_1}{n_2}$。

2. 直线与平面

设空间存在直线L，其方向数为（l，m，n），存在平面S，其方程为

$$ax+by+cz=d$$

如图5-29所示。

记直线L在平面S上的投影直线为L_1，则直线L同其投影直线L_1之间的夹角θ称为直线L与平面S之间的夹角。

据以上所述，并利用数量积，不难求出

$$\sin\theta=\frac{|al+bm+cn|}{\sqrt{(a^2+b^2+c^2)(l^2+m^2+n^2)}}$$

具体演算，留给读者。上式之所以取绝对值，因为定义的夹角是两者间的锐角。

例 5.34 设直线L：$x=3-2t$，$y=1+t$，$z=4+2t$，平面S：$5x+3z+7=0$，求直线L与平面S之间夹角θ的正弦。

解 依题意，直线L的方向数为（-2，1，2），平面S法线的方向数为（5，0，3），由此得

$$\sin\theta=\frac{|5\times(-2)+(3\times2)|}{\sqrt{(5^2+3^2)[(-2)^2+1^2+(-2)^2]}}=\frac{|-4|}{3\sqrt{34}}$$

$$=\frac{4}{3\sqrt{34}}$$

3. 两个平面

空间存在两个平面S_1和S_2，如图5-29所示，其间的夹角定义为平面S_1的法向量$\boldsymbol{n}_1$和平面S_2的法向量$\boldsymbol{n}_2$两者之间所夹的锐角。

例 5.35 求平面S_1：$4x+4y-2z=8$和S_2：$6x+3y+2z=3$之间的夹角θ的余弦。

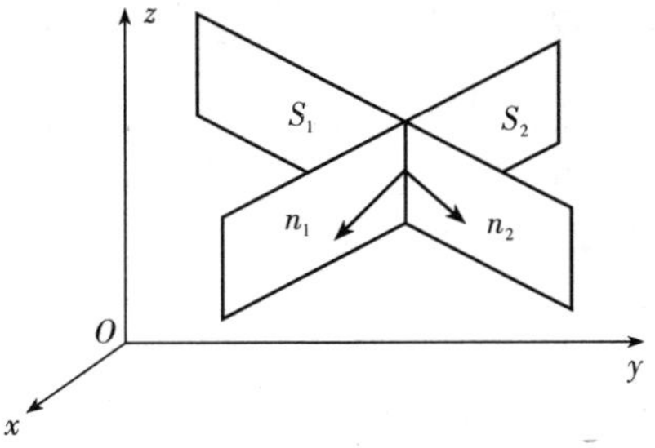

图5-29

解　两个平面S_1和S_2的法向量分别是

$$n_1 = 4\boldsymbol{i} + 4\boldsymbol{j} - 2\boldsymbol{k},\quad n_2 = 6\boldsymbol{i} + 3\boldsymbol{j} + 2\boldsymbol{k}$$

因此其间夹角θ的余弦为

$$\begin{aligned}\cos\theta &= \frac{n_1 \cdot n_2}{|n_1||n_2|} \\ &= \frac{4\times6+4\times3+(-2)\times2}{\sqrt{(4^2+4^2+(-2)^2)(6^2+3^2+2^2)}} \\ &= \frac{32}{6\times7} = \frac{16}{21}\end{aligned}$$

本章涉及的问题不少，但如果能做到对数量积和向量积成竹在胸，得心应手，则所有问题都会迎刃而解，不攻自破。

5.8 习　题

1. 在下列各题中，求$\boldsymbol{a}\cdot\boldsymbol{b}$，$\boldsymbol{a}\times\boldsymbol{b}$，$\boldsymbol{a}$和$\boldsymbol{b}$之间夹角的余弦。

（1）$\boldsymbol{a}=\boldsymbol{i}+\boldsymbol{j}-2\boldsymbol{k}$，$\boldsymbol{b}=2\boldsymbol{i}+3\boldsymbol{j}+\boldsymbol{k}$；

（2）$\boldsymbol{a}=2\boldsymbol{i}-\boldsymbol{j}-5\boldsymbol{k}$，$\boldsymbol{b}=7\boldsymbol{i}-2\boldsymbol{j}+3\boldsymbol{k}$；

（3）$\boldsymbol{a}=4\boldsymbol{i}+3\boldsymbol{j}-3\boldsymbol{k}$，$\boldsymbol{b}=3\boldsymbol{i}+4\boldsymbol{j}-5\boldsymbol{k}$；

（4）$\boldsymbol{a}=3\boldsymbol{i}-2\boldsymbol{j}+\boldsymbol{k}$，$\boldsymbol{b}=4\boldsymbol{i}-5\boldsymbol{j}+3\boldsymbol{k}$。

2. 在平面上，求以点$P_1(1,\ 0)$，$P_2(2,\ 0)$和$P_3(2,\ \sqrt{3})$为顶点的三角形的三个内角。

3. 在平面上，点$P_1(1,\ 0)$，$P_2(0,\ 3)$，$P_3(3,\ 4)$和$P_4(4,\ 1)$构成一矩形，求此矩形对角线之间的夹角。

4. 已知点$P_1(1,\ -1,\ 2)$，$P_2(3,\ 3,\ 1)$和$P_3(3,\ 1,\ 3)$，试用两种方法求既与P_1P_2又与P_2P_3垂直的单位向量。

5. 设$\boldsymbol{a}$和$\boldsymbol{b}$是向量，试问在什么条件下，$|\boldsymbol{a}\times\boldsymbol{b}|=\boldsymbol{a}\cdot\boldsymbol{b}$？

6. 已知$|\boldsymbol{a}\times\boldsymbol{b}|^2+(\boldsymbol{a}\times\boldsymbol{b})^2=1$，试问向量$\boldsymbol{a}$和$\boldsymbol{b}$应满足什么条件。

7. 设$\boldsymbol{a}$和$\boldsymbol{b}$是平面上的两个向量，如图5-30所示，从图上可见，$\boldsymbol{a}+\boldsymbol{b}$同$\boldsymbol{a}-\boldsymbol{b}$相互垂直，试问这是不是普遍现象？说明理由。

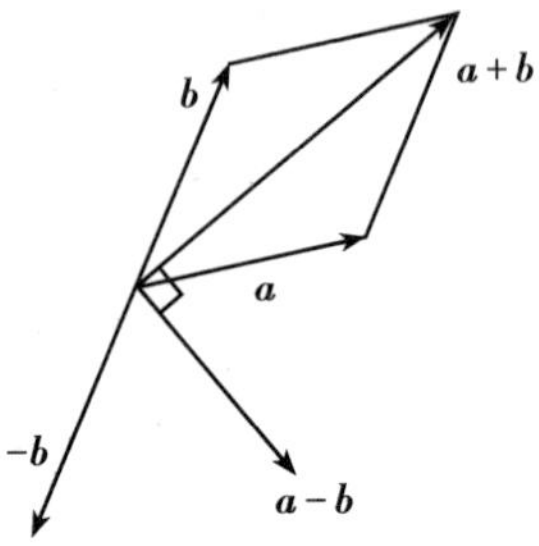

图5-30

8. 设$\boldsymbol{a}$，$\boldsymbol{b}$，$\boldsymbol{c}$是三个单位向量，且其和

$$\boldsymbol{a}+\boldsymbol{b}+\boldsymbol{c}=\boldsymbol{0}$$

试求$\boldsymbol{a}\cdot\boldsymbol{b}+\boldsymbol{b}\cdot\boldsymbol{c}+\boldsymbol{c}\cdot\boldsymbol{a}$。

9. 存在一三角形，以点$P_1(1,\ 1,\ 2)$，$P_2(-1,\ 0,\ 1)$和$P_3(2,\ -2,\ 0)$为顶点，试至少用两种方法求此三角形的面积。

10. 一圆以O为圆心，P_1P_2为直径，点P_3是圆上一点，如图5-31所示。试证明：$\angle P_1P_3P_2$为直角。

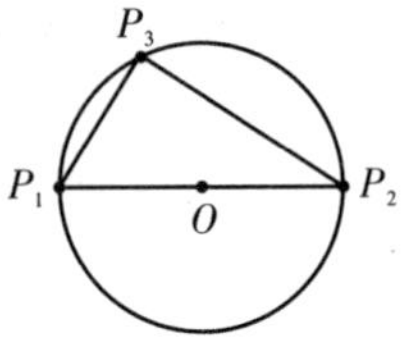

图5-31

11. 上题与题7有无联系？若有，它是什么联系？

12. 用向量方法证明不等式

$$\sqrt{a_1^2+a_2^2+a_3^2}\sqrt{b_1^2+b_2^2+b_3^2}\geqslant a_1b_1+a_2b_2+a_3b_3$$

式中，a_1，a_2，a_3，b_1，b_2，b_3都是实数，并说明等号成立的条件。

13. 设向量$\boldsymbol{a}=a_1\boldsymbol{i}+a_2\boldsymbol{j}+a_3\boldsymbol{k}$，$\boldsymbol{b}=b_1\boldsymbol{i}+b_2\boldsymbol{j}+b_3\boldsymbol{k}$，$\boldsymbol{c}=c_1\boldsymbol{i}+c_2\boldsymbol{j}+c_3\boldsymbol{k}$，试证明此三向量共面的充要条件是

$$(\boldsymbol{a}\times\boldsymbol{b})\cdot\boldsymbol{c}=\begin{vmatrix}a_1 & a_2 & a_3\\ b_1 & b_2 & b_3\\ c_1 & c_2 & c_3\end{vmatrix}=0$$

14. 证明菱形（等边平行四边形）的对角线相互垂直。

15. 用向量方法证明：平面四边形为矩形的充要条件是其对角线等长。

16. 设$\boldsymbol{a}$，$\boldsymbol{b}$，$\boldsymbol{c}$是三个向量，且$\boldsymbol{a}\cdot\boldsymbol{b}=\boldsymbol{a}\cdot\boldsymbol{c}$，$\boldsymbol{a}\neq\boldsymbol{0}$，能否消去$\boldsymbol{a}$，得到$\boldsymbol{b}=\boldsymbol{c}$？说明回答的理由。

17. 在以下各题中，求直线L的方程，L过给定点P且与向量$\boldsymbol{a}$垂直：

（1）$P(1,\ 3)$，$\boldsymbol{a}=\boldsymbol{i}+\boldsymbol{j}$；

（2）$P(0,\ 1)$，$\boldsymbol{a}=2\boldsymbol{i}-\boldsymbol{j}$；

（3）$P(1,\ 0)$，$\boldsymbol{a}=5\boldsymbol{i}+2\boldsymbol{j}$；

（4）$P(-2,\ 2)$，$\boldsymbol{a}=-\boldsymbol{i}+\boldsymbol{j}$。

18. 在以下各题中，求直线L的方程，L过给定点P且与向量$\boldsymbol{a}$平行：

（1）$P(1,\ -1)$，$\boldsymbol{a}=\boldsymbol{i}-\boldsymbol{j}$；

（2）$P(1,\ 0)$，$\boldsymbol{a}=\boldsymbol{i}+\boldsymbol{j}$；

（3） $P(0, 1)$，$\boldsymbol{a}=2\boldsymbol{i}-3\boldsymbol{j}$；

（4） $P(1, 1)$，$\boldsymbol{a}=-\boldsymbol{i}+2\boldsymbol{j}$。

19. 设L是空间一条直线，其点向式方程为

$$\frac{x+3}{5}=\frac{y-1}{2}=\frac{z+3}{0}$$

式中有分母等于零，试问直线L有何特征？

20. 空间中存在直线L_1和L_2，分别如图5-32所示，试凭直观理解写出L_1和L_2的点向式方程。

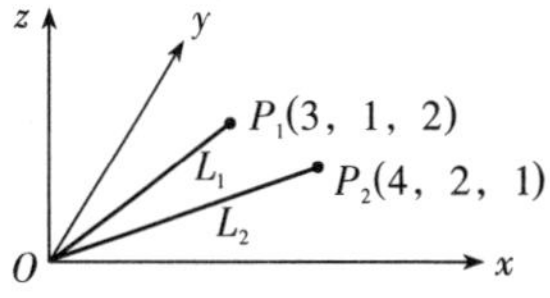

图5-32

21. 已知直线的参数式方程为

$$x=2+3t,\ y=-1+t,\ z=-2-2t$$

试求其点向式方程和交线式方程。

22. 已知直线L通过点$P_1(-1, 1, 2)$和$P_2(1, 2, -3)$，试求L的参数式、点向式和交线式方程。

23. 已知直线L的交线式方程为

$$x+y+z+1=0$$
$$2x-y+3z+4=0$$

试求其点向式和参数式方程。

24. 求过点$P(-3, 0, 7)$且与向量$\boldsymbol{a}=5\boldsymbol{i}+2\boldsymbol{j}-\boldsymbol{k}$垂直的平面的方程。

25. 已知点$P_1(0, 0, 1)$，$P_2(2, 0, 0)$和$P_3(0, 3, 0)$位于平面S上，求S的方程。

26. 已知平面S通过点$P(2, -4, 3)$且与平面$2x+3y-5z-5=0$平行，试求S的方程。

27. 已知平面S包含x轴和点$P(4, -3, -1)$，试至少用两种方法求S的方程。

28. 平面S如图5-33所示，试求S的方程，并找出最简便的方法。

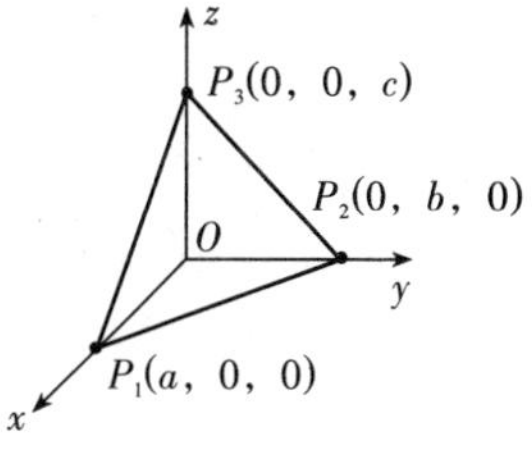

图5-33

29. 已知直线L_1和L_2的交线式方程分别为

$$\begin{cases}5x-3y+3z-9=0\\3x-2y+z-1=0\end{cases}$$

和

$$\begin{cases}2x+2y-z+23=0\\3x+8y-z+18=0\end{cases}$$

试求两者夹角的余弦。

30. 已知直线L的交线式方程为

$$\begin{cases}x+y+3z=0\\x-y-z=0\end{cases}$$

试求L和平面 $5x-y-z+1=0$ 之间的夹角。

31. 求平面 $3x-4y+5z=3$ 与平面 $6x+2y-3z=1$ 间夹角的余弦。

32. 已知直线L的交线式方程为

$$\begin{cases}2x-y+z=4\\x+y-z=-1\end{cases}$$

试求点$P(3,-1,2)$到直线L的距离，并寻求自认为最好的解法。

习题参考答案

1.5　习题1.1

1. 1，$\frac{1}{2}$，…，$\frac{1}{2^n}$，…，0。

2. $\frac{\tan\theta}{\theta}$，0。

3. e^2 。

4. ∞。

5. -1。

6.（1）正确；（2）否，如 $f(x)=-g(x)$；（3）否，如 $f(x)=x, g(x)=\sin\frac{1}{x}$；（4）否，如 $f(x)=x\sin\frac{1}{x}$，$g(x)=x\left(1+\sin\frac{1}{x}\right)$。

7. 提示：先证 $x-\sin x\geqslant 0$ 。

8. 两个交点。

9. 提示：先设 $a_0+a_1=0$，$a_0+2a_1x=0$，$f(x)=a_0+2a_1x$，此时有 $f(0)=-a_1$，$f(1)=a_1$，显然在区间 $(0,\ 1]$，$f(x)$ 有实根。再用归纳法。

10. 提示：作函数 $\frac{f(x_2)-f(x_1)}{\ln x_2-\ln x_1}$，应用柯西中值定理。

11. 可选 $f(x)=x^2-1$，$g(x)=x$ 。

12. 略。

13.（1）1；（2）1；（3）$-\frac{1}{2}$；（4）e^{-2} 。

14. 洛必达法则不适用于分子或分母存在极限，但极限不等于零的情形，如 $\lim\limits_{x\to\infty}\frac{\sqrt{4x+1}}{\sqrt{x+1}}$ 也是如此。

1.9　习题1.2

1.（1）平均值 $v=5$，路程函数 $s=5t$；（2）$v=t$，$s=t^2$；（3）$v=t^2$，$s=t^3$；（4）$v=t^3$，$s=t^4$。

2. $(x-1)^3+4(x-1)^2+6(x-1)+4$。

3. x取值越小，平方和越接近于1，表示误差越小。

4. 验证 e^{ix} 的麦克劳林级数其实部和虚部分别等于 $\cos x$ 和 $\sin x$ 的麦克劳林级数。

5. 略。

6. 在极大值点附近，当x增大时，切线斜率变小，在极大值点处等于零，然后成为负值，继续变小（负数的绝对值愈大其愈小）。因此，在极大值点处，函数的二阶导数必然是负的。这是函数取极大值时，在极值点处二阶导数小于零的几何解释。

7. 2厘米。

8. $25\frac{1}{3}$ 秒。

9. $P\left(3,\ \frac{5}{3}\right)$。

10. 略。

11. $\sqrt{2}$ 米。

12. $\frac{1}{2}$ 米。

13. $x=\frac{1}{2}$，$y=-\frac{1}{2}$，$1\frac{1}{4}$。

14. 2；$f(x,\ y)=xy$，$G(x,\ y)=x^2+y^2-2=0$。

15. $\frac{5}{2}$。

2.7 习题

1. $\frac{1}{3}x^3+C$。

2. 将 $\sin x$ 化为 $\cos\left(\frac{\pi}{2}-x\right)$。

3. 利用等式 $\sin^2\frac{x}{2}+\cos^2\frac{x}{2}=1$。

4. （1）$\frac{5}{3}$；（2）$\frac{8}{3}$；（3）2。

5. $\frac{2}{3}$。

6. （1）0；（2）0。

7. $\frac{\pi}{2}r^4$。

8. 略。

9. $m=n+1$ 。

10. $-\frac{3}{2}$ 。

11. （1）$2\ln|x+2|-\ln|x-1|+C$；（2）$\frac{2}{5}\ln|1+2x|-\frac{1}{5}\ln(1+x^2)+\frac{1}{5}\arctan x+C$；(3) $\frac{1}{2}\ln\frac{(x-2)^2}{x^2+1}-\frac{4x-3}{2(x^2+1)}-4\arctan x+C$；(4) $\frac{1}{2}\ln(x^4+5x^2+4)+\frac{1}{2}\arctan\frac{x}{2}+\arctan x+C$；（5）略。

12. $\frac{3}{2}$ 。

13. 4。

14. 2。

15. 2。

16. （1）0；（2）$3a^4$；（3）81π。

17. （1）0；（2）108π。

3.5 习题

1. 略

2. $\mathrm{grad}\, B=5\boldsymbol{i}+\sqrt{75}\,\boldsymbol{j}$， $\sqrt{75}$ 。

3. (1) $\mathrm{grad} f=2xy\boldsymbol{i}+(1+x^2)\boldsymbol{j}$；（2）$\mathrm{grad} f=(y+z)\boldsymbol{i}+(x+z)\boldsymbol{j}+(x+y)\boldsymbol{k}$；(3) $\mathrm{grad} f=-\frac{M}{r^3}(x\boldsymbol{i}+y\boldsymbol{j})$ 。

4. $\mathrm{grad} f=\boldsymbol{i}+\boldsymbol{j}+\boldsymbol{k}$；沿梯度方向将平面 $x+y+z=0$ 平移一个单位长度，则移动后的平面其方程为 $x+y+z=\sqrt{3}$，意味着函数 $f(x,y,z)=x+y+z$ 增值了 $\sqrt{3}$，而 $\sqrt{3}=|\mathrm{grad} f|$ 。

5. $\mathrm{grad} f=2x\boldsymbol{i}+2y\boldsymbol{j}+2z\boldsymbol{k}$；几何意义可参照上题答案。

6. $\mathrm{grad}\, T=-\boldsymbol{i}-4y\boldsymbol{j}-2z\boldsymbol{k}$，热流与 $-\mathrm{grad}\, T$ 同向。

7. 略。

8. $\frac{5}{12}\pi R^5$ 。

9. 略。

10. 略。

11. $4\pi R^3$ 。

12. $\frac{3}{2}$ 。

13. 0；从内侧穿入的等于从外侧穿出的。

14. 4π。

15. 略。

16.（1）无；（2）无；（3）无。

17.（1）绕z轴，顺时；（2）绕y轴，逆时；（3）绕z轴，逆时；（4）绕x轴，顺时；（5）绕y轴，顺时；（6）绕x轴，逆时。

18. 是。

19. 略。

20. 略。

21. 略。

22. 略。

23. 类比于引力场，在引力场中将一质点沿任一闭合回路移动，不做功。因此，旋度为零。

24.（1）$z\boldsymbol{i}-x\boldsymbol{k}$；（2）$y\boldsymbol{k}$；（3）$xz\boldsymbol{i}-yz\boldsymbol{j}-(\sin x+\cos y)\boldsymbol{k}$；（4）$-\boldsymbol{j}+\mathrm{e}^{y}\cos x\boldsymbol{k}$；（5）$\boldsymbol{0}$。

25.（1）无意义；（2）向量场；（3）向量场；（4）数量场；（5）$\boldsymbol{0}$；（6）向量场；（7）向量场；（8）无意义；（9）无意义；（10）无意义；（11）数量场；（12）无意义。

4.6 习题

1.（1）$\begin{bmatrix}2 & 3\\1 & -2\end{bmatrix}\begin{bmatrix}x_1\\x_2\end{bmatrix}=\begin{bmatrix}5\\4\end{bmatrix}$；（2）$\begin{bmatrix}3 & -1 & 4\\2 & 1 & 2\\1 & 2 & -1\end{bmatrix}\begin{bmatrix}x_1\\x_2\\x_3\end{bmatrix}=\begin{bmatrix}1\\4\\0\end{bmatrix}$；（3）略。

2.（1）$\begin{bmatrix}2\\1\end{bmatrix}x_1+\begin{bmatrix}3\\-2\end{bmatrix}x_2=\begin{bmatrix}5\\4\end{bmatrix}$，有解，唯一；（2）略；

（3）$\begin{bmatrix}4\\2\\6\end{bmatrix}x_1+\begin{bmatrix}-2\\1\\-1\end{bmatrix}x_2+\begin{bmatrix}-1\\3\\2\end{bmatrix}x_3=\begin{bmatrix}2\\1\\3\end{bmatrix}$，有解，不唯一。

3.（1）有解，$[x_1, x_2, x_3]=[-5, 11, -8]$；（2）无解。

4. 在直线中点处。

5. 将直线等分成三段，在分点处弯折。

6.（1）同题4有联系，等分；（2）同题5有联系，等分。

7. 略。

8.（1）$\frac{1}{14}[1, 2, 3]$；（2）$[1, 1, 1]$。

9.（1）$\frac{7}{14}$；（2）$\frac{1}{26}\begin{bmatrix}-15\\7\end{bmatrix}$。

10. $[a_1, a_2]=\frac{1}{5}[6, -3]$。

11. $[a_1, a_2, a_3]=[1, 2, 3]$。

12. $[a_{11}, a_{12}, a_{13}]=[1, 1, 1]$, $[a_{21}, a_{22}, a_{23}]=[2, -1, 3]$。

13. $\frac{a_1+3a_2}{a_1^2+a_2^2}=2$，解不唯一，如 $a_1=1$，$a_2=1$，$\frac{1}{2}$。

14. (1) $a\neq-\frac{1}{2}$时，有唯一解：$x_1=1$，$x_2=\frac{2b}{2a+1}$，$x_3=\frac{b}{2a+1}-2$；(2) $a=-\frac{1}{2}$，$b\neq0$，无解；（3）$a=-\frac{1}{2}$，$b=0$，有无穷多个解：$x_1=1$，$x_2=4+2c$，$x_3=c$，c 为任意常数。

15.（1）当$a=1$时，有非零解：$x_1=c$，$x_2=-c$，$x_3=0$，其中c为任意常数；（2）当$a=-1$时，有非零解：$x_1=x_2=0$，$x_3=c$，c为任意常数。

5.8 习题

1.（1）$\boldsymbol{a}\cdot\boldsymbol{b}=3$；$\boldsymbol{a}\times\boldsymbol{b}=7\boldsymbol{i}-5\boldsymbol{j}+\boldsymbol{k}$；$\cos\theta=\frac{3}{2\sqrt{21}}$。

（2）$\boldsymbol{a}\cdot\boldsymbol{b}=1$；$\boldsymbol{a}\times\boldsymbol{b}=-13\boldsymbol{i}-4\boldsymbol{j}+3\boldsymbol{k}$；$\cos\theta=\frac{1}{2\sqrt{465}}$。

（3）略。

（4）略。

2. $\frac{\pi}{6}$，$\frac{\pi}{3}$，$\frac{\pi}{2}$。

3. $\theta=\arccos\frac{3}{5}$。

4. $\frac{1}{\sqrt{17}}(3\boldsymbol{i}-2\boldsymbol{j}-2\boldsymbol{k})$。

5. 向量$\boldsymbol{a}$和$\boldsymbol{b}$之间的夹角θ等于$45°$。

6. $|\boldsymbol{a}||\boldsymbol{b}|=1$。

7. 不是，因为在图上$|\boldsymbol{a}|=|\boldsymbol{b}|$。

8. $\frac{3}{2}$。

9. $\frac{5}{2}\sqrt{3}$。

10. 提示：作向量$\boldsymbol{OP}_1$，$\boldsymbol{OP}_2$和$\boldsymbol{OP}_3$，用以表示$\boldsymbol{P}_1\boldsymbol{P}_3$和$\boldsymbol{P}_2\boldsymbol{P}_3$。

11. 有联系，大小相等的两向量的和与差相互垂直。

12. 作向量$\boldsymbol{a}=a_1\boldsymbol{i}+a_2\boldsymbol{j}+a_3\boldsymbol{k}$，$\boldsymbol{b}=b_1\boldsymbol{i}+b_2\boldsymbol{j}+b_3\boldsymbol{k}$，求数量积$\boldsymbol{a}\cdot\boldsymbol{b}$。

13. 略。

14. 作两向量$\boldsymbol{a}$和$\boldsymbol{b}$，将两对角线分别表示为（$\boldsymbol{a}+\boldsymbol{b}$）和（$\boldsymbol{a}-\boldsymbol{b}$）。

15. 提示：以平行四边形的相邻边构作两个向量$\boldsymbol{a}$和$\boldsymbol{b}$，将四边形的两条对角线视为向量，则一可用（$\boldsymbol{a}+\boldsymbol{b}$）表示，一用（$\boldsymbol{a}-\boldsymbol{b}$）表示，再求数量积（$\boldsymbol{a}+\boldsymbol{b})\cdot(\boldsymbol{a}+\boldsymbol{b}$）和（$\boldsymbol{a}-\boldsymbol{b})\cdot(\boldsymbol{a}-\boldsymbol{b}$）。

16. 不能。

17. （1）$(x-1)+(y-3)=0$；（2）$2x-(y-1)=0$；（3）$5(x-1)+2y=0$；（4）$-(x+2)+(y-2)=0$。

18. （1）$x=1+t$，$y=-1-t$，t为参数，下同；（2）$x=1+t$，$y=t$；（3）$x=2t$，$y=1-3t$；（4）$x=1-t$，$y=1+2t$。

19. 表示直线L在平面$z=-3$上。

20. L_1：$\dfrac{x-3}{3}=\dfrac{y-1}{1}=\dfrac{z-2}{2}$；$L_2$：$\dfrac{x-4}{4}=\dfrac{y-2}{2}=\dfrac{z-1}{1}$。

21. 点向式：$\dfrac{x-2}{3}=\dfrac{y+1}{1}=\dfrac{z+2}{-2}$；交线式：$x-2-3(y+1)=0$，$2(x-2)+3(z+2)=0$。

22. 参数式：$x=-1+2t$；$y=1+t$，$z=2-5t$；点向式：$\dfrac{x+1}{2}=\dfrac{y-1}{1}=\dfrac{z-2}{-5}$；交线式：$x+1-2(y-1)=0$，$5(y-1)+z-2=0$。

23. 点向式：$\dfrac{3x+5}{12}=\dfrac{3y-2}{-3}=\dfrac{z}{-3}$；参数式：$x=-\dfrac{5}{3}+4t$，$y=\dfrac{2}{3}-t$，$z=-3t$。

24. $5x+2y-z+22=0$。

25. $3x+2y+6z=6$。

26. $2x+3y-5z=-23$。

27. $y-3z=0$。

28. $\dfrac{x}{a}+\dfrac{y}{b}+\dfrac{z}{c}=1$。

29. $\cos\theta=\dfrac{4}{\sqrt{26}\sqrt{137}}$。

30. 0。

31. $\cos\theta=\dfrac{1}{7\sqrt{2}}$。

32. $\dfrac{3}{2}\sqrt{2}$。

附 录

附录A 单射、满射、双射

单射、满射、双射是高等数学的基本概念。为有助于初学者理解，先举一个例子。

例1 一间教室，其中有100把编号的椅子，从1依次到100。有若干学生，每个都有自己的学号。让学生去坐椅子，规定每人只能坐一把椅子，但允许多人坐同一把椅子。先不考虑椅子的编号和学生的学号，也不管有多少学生。请回答，当学生坐定时，教室里会出现几种情况？比如说，椅子都坐满了就是一种。

情况不少，但无论从理论上讲，还是从实用上说，最重要的是如下三种：

（1）一把椅子上只坐一个学生，也就是不同的学生坐不同的椅子；

（2）椅子坐满了，不考虑一把椅子上究竟坐多少学生；

（3）椅子坐满了，而且每把椅子上都只坐一个学生。

类比于上列第1种情况，产生了单射的概念；第2种情况，产生了满射的概念；第3种情况，产生了双射的概念。为什么说这些概念重要，拿最后一种情况来说，100把椅子坐满了100名学生，正好每把椅子坐一名学生。这样一来，知道了学生的学号，就能查出这个学生坐在哪把编号的椅子上；反之亦然。可见，学生的学号和椅子的编号之间存在一一对应关系。如果将学生学号到椅子编号视作一种映射，或函数关系，则该映射必存在逆映射或逆函数，即椅子编号到学生学号的映射，或函数。

需要说一下，椅子的数目与上述概念没有本质的联系，100把椅子只是举例而已。另外，如果学生超过100的话，则肯定不会出现上列第1或第3种情况。

定义1 设X和Y是两个集合，f是X到Y的一个二元关系，若对于任意的$x \in X$，都存在唯一的$y \in Y$，使得$(x, y) \in f$，则称f为从X到Y的一个函数，或映射，记作$f: X \to Y$。其中，x称自变量，y称变量x的象。

一个函数，除自变量x与其象的对应关系外，还包含定义域与值域。函数的定义域是一个集合，是自变量所能取的值全部组成的集合；函数的值域也是一个集合，是自变量的象所能取的值全部组成的集合。前者用$D(f)$表示，后者用$V(f)$表示。

定义2 设有函数f：$X\to Y$：

（1）若对任意的x_1，$x_2\in X$，当$x_1\neq x_2$时，必有$f(x_1)\neq f(x_2)$，则称f是单射的；

（2）若$V(f)=Y$，则称f是满射的；

（3）若f既是单射又是满射，则称f是双射的，或一一对应映射。

为加深对上述定义的理解，请看下面的例子。

例2 设有函数f：I（整数）$\to R$（实数），$f(x)=x$。显然，f是单射的，因为当$x_1\neq x_2$时，$f(x_1)\neq f(x_2)$。f不是满射的，因为自变量只能是整数，$f(x)$的值不可能取遍实数集。f不是满射，当然就不是双射。

例3 设有函数f：$R\to I$，$f(x)=[x]$。f不是单射的，因为$f(0.1)=f(0.2)=0$。f是满射的，因为自变量能是任何实数，$f(x)$的值必能取遍整数集。f不是单射，当然就不是双射。

例4 设有函数f：$R\to R$，$f(x)=2x+5$。显然，f既是单射，又是满射，当然是双射。为强调f是双射，记$f(x)=y$，由此得$x=\frac{1}{2}(y-5)$。可见，原来的函数f存在从$Y\to X$的反函数。实际上，任何双射函数都存在反函数，这正是其重要所在。

此外，尚存在既非单射又非满射更非双射的函数，但对工科而言，并不是要点，本书不再引述。有兴趣的读者可以自行思考，作为训练。

附录B　Del算子

表达式

$$\boldsymbol{i}\frac{\partial}{\partial x}+\boldsymbol{j}\frac{\partial}{\partial y}+\boldsymbol{k}\frac{\partial}{\partial z} \tag{1}$$

称为Del算子，记作∇。它形式上看似向量，用途广泛，本书曾多次遇到，但含义抽象，难于理解。能否对它作些直观说明？正是我们现时的想法。

1. 数量函数

这里用到的函数 $f(x, y, z)$ 都是无限光滑的，即具有任意阶的导数，受Del算子作用后，得

$$\nabla f(x, y, z)=\frac{\partial f}{\partial x}\boldsymbol{i}+\frac{\partial f}{\partial y}\boldsymbol{j}+\frac{\partial f}{\partial z}\boldsymbol{k} \tag{2}$$

上式就是大家熟知的梯度，在第3章讲过，不再重复。

2. 向量函数

设有向量函数

$$\boldsymbol{F}(x, y, z)=P(x, y, z)\boldsymbol{i}+Q(x, y, z)\boldsymbol{j}+R(x, y, z)\boldsymbol{k}$$

则其旋度

$$\operatorname{curl}\boldsymbol{F}=\begin{vmatrix}\boldsymbol{i} & \boldsymbol{j} & \boldsymbol{k}\\ \frac{\partial}{\partial x} & \frac{\partial}{\partial y} & \frac{\partial}{\partial z}\\ P & Q & R\end{vmatrix} \tag{3}$$

设有向量

$$\boldsymbol{a}=a_1\boldsymbol{i}+a_2\boldsymbol{j}+a_3\boldsymbol{k},\ \boldsymbol{b}=b_1\boldsymbol{i}+b_2\boldsymbol{j}+b_3\boldsymbol{k}$$

则其向量积

$$\boldsymbol{a}\times\boldsymbol{b}=\begin{vmatrix}\boldsymbol{i} & \boldsymbol{j} & \boldsymbol{k}\\ a_1 & a_2 & a_3\\ b_1 & b_2 & b_3\end{vmatrix} \tag{4}$$

对比上面的两个行列式，并看着Del算子（1），自然会有一种想法：将函数 $\boldsymbol{F}$ 的旋度 $\operatorname{curl}\boldsymbol{F}$ 定义为Del算子∇与 $\boldsymbol{F}$ 的向量积，即

$$\operatorname{curl}\boldsymbol{F}=\nabla\times\boldsymbol{F} \tag{5}$$

下面就来分析，这样定义有无新意。首先，有

$$\nabla\times\boldsymbol{F}=\left(\frac{\partial}{\partial x}\boldsymbol{i}+\frac{\partial}{\partial y}\boldsymbol{j}+\frac{\partial}{\partial z}\boldsymbol{k}\right)\times(P\boldsymbol{i}+Q\boldsymbol{j}+R\boldsymbol{k})$$

其次，虽然 ∇ 算子包含3项，不难明白，只要其中任何一项讲清楚了，剩下的两项不言自明。因此，为简化计，只选它的头一项，由上式可得

$$\frac{\partial}{\partial x}\boldsymbol{i}\times(P\boldsymbol{i}+Q\boldsymbol{j}+R\boldsymbol{k})=\frac{\partial Q}{\partial x}\boldsymbol{k}-\frac{\partial R}{\partial x}\boldsymbol{j} \tag{6}$$

上式右边共两项，都是向量，先说其中的第一项。

（1）将函数 $\boldsymbol{F}=P(x, y, z)\boldsymbol{i}+Q(x, y, z)\boldsymbol{j}+R(x, y, z)\boldsymbol{k}$ 视作力，其中 $Q(x, y, z)\boldsymbol{j}$ 是沿 y 轴方向的力，如附图1（a）所示。

（2）$\frac{\partial Q}{\partial x}$ 是力 Q 沿 x 轴的变化率。其大于零、等于零和小于零的情况分别如附图1（b）所示。

（3）设想在 xOy 面上有一方框 S，则 S 受力 Q 的作用将产生运动。不考虑平移，只问旋转，方框 S 会如何旋转？

（a）$\frac{\partial Q}{\partial x}>0$，从附图1（b）可见，方框 S 的两条边不受力，另两条边 S_1 和 S_3 受力，且越往右受力越大。因此，方框 S 将逆时针绕 z 轴旋转，按右手法则，这正是 $\frac{\partial Q}{\partial x}\boldsymbol{k}$ 的直观含义。

（b）$\frac{\partial Q}{\partial x}=0$，从图上可见，边 S_1 和 S_3 处处受力相等，无旋转运动。

（c）$\frac{\partial Q}{\partial x}<0$，从图上可见，方框 S 将顺时针绕 z 轴旋转，按右手法则，这正是 $\left|\frac{\partial Q}{\partial x}\right|(-\boldsymbol{k})$ 的直观含义，也就是此时 $\left(\frac{\partial Q}{\partial x}<0\right)\frac{\partial Q}{\partial x}\boldsymbol{k}$ 的直观含义。

有了以上的理解，下面来讨论式（6）右边的第二项，$-\frac{\partial R}{\partial x}\boldsymbol{j}$。

（1）函数 $R(x, y, z)\boldsymbol{k}$ 是沿 z 轴方向的力，如附图2（a）所示。

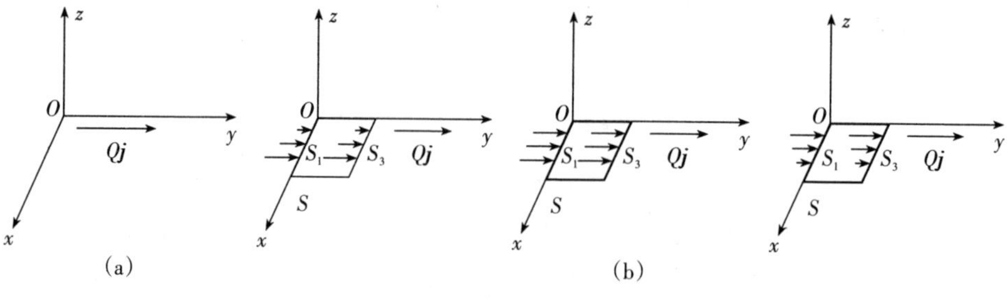

附图1

（2）$\frac{\partial R}{\partial x}$ 是力 R 沿 x 轴的变化率。其大于零、等于零和小于零的情况分别如附图2（b）所示。

（3）设想在 xOz 面上有一方框 S，则 S 受力 R 的作用将产生运动，不考虑平移，只问旋转，方框 S 会如何旋转？

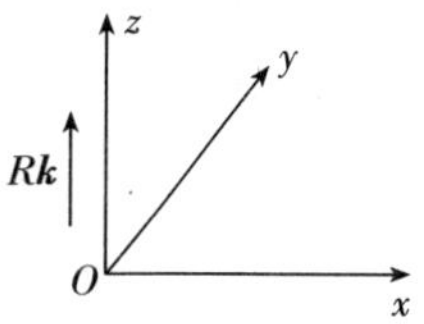

（a）

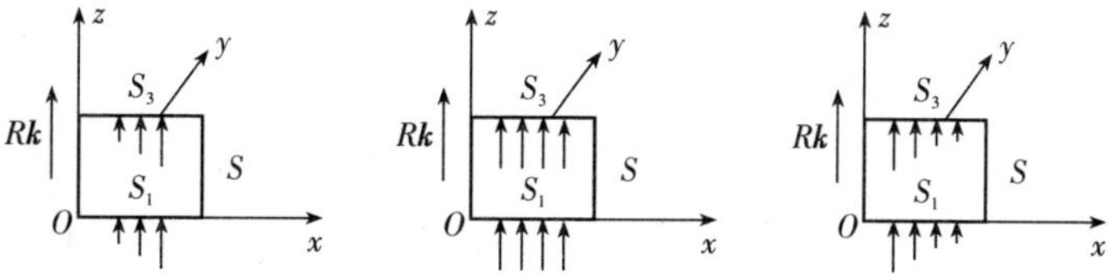

（b）

附图2

上述问题留给读者，可参照前文对 $\dfrac{\partial Q}{\partial x}\boldsymbol{k}$ 的分析解决。此外

$$\frac{\partial}{\partial y}\boldsymbol{j}\times(P\boldsymbol{i}+Q\boldsymbol{j}+R\boldsymbol{k})=-\frac{\partial P}{\partial y}\boldsymbol{k}+\frac{\partial R}{\partial y}\boldsymbol{i}$$

和

$$\frac{\partial}{\partial z}\boldsymbol{k}\times(P\boldsymbol{i}+Q\boldsymbol{j}+R\boldsymbol{k})=\frac{\partial P}{\partial z}\boldsymbol{j}-\frac{\partial Q}{\partial z}\boldsymbol{i}$$

一并请读者分析，本书不再赘述。

上述对Del算子和旋度的认识，未见经典，仅是个人愚见，敬希读者评正。

附录C 最小解

1. 求方程

$$\boldsymbol{AX}=\boldsymbol{b} \tag{1}$$

的最小范数解，其中$\boldsymbol{A}$是$m\times n$的常数矩阵，秩为$m(m<n)$，$\boldsymbol{b}$为$m\times 1$常数列向量。

解 这实际上是求数量函数

$$f(\boldsymbol{X})=\boldsymbol{X}^{\mathrm{T}}\boldsymbol{X} \tag{2}$$

在条件

$$\boldsymbol{AX}=\boldsymbol{b}$$

下的条件极小值。采用拉格朗日乘子法，作

$$F(\boldsymbol{X})=\boldsymbol{X}^{\mathrm{T}}\boldsymbol{X}+\boldsymbol{\lambda}^{\mathrm{T}}(\boldsymbol{AX}-\boldsymbol{b}) \tag{3}$$

其中$\boldsymbol{\lambda}^{\mathrm{T}}$为拉格朗日乘子。求上式对$\boldsymbol{X}$的导数，并令其为零，得

$$\frac{\mathrm{d}\boldsymbol{F}}{\mathrm{d}\boldsymbol{X}}=2\boldsymbol{X}+\boldsymbol{A}^{\mathrm{T}}\boldsymbol{\lambda}=\boldsymbol{0} \tag{4}$$

由此，有

$$\boldsymbol{X}=-\frac{1}{2}\boldsymbol{A}^{\mathrm{T}}\boldsymbol{\lambda} \tag{5}$$

将上式代入方程（1），得

$$-\frac{1}{2}\boldsymbol{AA}^{\mathrm{T}}\boldsymbol{\lambda}=\boldsymbol{b} \tag{6}$$

由此有

$$\boldsymbol{\lambda}=-2(\boldsymbol{AA}^{\mathrm{T}})^{-1}\boldsymbol{b} \tag{7}$$

将上式代入式（5），最后得方程（1）的最小范数解

$$\boldsymbol{X}=\boldsymbol{A}^{\mathrm{T}}(\boldsymbol{AA}^{\mathrm{T}})^{-1}\boldsymbol{b} \tag{8}$$

2. 求方程

$$\boldsymbol{AX}=\boldsymbol{b} \tag{9}$$

的最小二乘解，其中$\boldsymbol{A}$为$m\times n$的常数矩阵，其秩为$n(n<m)$。

解 这实际是求数量函数

$$f=(\boldsymbol{AX}-\boldsymbol{b})^{\mathrm{T}}(\boldsymbol{AX}-\boldsymbol{b})$$

的极小值。对f求$\boldsymbol{X}$的导数，并其等于零，有

$$2\boldsymbol{A}^{\mathrm{T}}(\boldsymbol{AX}-\boldsymbol{b})=\boldsymbol{0}$$

由上式，最后得方程（9）的最小二乘解

$$\boldsymbol{X}=(\boldsymbol{A}^{\mathrm{T}}\boldsymbol{A})^{-1}\boldsymbol{A}^{\mathrm{T}}\boldsymbol{b} \tag{10}$$